二氧化碳驱油与埋存实验技术

吕伟峰　等编著

石油工业出版社

内 容 提 要

本书系统介绍了 CO_2 驱油与埋存实验基本原理及实验方法，展示了近年来提高油气采收率全国重点实验室和吉林油田在 CO_2 驱油与埋存实验设备、实验技术、实验方法研究及应用等方面所取得的主要成果和进展，包括 CO_2—地层油体系相态研究实验技术、CO_2 驱油物理模拟研究实验技术、CO_2 埋存机理实验评价与分析技术、CO_2 驱油腐蚀评价实验技术四部分。

本书可作为从事 CO_2 驱油与埋存技术研究的实验技术人员、油藏工程师的参考书，也可作为石油高等院校辅助教材。

图书在版编目（CIP）数据

二氧化碳驱油与埋存实验技术 / 吕伟峰等编著 .
北京：石油工业出版社，2025.6. -- ISBN 978-7-5183-7561-5

Ⅰ. TE357.45

中国国家版本馆 CIP 数据核字第 202533RR67 号

出版发行：石油工业出版社
　　　　　（北京安定门外安华里 2 区 1 号　100011）
　　　　网　　址：www.petropub.com
　　　　编辑部：（010）64523760
　　　　图书营销中心：（010）64523633
经　　销：全国新华书店
印　　刷：北京中石油彩色印刷有限责任公司

2025 年 6 月第 1 版　2025 年 6 月第 1 次印刷
787×1092 毫米　开本：1/16　印张：15.75
字数：393 千字

定价：130.00 元
（如出现印装质量问题，我社图书营销中心负责调换）

版权所有，翻印必究

《二氧化碳驱油与埋存实验技术》
编 写 组

组长：吕伟峰

成员：吕文峰　张　可　俞宏伟　姬泽敏　马　锋

　　　贾宁洪　陈兴隆　黄天杰　王明远　李　政

　　　王　璐　程耀泽　高嘉豪　范冬艳　刘凤兰

　　　梅雨豪　闫玉同　张文持

序 Preface

当前,气候变化、控制温室气体排放成为全人类所要面临并解决的共同问题。我国自提出"双碳"目标以来,包括能源、环境等相关领域都以"双碳"目标为导向,致力于控碳、减碳、用碳的研究。在这一国际和国内双重大背景下,我国的 CCUS-EOR 技术体系在石油行业得到了高速发展。其中的 CO_2 驱油与埋存技术作为 CCUS-EOR 的重要组成部分,实现了大幅度提高原油采收率并同时对 CO_2 进行有效埋存,兼具减碳和增油两大功能,是落实"双碳"战略和保障能源安全的重要手段。目前,我国各大油田 CCUS 示范项目有近百个,都具有良好效益和巨大潜力。2024 年,我国 CCUS-EOR 项目注 CO_2 超 260 万吨,产油量达到 75 万吨且仍有上升趋势。碳埋存的巨大潜力和先进技术,为实现"双碳"目标提供了重要保障。

目前,我国 CCUS 各环节技术在实现规模化现场应用方面取得了显著进展,但仍面临着关键技术问题与挑战,如各环节技术成熟度差异较大、运营和投资成本高、CO_2 长期埋存泄漏风险与安全风险、技术高效集成与优化等问题。要解决这些问题,需多学科多领域结合发展,抓住有利时机,各个企业、高校和研究机构之间精诚合作,大力开展相关的应用基础和技术研究,学习并借鉴国外成功案例,开创国际领先的 CCUS 技术体系。在相关室内实验技术方面仍需开拓创新,发展出能应对更为复杂的油气藏条件和实现高精度、数字化的 CCUS-EOR 室内实验先进技术,为 CCUS-EOR 在油气田现场应用提供更具可信度的实验数据支撑,推动 CCUS-EOR 向着系统化、全面化、智能化的方向发展。

我在《二氧化碳地质埋存与提高石油采收率技术》一书中曾总结了 CO_2 驱油与埋存技术的实验机理、设计与实施策略、增产机理及对油藏特性的改善效果。经过几十年的发展,作为揭示机理和认识规律的基本方法,CO_2 驱油与埋存实验技术逐渐形成一套多学科集成的系统性技术体系,为评价 CCUS-EOR 技术适应性和制定工程关键参数提供全方位、高精度、深层次的室内实验技术支持。《二氧化碳驱油与埋存实验技术》从操作和应用的角度阐述了 CO_2 驱油与埋存实验技术体系,分别介绍了各项技术的研究进展和应用概况,并对各项技术在未来的发展方向进行预测和展望。

真切希望本书能被研究人员借鉴和参考,尤其是希望广大青年科技工作者能从本书中获得启发,为促进各项技术创新发展注入新动力,开拓我国 CCUS-EOR 创新之路。

前言 Foreword

CO_2驱油与埋存技术是我国陆相沉积低渗透油藏水驱后大幅提高采收率的战略性接替技术、大规模低品位储量效益动用的支撑技术、CO_2效益减排的主导技术。推动CO_2驱油与埋存技术的发展与应用，对保障国家能源安全与"双碳"目标的实现具有重要意义。"十一五"以来，通过在CCUS-EOR领域牵头承担国家重点基础研究发展计划（简称"973计划"）、国家高技术研究发展计划（简称"863计划"）和国家科技重大专项等项目，提高油气采收率全国重点实验室对CO_2驱油与埋存技术开展了系统攻关，特别是在CO_2驱油与埋存实验技术方面积累了宝贵的经验，相关实验技术、方法、标准和设备得到了同领域科研和技术人员的广泛认可。吉林油田在CO_2驱油全流程腐蚀评价实验技术方面取得重要成果和进展，有力支撑了吉林油田、长庆油田、新疆油田等多个CO_2驱油与埋存现场试验项目的实施。随着国内CO_2驱油与埋存实验技术与应用规模的不断扩大，应用油藏类型逐渐增多，CO_2驱油与埋存实验技术也越来越受到重视。

为系统总结CO_2驱油与埋存实验技术，展示相关成果和进展，特编写成册。全书内容共五章。第一章介绍了CO_2驱油和埋存相关技术应用概况，并对近几十年来CO_2驱油和埋存实验技术的重要进展和未来的发展方向进行了简要总结和展望。第二章介绍了CO_2—地层油体系相态研究实验技术，包括油气藏流体PVT实验、CO_2—地层油互溶后物性实验、CO_2—地层油多次接触物性实验、CO_2—地层油固相沉积评价实验和CO_2—地层油混相条件测定实验等。第三章介绍了CO_2驱油物理模拟研究实验技术，主要包括CO_2驱油微观模拟、长岩心物理模拟和二维物理模拟等实验技术，以及基于CT、核磁共振和声波监测的CO_2驱油物理模拟实验技术。第四章介绍了CO_2埋存机理研究实验技术，主要从溶解量、溶蚀反应速率、束缚量、固碳量，以及对岩石力学性质的影响等方面总结了相关机理认识。第五章介绍了CO_2驱油腐蚀评价实验技术，主要包含腐蚀流体分析检测、材料及腐蚀规律评价、腐蚀微观形貌测试分析、防腐药剂评价、腐蚀中试模拟等技术。本书内容既包含实验目的和原理、实验仪器和装置、实验步骤的详细介绍，也对典型应用实例进行了展示，具有较强的实用性和可操作性。

本书由吕伟峰拟定提纲，各方向专家共同担纲编写。第一章由吕伟峰、吕文峰、李政等编写；第二章由张可、程耀泽、高嘉豪等编写；第三章由俞宏伟、贾宁洪、陈兴隆、吕伟峰等编写；第四章由王明远、姬泽敏、吕伟峰、王璐等编写；第五章由马锋、黄天杰、范冬艳、刘凤兰等编写。梅雨豪、闫玉同、张文持等学生参与了部分文献调研和图表整理等工作。全书由吕伟峰统稿审定。

本书编写过程中，得到了沈平平教授、李实教授、张祖波教授等专家的指导和帮助。谨在本书出版之际，向以上专家表示衷心感谢！

由于笔者水平有限，书中难免存在不妥之处，敬请读者批评指正。

目录 Contents

第一章 绪论	1
第一节 CO_2 驱油与埋存发展应用概况	1
第二节 CO_2 驱油与埋存实验技术进展	2
第三节 CO_2 驱油与埋存实验技术展望	7
第二章 CO_2—地层油体系相态研究实验技术	10
第一节 油气藏流体 PVT 实验	10
第二节 CO_2—地层油互溶后物性实验	66
第三节 CO_2—地层油多次接触物性实验	76
第四节 CO_2—地层油固相沉积评价实验	88
第五节 CO_2—地层油混相条件测定实验	94
第三章 CO_2 驱油物理模拟研究实验技术	112
第一节 CO_2 驱油微观模拟实验	112
第二节 CO_2 驱油长岩心物理模拟实验	119
第三节 CO_2 驱油二维物理模拟实验	126
第四节 基于 CT 的 CO_2 驱油物理模拟实验	134
第五节 基于核磁共振的 CO_2 驱油物理模拟实验	143
第六节 基于声波监测的 CO_2 驱油物理模拟实验	152
第四章 CO_2 埋存机理研究实验技术	163
第一节 CO_2 溶解量测试实验	163
第二节 CO_2 溶蚀反应速率与岩石孔喉结构影响实验	168
第三节 CO_2 束缚量评价实验	177
第四节 CO_2 埋存对岩石力学性质影响实验	180
第五节 CO_2 埋存固碳量研究实验	182

第五章　CO_2 驱油腐蚀评价实验技术 ········· 193
第一节　CO_2 驱油腐蚀流体分析检测技术 ········· 193
第二节　CO_2 驱油材料及腐蚀规律评价技术 ········· 211
第三节　CO_2 驱油腐蚀微观形貌测试分析技术 ········· 218
第四节　CO_2 驱油防腐药剂评价技术 ········· 223
第五节　CO_2 驱油腐蚀中试模拟试验技术 ········· 233

参考文献 ········· 239

第一章 绪 论

CO_2 驱油能大幅度提高石油采收率，同时有效埋存 CO_2，发展 CO_2 驱油与埋存技术意义重大。通过"十一五"以来集中攻关和试验，我国初步形成了适合陆相沉积油藏特点的 CO_2 驱油与埋存理论技术，有力支撑不同类型试验区建设。CO_2 驱油与埋存相关实验技术是揭示机理和认识规律的基础手段，也是评价技术适应性和制定工程关键参数的重要依据。本章简要回顾 CO_2 驱油与埋存国内外发展应用概况，重点介绍 CO_2 驱油与埋存实验技术进展，并对下步发展方向和趋势进行展望。

第一节 CO_2 驱油与埋存发展应用概况

CO_2 驱油技术研究始于 20 世纪 50 年代。国外历经 30 年攻关试验，到 20 世纪 80 年代形成应用技术并逐渐商业化推广。美国经过 60 多年发展，CO_2 驱油各项配套技术基本成熟，年产油量持续 10 年在 $1500 \times 10^4 t$ 左右，已成为其第一大提高采收率技术。20 世纪 80 年代末，气候变化问题引起全球关注，基于 CO_2 驱油特点，将其与碳捕集与封存技术（CCS）相结合，即 CCUS-EOR。从全球开展的 CCUS/CCS 项目数和埋存量上看，CCUS-EOR 是主要方式和方向，单纯的 CCS 项目受政策变化和经济效益影响难以为继，部分规划项目已被迫终止。

国内早在 20 世纪 60 年代就开始在大庆油田探索 CO_2 驱油技术。20 世纪 70 年代，由于受气源限制，试验基本停止。20 世纪 80 年代，在苏北黄桥、吉林万金塔、大港等地区相继发现了一些天然 CO_2 气源，为此，自 1985 年，CO_2 驱油又重新开展起来。2000 年以前，国内 CO_2 驱油技术整体发展缓慢，首要原因是当时缺乏充足的气源；其次是当时国内提高采收率技术研究主要集中在聚合物驱和化学驱方面。2000 年以后，松辽盆地含 CO_2 天然气藏的发现，使得吉林油田和大庆油田的 CO_2 驱油研究与试验得以迅速开展起来。与此同时，2000 年后油价的大幅上涨、大规模低渗低品位储量亟需找到更有效的动用方式、应对气候变化对碳减排技术的需求也都是影响和推动因素。

2006 年，中国石油天然气集团公司（简称中国石油）与中国科学院等单位联合发起了"中国的温室气体减排战略与发展"香山科学会议，首次提出 CO_2 驱油利用与埋存结合（CCUS）的概念和技术发展倡议，标志着我国企业界与学术界开始联合开展 CO_2 驱油与埋存技术攻关。2006 年以来，中国石油先后牵头组织承担了多项 CO_2 驱油与埋存领域的国家"973 计划""863 计划"和国家科技重大专项等重大项目，并配套中国石油重大科技专项和重大开发试验，在吉林油田成功建成国内首个 CO_2 捕集、驱油与埋存国家科技示范工程，完整实践了 CO_2 捕集、输送、注入、采出流体集输处理和循环注气全流程，创新形成

CO_2 捕集、驱油与埋存核心配套技术系列，探索出了一条适合我国低渗透油田效益开发和 CO_2 减排的有效途径，取得了良好的试验和示范效果，展示出了广阔的应用前景，提升了我国在 CO_2 减排领域的话语权。

目前，中国石油正在吉林、大庆、长庆、新疆等油田开展"四大六小" CO_2 驱油与埋存现场试验，推进技术的规模化应用。

第二节 CO_2 驱油与埋存实验技术进展

CO_2 驱油与埋存项目开始之前，通常需使用具有代表性的储层岩石和流体样本，在原始储层压力和温度条件下进行 CO_2 驱油与埋存实验评价，这有助于更好地了解注入的 CO_2 如何在多孔介质中流动和驱替其中的原油，以及驱替完成后 CO_2 在多孔介质中的滞留情况。实验室岩心驱油设备适用于：分析油田规模地下地质层（主要是砂岩和碳酸盐岩）的驱油潜力和封存能力；研究实验室规模注入 CO_2 的运移路径；估算多相流作用下岩石物性参数及其剖面变化；研究 CO_2 溶解对流体驱替和渗吸的影响；监测 CO_2 与原油中的传质行为及其传质速率；研究注入的 CO_2 在不同流体中的溶解度等。这些可帮助掌握 CO_2 驱油与埋存全过程规律，为油田开发设计提供基础数据。

实验室对 CO_2 驱油的技术评价早在 20 世纪 50 年代就开始了，特别是近几十年来，在 CO_2—地层油体系相态研究、CO_2 驱油物理模拟研究、CO_2 埋存机理研究和 CO_2 驱油腐蚀评价等方面发展迅速，逐渐形成了一系列成熟的实验技术。

CO_2 驱油实验技术的发展经历了从基础物理化学研究到现场试验，再到工业化应用的逐步演进。最初，CO_2 驱油实验主要集中在 CO_2 的扩散特性及其对原油流动性的影响。实验研究发现，CO_2 能够溶解于原油中，使轻质组分被萃取出来，导致油相膨胀和黏度降低，从而提高原油的流动性。然而，早期的实验方法较为简单，主要采用密闭体系中的压力衰减法测定 CO_2 的扩散系数，无法充分模拟 CO_2 在复杂地层环境下的渗流规律。随着 CO_2 驱油研究的深入，实验技术开始向多相流体驱替行为及油—水—气相互作用的方向发展。实验室岩心驱替实验成为核心研究手段，通过高压岩心装置模拟 CO_2 在不同地层条件下的流动行为，分析其波及范围、残余油饱和度及滞留特性。研究者逐步改进实验装置，使其能够在不同温度、压力及岩石孔隙结构下测试 CO_2 的驱油效率。在此阶段，CO_2 注入方式的研究也得到了拓展，实验验证了连续 CO_2 注入、CO_2 吞吐、水—气交替注入（WAG）等方法的可行性，并分析了不同注入方式对驱油效率的影响。在驱油过程中，CO_2 的运移特性受多种因素影响，尤其是在碳酸盐岩储层中，其复杂的基质—裂缝—溶蚀孔系统导致流动过程呈现高度非均质性。因此，实验研究逐渐转向更精细的流动机理解析，借助荧光示踪、微型可视化模型以及核磁共振（NMR）等手段，研究 CO_2 在不同孔隙结构中的流动路径、扩散行为及相界面特性。这些研究表明，CO_2 在碳酸盐岩储层中的流动模式不仅与孔隙结构相关，还受到油—水界面张力、油水黏度比及毛细管压力的影响，实验方法也逐步从单一流动实验向多尺度、多物理场耦合的方向发展。

随着实验技术的进步，研究者开始关注 CO_2—原油—岩石的相互作用及其对驱油效果的影响。实验发现，CO_2 注入后可能导致矿物溶解或沉淀，改变储层的孔喉结构，影响渗透率和流动特性。因此，实验研究引入地球化学反应釜、高温高压动态循环系统等装置，模拟CO_2与地层水、岩石矿物的相互作用，探讨矿物溶蚀、沉淀对储层物性的影响。这一阶段的实验不仅关注CO_2驱替过程中的物理变化，还结合化学反应分析，更全面地评估CO_2的驱油机理及潜在的地质影响。

随着计算机断层扫描（CT）技术的发展，X射线CT扫描逐步应用于CO_2驱油实验，实现了驱替过程中流体饱和度变化的高分辨率成像。CT技术利用X射线衰减原理，通过多角度扫描重建流体在岩石孔隙中的分布情况，能够实时监测CO_2的前沿推进、气窜现象及残余油分布，为驱油机理研究提供了精准的数据支持。此外，CT扫描结合造影剂技术进一步提高了油水相界面的分辨率，使得研究者可以定量分析CO_2的波及范围和滞留特性。

在更精细的尺度上，核磁共振成像（NMR）技术被用于表征CO_2在微米级孔隙结构中的运移行为。NMR的优势在于能够无损检测流体的饱和度分布，并通过弛豫时间测定孔隙结构及流体动力学特性。实验研究表明，NMR技术能够区分不同流体相态，并揭示CO_2与原油的混相过程，为优化驱油条件提供了实验依据。

此外，微流控可视化技术的应用使得研究者能够在微尺度上观察CO_2与油水的相互作用。利用透明微流控芯片，研究者可以实时观察CO_2在不同岩石结构中的渗流模式，分析微观尺度下的毛细管作用、气泡成核及合并等现象。这种方法不仅提高了对CO_2—原油相互作用的理解，还能够模拟不同储层类型，为提高采收率策略的优化提供微观实验支持。

近年来，高速摄影技术、激光荧光成像（LIF）和相干反斯托克斯拉曼散射（CARS）等先进光学成像手段逐步引入CO_2驱油实验研究。这些技术能够在纳秒级时间尺度上捕捉CO_2与原油的界面变化，为研究CO_2在动态流动中的相行为和混相驱机制提供了前所未有的高精度数据。

在CO_2驱油的现场应用阶段，实验研究进一步向工程实践靠拢，大规模现场试验成为优化注采参数的重要手段。实验室驱油研究提供了大量理论依据，指导现场试验中的注入压力、注入速率及WAG周期优化等关键参数调整。与此同时，智能监测技术的应用，如CT扫描、示踪剂监测及实时流动成像技术，使得实验室研究成果能够与现场数据进行比对，进一步完善CO_2驱油的机理认知。

一、CO_2—地层油体系相态研究实验技术

油气藏流体在不同组成和温压条件下的物性参数及其变化规律是确定油藏类型、计算储量、编制开发方案和制定相关工艺所不可缺少的重要基础资料，CO_2—地层油体系相态研究相关实验是研究上述规律和取得相应认识的必要手段，主要包含油气藏流体的PVT研究、CO_2—地层油互溶后的物性研究、CO_2—地层油多次接触后的物性研究、CO_2—地层油固相沉积评价、CO_2—地层油混相条件测定等方面的实验。

油气藏流体的PVT实验研究是实施CO_2驱油相关室内测试、数值模拟、方案制定等的基础内容，油藏压力、温度、流体组成，以及原油溶解气共同决定着油藏流体物性。一般借助高压PVT装置对流体相态进行测试，通过闪蒸分离实验、恒质膨胀、差异分离等实验方法，获取研究区的泡点压力、黏度、溶解气油比等基本物性参数。CO_2注入地层油溶解后的物性变化也是CO_2驱油机理和可行性研究的关键问题之一，对驱油过程有着很大影响。目前研究CO_2与地层油互溶后相态变化的方法主要是借助高压PVT装置进行加

气膨胀实验,在油藏温度和不同的压力条件下利用 PVT 实验装置(高压物性试验装置)进行,通过实验做出不同百分摩尔含量的 CO_2 与原油混合的相特征图。

此外,原油与注入 CO_2 多次接触后,体系发生的一系列变化也对大幅度提高采收率具有重要作用,如多次接触混相的过程,通过让有限的地层油与注入气反复接触,并测定平衡后的油、气体积的收缩和膨胀、平衡后油气的组成和 PVT 参数变化等分析驱油机理。针对多次接触混相过程的分析可进一步细分为向前多次接触实验分析、向后多次接触实验分析和注气多次接触理论混相压力拟三元相图模拟分析。CO_2—地层油固相沉积评价实验是开展注 CO_2 开发实验的重要依据之一,可用于开展地层流体的准备、转样析蜡点、析蜡量的分析及计算,为国内低渗特低渗、页岩油、页岩气等非常规资源的开发提供关键的工程参数。CO_2 与地层油混相条件的测定也是支撑现场注气方案设计的重要环节。

最低混相压力是指在一定温度下,油气系统形成均一相流体时所需的最小压力,是油田注 CO_2 提高采收率过程中的关键参数。确定最低混相压力的方法有很多种,最为准确可靠的是实验法,实验测定最低混相压力的方法主要有:细管法、升泡仪法、界面张力法等。目前,确定最低混相压力,细管实验法仍是最常用、最可靠、精度最高的方法。

二、CO_2 驱油物理模拟实验技术

CO_2 驱油物理模拟对验证评价目标区块注 CO_2 开发的适用性具有重要意义,能够为油藏数值模拟提供关键的基础参数,对开发方案设计具有重要支撑作用。相关实验技术主要包含 CO_2 驱油微观模拟实验、CO_2 驱油长岩心物理模拟实验、CO_2 驱油二维物理模拟实验、基于 CT 的 CO_2 驱油物理模拟实验、基于核磁共振的 CO_2 驱油物理模拟实验和基于声波监测的 CO_2 驱油物理模拟实验等。

CO_2 驱油微观模拟研究实验技术主要是应用 CO_2 驱油微观模拟实验开展 CO_2 驱油过程模拟,明确剩余油等流体在孔隙结构中的分布特点,其主要用于 CO_2 混相驱/非混相驱机理、驱替特征、剩余油分布特点、孔隙结构对渗流的影响及驱油效果对比等研究,为认识 CO_2 驱油机理、形成理论认识提供可视化数据。CO_2 驱油微观模拟实验通常使用玻璃刻蚀模型,也可以采用填砂、岩石等薄片模型,可在高温高压条件下开展驱替和观察实验,从而获取孔隙结构内流动的图像信息,从孔隙尺度认识驱油机理。

CO_2 驱油长岩心物理模拟实验主要用于 CO_2 混相驱/非混相驱机理、驱油效率、驱替特征、CO_2 驱过程中流体运动规律、流度控制、注气技术政策优化的实验研究。由于其能够使用实际地层岩心,同时能在高温高压条件下开展驱替实验,更接近于油田现场实际。相比于短岩心 CO_2 驱油实验,其所采用的岩心较长,岩心孔隙体积较大,实验误差相对较小,能更加真实准确地模拟流体在地层中的流动情况,在实验过程中还可以实时监测长岩心不同位置的压力大小,对驱替过程中的压力分布有一个更好的认识。

CO_2 驱油二维物理模拟实验也是研究 CO_2 驱替原油过程的重要方法。目前在宏观的二维尺度,针对 CO_2 驱油机理相关研究的实验主要为 CO_2 面积驱油二维可视化物理模拟实验和 CO_2 重力驱油二维可视化物理模拟实验。两种实验通过开展不同开发方式下的 CO_2 驱油实验对比驱油过程中 CO_2 波及面积、剩余油分布特征等关键参数,评价不同开发方式条件下的驱替效率和驱替特征,分析 CO_2 驱油的驱油机理。

此外,CT 技术、核磁共振技术和声波监测技术近年来发展迅速,基于这些技术形成

的物理模拟实验也发挥着重要作用。常规实验装置仅能测量进出口端流体情况，通过采集夹持器两端的数据计算宏观参数评价驱油效果，然而岩心内部流体流动过程是个黑匣子，对流体动用特征认识不清制约了深入分析岩石内部流体饱和度分布和运移机制。

CT扫描技术通过对岩心中流体赋予不同CT值，可实时对驱替和渗流过程进行成像。通过开展CO_2驱油在线CT实验研究，采用自主研发的CT软件进行数据处理，获得不同时刻岩心内流体饱和度沿程分布信息及驱替前缘波及区域，实现流体波及区域的可视化对比，从而可对CO_2驱油提高采收率的机理进行更准确的解释。

基于核磁共振技术开展CO_2驱油物理模拟实验是研究CO_2驱油过程的又一重要方法。其将核磁共振与岩心驱替装置的优势相结合，可以在对岩心进行物理模拟实验的过程中进行在线核磁共振测试，具有高效、快速、无损的特点。通过核磁共振测试，能够获取CO_2在驱替过程中岩石内流体的T_2、T_1—T_2、MRI等多种核磁共振图谱。这些图谱能够反映不同大小孔隙内油、水的信号量变化，通过分析实现岩心内流体的饱和度计算和流体类型识别等，实现微观条件下CO_2驱替过程的动态精细表征，结合注采关键参数为开发方案设计、优化、CO_2驱动态跟踪、调整提供依据。

针对低渗透、非均质、裂缝等多种复杂类型油藏，通过开展基于声波监测的CO_2驱油物理模拟实验研究能够在室内最大限度地模拟实际油田现场情况，静态模拟油藏岩石孔隙结构，根据相似准则确定实验的各项参数、动态模拟油藏的形成过程及不同井网条件下气驱油过程，主要获取压差场图、饱和度场图和驱替效率等参数，评价不同注入方式条件下的驱替效率和驱替特征，可实现不同井网和驱替方式的设计，明确气驱前缘动态变化规律和微观渗流机理。

三、CO_2埋存机理实验技术

近年来针对CO_2埋存机理的研究得到了广泛重视，相关实验技术快速发展。CO_2埋存机理实验技术基本形成了单一机理的实验测试方法及配套装置，测试参数已经可以涵盖溶解、束缚、构造、矿化封存等CO_2封存的主要机理，基本可满足埋存潜力评价及方案设计的需求。CO_2埋存机理研究实验技术主要包含CO_2溶解量测试实验、CO_2溶蚀反应速率与岩石孔喉结构影响实验、CO_2束缚量评价实验、CO_2埋存对岩石力学性质影响实验和CO_2埋存固碳量研究实验等。

在CO_2溶解度测试方面，目前国内外常用的CO_2在高温高压条件下溶解度评价实验方法包括静态法、循环法、泡点露点法、流动法和原位光谱法等。不同溶解度测试方法具有各自的优缺点。静态法操作简单，但需耗费大量时间来实现平衡状态；循环法为减小误差必须保证气相在进行色谱分析之前不受设备内部冷凝或者过热等现象的影响；泡点露点法操作难度大，难以判断反应釜内混合物是否达到泡点（露点）；流动法难以连续精确地计量，须配备输送气料的压缩机和输送液料的泵，实验成本较高；原位光谱法具有精度高、取样简易及保持系统平衡的优点，但目前尚不清楚超临界CO_2密度变化是否会影响光谱的吸收。

在CO_2溶蚀反应速率测试方面，室内实验主要针对CO_2—水—岩相互作用的短期行为进行研究，根据是否存在流体运移过程，又可分为岩心驱替实验和高压釜实验。关于岩心驱替实验，通常将岩心切割成规定形状，放入夹持器中饱和水，根据实验目的选取溶解有

CO_2 的纯水/盐水或者 CO_2 气体进行驱替实验。实验过程可以监测流体流动路径上的压力变化，并获取流出气液组分，进行水化学取样工作。关于高压釜实验，一般将岩心破碎成薄片或粉末，放入高压釜中进行充水、注入 CO_2，进而开展不同温压条件下 CO_2—水—岩相互作用实验。由于不涉及流体流动，高压釜通常可以进行温度压力更高、时间更长的实验研究。实验过程中可以通过取样阀门获取反应溶液，进行水化学监测。部分高压釜装配搅拌装置，方便加快反应速率，可以用于研究表面反应速率和分子扩散速率在矿物溶解过程中的控制作用。

在 CO_2 束缚量测试方面，目前常用的方法包括稳态法和非稳态法两种。稳态法的优点是可以较为精确的计算出驱替和吸入过程每个饱和度下的相对渗透率，缺点是耗时长，消耗 CO_2 和水的量大。非稳态法优点是实验速度快，缺点是实验数据处理不如稳态法精确。

在 CO_2 埋存对岩石力学性质的影响方面，主要实验方法包括超声波测试、弹性参数测试、脆性系数测试等，主要依托声发射监测仪，对不同作用压力 CO_2 处理的岩石样品，开展声发射监测实验。通过分析应力—应变曲线、单轴抗压强度、弹性模量、声发射能量特征的变化特点，即可分析 CO_2 埋存后岩石力学性质的变化规律。

在 CO_2 埋存固碳研究方面，相关实验主要包括微生物诱导碳酸钙沉淀、酶诱导碳酸钙沉淀和常压化学固碳测试等。

四、CO_2 驱油腐蚀评价实验技术

在 CO_2 驱油与埋存项目实施过程中，CO_2 所带来的腐蚀问题存在于多个环节中，给项目实施带来很大风险，成为制约油田注 CO_2 开发的一个重要因素。因此，CO_2 腐蚀评价的相关方法和研究至关重要，是正确认识腐蚀规律、选择材料和缓蚀剂、评价防腐效果的重要手段，可支撑 CO_2 驱油和埋存相关项目的长期安全实施。CO_2 驱油腐蚀评价实验主要包括 CO_2 驱油腐蚀流体分析检测、CO_2 驱油材料及腐蚀规律评价、CO_2 驱油腐蚀微观形貌测试分析和 CO_2 驱油腐蚀中试模拟等。

CO_2 驱油腐蚀流体分析实验是认识 CO_2 驱油腐蚀影响因素、腐蚀主控因素的基础，通过对 CO_2 驱油区块的水质、细菌、伴生气、腐蚀结垢产物组分分析，为 CO_2 驱油区块腐蚀规律评价、防腐技术对策优选、防腐技术及监测方案设计及编制提供参考依据。目前，注 CO_2 驱油腐蚀流体分析主要包括注采系统水中各项离子分析、系统中（SRB、FB、TGB）等细菌分析、CO_2 驱油注入气及采油井伴生气组分分析、腐蚀结垢产物分析等检测评价技术。开展材料腐蚀规律研究相关实验，可以通过金属或其他材料在特定环境中的耐蚀性能评价，确定其在服役环境下的适应性，从而认识温度、压力、流速、水质等特定环境下的腐蚀机制。通过实验对材料在恶劣环境下的腐蚀行为进行研究，可以推断出材料在实际环境中的使用寿命，为工程应用提供准确、可靠的腐蚀数据，以指导材料的选择、设计和维护。

此外，CO_2 驱油腐蚀微观形貌测试分析技术也对腐蚀相关研究非常重要，腐蚀形貌是判断各种腐蚀类型、评价腐蚀程度、研究腐蚀规律与特征的重要依据。腐蚀形貌表征最常用的方法便是宏观观察、扫描电子显微镜观察和金相显微镜观察等。

防腐药剂评价是开展 CO_2 腐蚀防控，制定防腐策略的关键。防腐药剂能够抑制管道腐蚀，使管道腐蚀问题得到控制，延缓腐蚀速度，延长管道使用寿命。防腐药剂有无机药

剂和有机药剂两类，在实际进行应用时要充分考虑管道材质特性来进行使用，根据管道厚度及防腐要求，选择合适的防腐药剂和合适的量，降低防腐成本，提高经济效益。

此外，现有室内实验技术还无法准确模拟现场复杂工况，腐蚀速率与现场出入较大，需逐渐完善CO_2驱油与埋存腐蚀模拟中试试验技术，实现室内评价研究与矿场应用有机结合。

五、实验对现场的支撑

室内实验可得到CO_2驱油与埋存过程中所需的一些关键参数。如CO_2驱油相态实验可得到地层条件下油的物理化学性质和注气后油气混合体系的物理化学性质的变化规律；CO_2驱替实验可得到CO_2驱油效率、气油比、油气混相程度等一系列数据；CO_2埋存相关实验可获取注入CO_2在地下储层中的赋存状态、埋存量等，为埋存效果评价和安全监测提供依据；CO_2驱腐蚀评价和防控相关实验对于CO_2驱油项目的安全低成本实施具有重要作用。CO_2驱油与埋存相关实验技术为油田现场方案设计，特别是油藏工程方案设计提供了翔实、可靠的基础数据，有力支撑吉林、大庆、长庆、新疆等多个油田CO_2驱油与埋存项目的实施。

六、实验室数据的局限性

实验能够更好地了解CO_2驱油与埋存过程及各类因素所造成的影响，然而在油田现场设计油藏工程方案时，由于实验结果受实验环境和实验条件（实验设备、材料和方法）的影响，尤其是选用的岩石样品和复配的流体难以代表实际的储层岩石和储层流体，所以必须谨慎利用实验数据。

第三节 CO_2驱油与埋存实验技术展望

国内CO_2驱油与埋存技术试验和应用规模在不断扩大，推动CO_2驱油与埋存实验技术不断向前发展，同时随着大数据、人工智能、纳米技术等技术的兴起，CO_2驱油与埋存实验技术也表现出一系列新的发展趋势。

一、CO_2—地层油流体相态研究

（1）建立移动式CO_2—地层油流体相态分析实验室。移动式分析实验室将直接在油田现场进行流体取样和分析，与常规实验室分析相比能极大地缩短分析时间，提供实时数据支持，提高现场数据采集效率，减少样品运输带来的误差。现场可在测井和试井期间根据CO_2—地层油流体分析结果及时做出决策调整，加快油田开发进程。

（2）形成多孔介质内CO_2—地层油相态特征实验分析技术。油气流体实际上在油藏储层多孔介质内流动，与传统大容积PVT筒存在一定差异，部分研究认为相较于PVT筒，多孔介质内孔隙较小，导致毛细管压力大小不同，表现为油气饱和压力、泡点压力、露点压力较高等。研究多孔介质内CO_2—地层油流体相态特征具有重要现实意义，相关实验技术也将随之发展。

二、CO_2 驱油物理模拟研究

（1）向多场耦合、多尺度复合、高精度模拟方向发展。为模拟更真实的 CO_2 驱油藏条件，考虑驱替过程中多因素影响下的综合机制，CO_2 驱油实验将实现多场耦合、多尺度复合模拟，实现更贴近油藏实际的高精度模拟和更深层次的机理研究。

（2）与 3D 打印、数值模拟等其他先进技术深度融合发展。CO_2 驱物理模拟实验将与 3D 打印技术结合实现更高精度和分辨率的跨尺度图像表征、实时动态的流体监测与方案优化；与数值模拟技术进行互补整合，创新开发满足更复杂实验要求的复合实验方法，在多尺度模拟表征方面实现更多突破，发展出新型界面监测技术，在实验中获取更为全面的信息，为技术发展提供新思路。

（3）形成系统化、智能化和自动化的 CO_2 驱油物理模拟实验技术。目前 CO_2 驱油物理模拟实验存在操作复杂烦琐、结果误差风险大、成功率低等问题，未来 CO_2 驱油物理模拟实验将利用人工智能、机器学习等技术提高实验效率和数据分析的准确性，进一步数字化控制实验操作和流程，发展系统化、智能化和自动化的 CO_2 驱油物理模拟实验技术是大势所趋。

三、CO_2 埋存机理研究

（1）由单机理研究向多机理协同研究转变。由于地下地质体中同时存在油、水、气、微生物等多种介质，以及方解石、长石、石英等多种矿物，在地下高温高压的环境下，经过长期埋藏，不同介质间、不同矿物间的竞争、协同作用，将对 CO_2 最终埋存效果及状态产生重要影响。目前，部分学者已开展水油同时存在条件下 CO_2 溶解规律，以及多种矿物成分共存条件下的 CO_2 溶蚀、沉淀规律的研究。随着研究的深入，该方向的实验方法、流程及配套装置的研究，成为 CO_2 埋存机理实验研究的重要方向之一。

（2）由短周期机理研究向长周期机理研究转变。由于 CO_2 埋存是一个漫长的过程，目前机理研究实验技术主要支撑关键参数的获取，长周期埋存规律则需通过在获取参数的基础上依赖数值模拟技术进行，结果的准确性难以有效验证。建立科学合理的等效物理模拟方法，研发长周期埋存自动化的实验设备对推动 CO_2 埋存技术的进步具有重要意义。

四、CO_2 腐蚀评价研究

（1）CO_2 腐蚀评价进一步实现智能化和自动化。随着人工智能和大数据技术的不断成熟，未来通过智能传感器和数据分析算法，有望实现对腐蚀过程的实时监测和预警，大大提高腐蚀评价的准确性和效率，为及时采取防腐措施提供有力支持。

（2）建立 CO_2 "腐蚀大数据"评价与分析方法。腐蚀问题涉及材料科学、化学、物理学、机械工程等多个领域，由于腐蚀过程及其材料所处环境的复杂性，有必要建立"腐蚀大数据"评价方法，以及"腐蚀大数据"的分析利用方法，推动腐蚀评价技术不断向前发展。

（3）发展基于纳米和生物技术的新型 CO_2 腐蚀评价方法。随着纳米技术、生物技术等新兴领域的发展，将为腐蚀评价提供新的思路和方法，满足不同领域和场景的需求。

（4）CO_2腐蚀评价更加注重环境友好性和可持续性。在当前环保和可持续发展理念下，开发环保型、低能耗的腐蚀评价技术成为迫切需求，推动技术向绿色、低碳方向发展。

（5）CO_2腐蚀评价标准化和规范化是必然趋势。随着技术发展和应用范围扩大，制定统一的腐蚀评价标准和规范显得尤为重要，这将有助于确保腐蚀评价结果的准确性和可靠性，促进技术交流与合作，推动腐蚀评价技术健康发展。

第二章　CO_2—地层油体系相态研究实验技术

油气藏流体在不同组成和温压条件下的物性参数及其变化规律是确定油藏类型、计算储量、编制开发方案和制定相关工艺所不可缺少的重要基础资料，CO_2—地层油体系相态研究相关实验是研究上述规律和取得相应认识的必要手段，主要包含油气藏流体的 PVT 研究、CO_2—地层油互溶后的物性研究、CO_2—地层油多次接触后的物性研究、CO_2—地层油固相沉积评价、CO_2—地层油混相条件测定等实验。

第一节　油气藏流体 PVT 实验

油气藏流体物性参数（包括饱和压力、体积系数、流体组分组成、密度、黏度和溶解气油比等，以及这些参数与温度、压力等条件的相关性）是确定油藏类型、储量计算、开发方案编制、油藏工程和采油工艺研究不可缺少的基础资料，油气藏流体 PVT 实验是获得油气藏流体物性资料的关键手段[1]。

一、实验仪器和设备

由于油气藏中的油气流体长期稳定处于地层的高温高压环境，流体物性参数与温度、压力具有极强的关联性，因此油气藏流体相态特征研究所需的 PVT 仪等实验仪器和设备必须具备耐高温、耐高压和抗腐蚀等特性，同时需定期对实验仪器和设备开展标定以保证实验的成功和精度。开展油气藏流体相态特征研究所需的主要实验仪器和设备如下所示。

（1）PVT 仪及配样装置：可使用柱塞或活塞式 PVT 仪，额定工作温度大于或等于 150℃，控温精度 ±0.5℃，额定工作压力大于或等于 70MPa，如图 2-1-1 所示。PVT 容器标定包括死体积和容积的标定，使用多压力线性回归连续注入法。

（2）高压计量泵：容量 100~500cm³，最小刻度分辨率小于或等于 0.01cm³，额定工作压力大于或等于 70MPa。高压计量泵

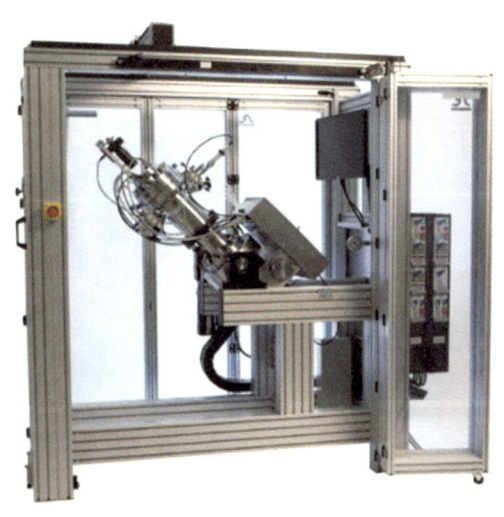

图 2-1-1　PVT 仪

标定使用分段排水称量法。

（3）分离器：额定工作压力大于3MPa，额定温度大于或等于35℃，控温精度±0.5℃。

（4）高压落球式黏度计：测量相对偏差小于3%，额定温度大于或等于150℃，控温精度 ±0.5℃，额定工作压力大于或等于70MPa。高压黏度计的标定，用已知不同黏度和密度的黏度标准液充满黏度计测试腔，在不同角度下测定不同质量钢球的降落时间，得到黏度与落球时间的关系曲线或关系式。

（5）标准压力表或压力传感器：压力表精度小于或等于0.25级，压力传感器精度±0.5%（FS）。

（6）常压密度计和高温高压密度计：高温高压密度计，压力不低于70MPa，温度不低于180℃；读数精度小于或等于0.0001g/cm³，控温精度±0.05℃。

（7）气相色谱仪：天然气组分分析到庚烷以上，摩尔分数精确到0.0001，原油组分分析到C_{36}以上，质量分数精确到0.001。

（8）相对分子质量测定仪：测量范围100~700，测量相对偏差小于或等于5%。

（9）气体计量计：容量大于或等于1000cm³，最小刻度分辨率小于或等于1cm³。

（10）天平：量程大于或等于1200g，感量大于或等于0.001g。

（11）大气压力表：精度0.4级。

（12）温度计：测量范围0~100℃，分度值0.01℃。

二、流体样品检查与准备

1. 样品检查

为判断取样质量和样品储运过程中是否有漏失，在进行实验之前需要对实验样品进行检查，检查项目包括初检、井下流体样品检查及分离器流体样品检查。

当接到样品时需对样品开展初检，检查样品的数量、井号及标签是否与送样单一致，取样记录资料是否齐全，取样容器外观是否有漏油现象等，经初检合格后，开展油气流体样品检查。送至实验室的油气样品主要可分为两大类，即井下流体样品和分离器流体样品，两者取样条件和运送方式不同，因此样品检查方式也存在差异。

井下流体样品检查中，井下取样器直接在地层条件下取得油气样品。该方法取样时保持地层压力，原油未发生脱气，油气同时储存于井下取样器内。因此，井下流体样品检查包括打开压力测定、含水量测定、泡点压力测定、代表性样品确定4个方面。

（1）打开压力测定。

①计量泵中充满工作介质，按图2-1-2连接流程。计量泵加压至高于取样点压力，连通样品。

②取样器加热至取样点温度，加热过程中不断摇动，保证样品受热均匀；恒温在取样点温度，连续30min以上，压力波动小于1%（或绝对变化量）时，该点压力为样品打开压力。

（2）含水量检查。

在取样点温度下将取样器直立、恒温静放8h后，将水及污物完全放出，计量放出物体积，含水量低于5%为合格，具体检查方法按行业标准SY/T 5154—2014《油气藏流体取样方法》执行。

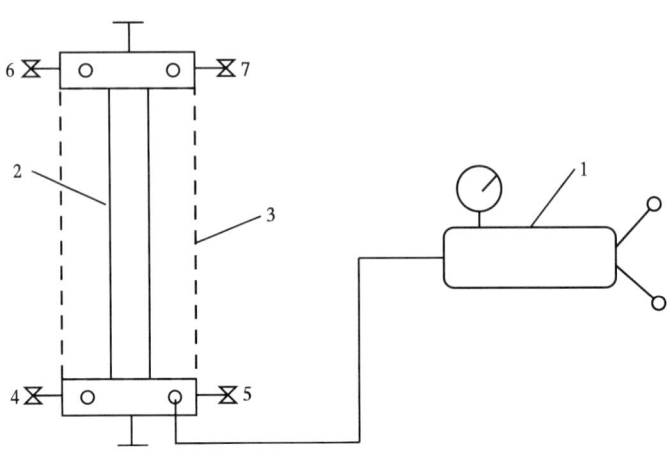

1—高压计量泵;2—井下取样器;3—恒温套;4,5,6,7—转样接头阀门。

图 2-1-2　井下流体样品检查流程

(3)泡点压力测定。

①在取样点温度下将样品加压至地层压力以上,充分摇动使样品成单相。稳定后记录压力值和泵读数;

②降压至下一预定压力,每次降压 1~2MPa,充分摇动至压力稳定后记录压力和泵读数依次分别测得各压力下的泵读数;

③将测量结果标绘在算术坐标系上,如图 2-1-3 所示,得到泡点压力测量曲线,曲线之拐点即为泡点压力。

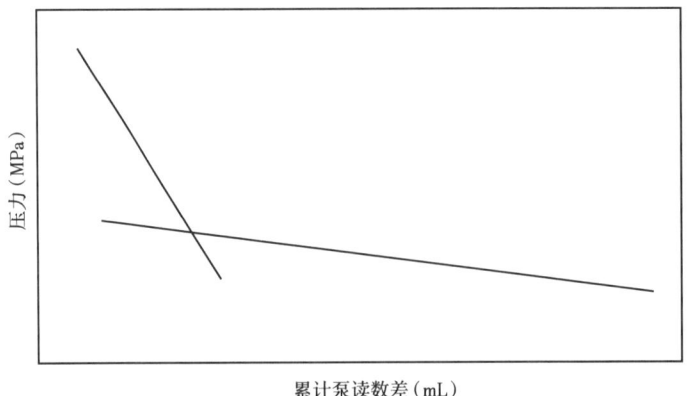

图 2-1-3　泡点压力测量曲线

(4)代表性样品确定。

样品数量和样品检查质量应满足以下要求:
①井下流体要求取三支或以上样品;
②至少有两支以上样品泡点压力相对偏差小于 3%;

③泡点压力小于或等于取样点压力;
④如果几支样品经检查均合格,宜取泡点压力较高的那支样品为分析样品。

分离器样品检查中,油气流体从地下经降压后至地面分离器内被收集,压力降低导致原油脱气,分离器样品可分为储存气体和少量轻烃的气样瓶和储存原油为主的油样瓶。因此,分离器样品检查包括分离器气样检查、分离器油样检查、分离器油单次脱气实验3个方面。

(1)分离器气样检查。
①将分离器气样瓶直立加热至分离器温度,恒温4h以上,如图2-1-4所示连接压力表;
②打开气瓶上阀连通压力表,压力表读数即为气样压力;
③气样压力与分离器压力相对偏差小于5%为合格;
④取气样分析其组分组成。

(2)分离器油样检查。
①分离器油样检查参照井下流体样品检查(1)~(3)部分执行。
②分离器油泡点压力与分离器压力相对偏差小于5%为合格。

(3)分离器油单次脱气实验。

选择一只合格的分离器油样瓶,参照单次脱气实验方法和步骤,在分离器温度下进行单次脱气实验。

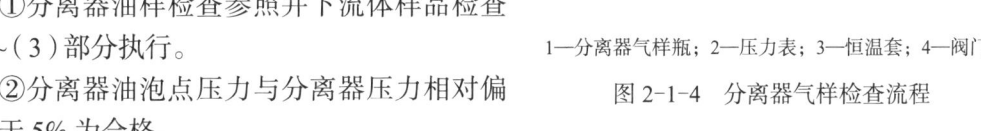

1—分离器气样瓶;2—压力表;3—恒温套;4—阀门。

图2-1-4　分离器气样检查流程

分离器油、气样经检查合格后,还需开展油气分离状态和取样质量检查。根据油、气样的组分组成数据,检验现场分离器压力和温度控制是否稳定,进一步判断样品的代表性。根据热力学关系,处于平衡状态的分离器油、气样品,其组成从甲烷到己烷,$\lg K_i p_{\text{sep}}$ 与 $b_i\left(\dfrac{1}{T_{\text{b}i}}-\dfrac{1}{T_{\text{sep}}}\right)$ 应呈线性关系,计算公式见式(2-1-1)至式(2-1-3),其线性相关系数达95%为合格。

$$\lg K_i p_{\text{sep}} \propto b_i\left(\frac{1}{T_{\text{b}i}}-\frac{1}{T_{\text{sep}}}\right) \tag{2-1-1}$$

$$K_i=\frac{Y_{\text{s}i}}{X_{\text{s}i}} \tag{2-1-2}$$

$$b_i=\frac{\lg p_{\text{c}i}-\lg(0.101)}{\dfrac{1}{T_{\text{b}i}}-\dfrac{1}{T_{\text{c}i}}} \tag{2-1-3}$$

式中 K_i——分离器气 i 组分的平衡常数；

p_{sep}——一级分离器压力（绝对），MPa；

b_i——分离器气 i 组分的特性常数；

T_{bi}——分离器气 i 组分的沸点，K；

T_{sep}——一级分离器温度，K；

X_{si}——分离器油 i 组分摩尔分数；

Y_{si}——分离器气 i 组分的摩尔分数；

p_{ci}——分离器气 i 组分的临界压力（绝对），MPa；

T_{ci}——分离器气 i 组分的临界温度，K。

2. 地层流体配置

样品准备工作首要将分离器气体压力恢复，即采用气体增压泵法或冷冻法等方法将处于分离器温度下的分离器气体转入活塞式高压容器中，并增压到配样压力。

气体偏差系数，又称压缩因子，是指在相同温度、压力下，真实气体所占体积与相同量理想气体所占体积的比值。偏差系数反映了实际气体偏离理想气体状态的程度，是反映流体相态关系的重要参数。因此测定气体的偏差系数十分重要，具体测定步骤如下。

（1）按图 2-1-5 连接流程；

（2）在配样温度下，用计量泵将高压容器中的分离器气样增压到配样压力并保持稳定，恒温平衡 4h 后，连续 30min 内体积变化小于 1%；

（3）记录计量泵和气量计初读数；

（4）打开高压容器样品端阀门，保持配样压力，并将约 20cm³ 高压气体缓慢放出，关闭阀门；

（5）读取泵、气量计末读数，记录室温和大气压力；

（6）按（3）~（5）重复测定三次以上。

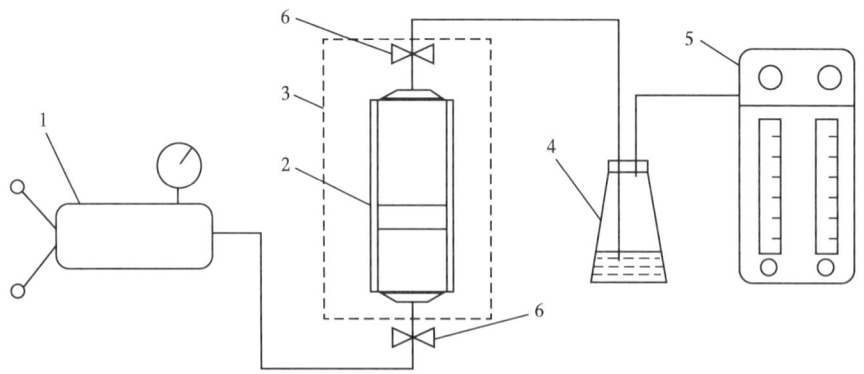

1—高压计量泵；2—高压容器；3—恒温浴；4—气体指示瓶；5—气量计；6—阀门。

图 2-1-5 气体偏差系数测定流程

配样条件下的气体偏差系数计算见式（2-1-4）：

$$Z_p = \frac{p_p V_p T_1 Z_1}{T_p p_1 V_1} \tag{2-1-4}$$

式中　Z_p——配样条件下的气体偏差系数；
　　　p_p——配样压力（绝对），MPa；
　　　V_p——高压气体的体积，cm³；
　　　T_p——配样温度（一般可设定为分离器温度），K；
　　　Z_1——室温、大气压力下的气体偏差系数，一般可近似取值等于1。

现场气油比校正计算见式（2-1-5）：

$$\mathrm{GOR}_c = \mathrm{GOR}_f \sqrt{\frac{d_f Z_f}{d_L Z_L}} \quad (2\text{-}1\text{-}5)$$

式中　GOR_c——校正气油比，m³/m³；
　　　GOR_f——现场气油比，m³/m³；
　　　d_f——现场计算气量所用天然气相对密度；
　　　Z_f——现场计算气量所用天然气偏差系数；
　　　d_L——实验室所测天然气相对密度；
　　　Z_L——实验室所测分离器条件下的天然气偏差系数。

一级分离器气油比见式（2-1-6）：

$$\mathrm{GOR}_s = \frac{\mathrm{GOR}_c}{B_{os}} \quad (2\text{-}1\text{-}6)$$

式中　GOR_s——一级分离器气油比，m³/m³。

如果送样单上提供的是分离器气油比，则按现场气油比校正即可。若提供的是生产气油比，则应换算为分离器气油比。

配样用油量计算：根据分析项目确定地层流体样品需要量，对黑油，可近似地定为分离器油的用量为配制地层流体样品的量；对凝析气，若配 x cm³ 的地层流体所需分离器油的用量由式（2-1-8）求出。配制黑油流体样品用油量计算见式（2-1-7）：

$$V_{op} = V_{os}\left[1 - C_{os}(p_p - p_{sep})\right] \quad (2\text{-}1\text{-}7)$$

式中　V_{op}——配样条件下的用油量，cm³；
　　　V_{os}——分离器油体积，cm³；
　　　C_{os}——分离器油的压缩系数，MPa^{-1}。

配制 x cm³ 体积的凝析气流体样品用油量计算见式（2-1-8）：

$$V_{op} = \frac{366x}{\mathrm{GOR}_s + 183} \quad (2\text{-}1\text{-}8)$$

配样条件下用气量计算见式（2-1-9）：

$$V_{sg} = \frac{p_o V_{os} \mathrm{GOR}_s T_p Z_p}{Z_o T_o p_p} \quad (2\text{-}1\text{-}9)$$

式中　V_{sg}——配样条件下的用气量，cm³；
　　　Z_o——标准条件下的气体偏差系数，一般可近似取值为1；

p_o——标准压力，MPa，一般取 0.101325；
T_o——标准温度，K，一般取 293.15；
p_p——配样压力，MPa。

配样操作步骤：

（1）转油样。

①将配样容器清洗干净，按图 2-1-6 连接流程；

②将两恒温浴升温至配样温度；

③抽空配样容器达 133Pa 后再抽 30min；

④将分离器油样恒定在配样压力，恒温平衡 4h 后，连续 30min 内高压计量泵体积变化小于 1%；

⑤用双泵法将所需的分离器油量转入配样容器中。

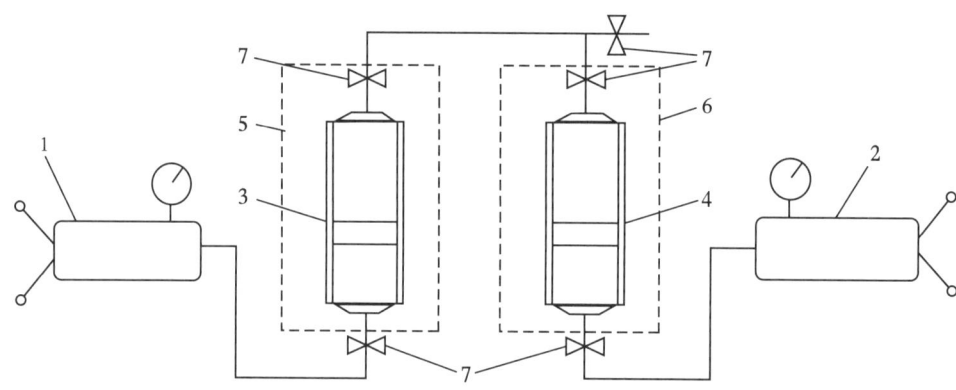

1，2—高压计量泵；3—分离器油（或气）储样瓶；4—配样容器；5，6—恒温浴；7—阀门。

图 2-1-6　地层流体配样流程

（2）转气样。

①将恒温浴中的油瓶更换为气瓶，在配样温度下恒定压力平衡 4h 后，连续 30min 内高压计量泵体积变化小于 1%；

②用双泵法将所需的分离器气量转入配样容器中。

（3）配样质量检查。

①将配样容器中的流体样品加热至地层温度，充分搅拌并将样品压成单相，在地层压力下恒温平衡 4h 后，连续 30min 内体积变化小于 1%；

②参照单次脱气实验方法和步骤进行地层流体单次脱气实验，平行测试三次以上；

③配制地层流体的组成计算，见式（2-1-10）：

$$X_{fi} = \frac{\dfrac{W_d}{M_d} x_i + \dfrac{p_1 V_1}{R Z_1 T_1} y_i}{\dfrac{W_d}{M_d} + \dfrac{p_1 V_1}{R Z_1 T_1}} \quad (2-1-10)$$

式中　X_{fi}——地层流体 i 组分的摩尔分数；

　　　W_d——死油的质量，g；

p_1——当日大气压力，MPa；

V_1——气体在室温和大气压力下的体积，m³；

Z_1——室温、大气压力下的气体偏差系数，一般取 1；

T_1——室温，K；

$\overline{M_d}$——死油的平均相对摩尔质量，g/mol；

x_i——死油 i 组分的摩尔分数；

R——摩尔气体常数，MPa·cm³/(mol·K)，取 8.3145；

y_i——单次脱气放出气 i 组分的摩尔分数。

（4）配样质量要求。

配制的地层流体经单次脱气按式（2-1-10）与按气油比式（2-1-11）计算的地层流体中各组分的组成应一致，凝析气各式计算的甲烷含量相差不大于 3% 为合格；黑油饱和压力或气油比相对偏差不大于 1% 为合格。

3. 转样

（1）PVT 容器转样。

配制完成的地层流体或井下取样器中的流体需要经过转样进入 PVT 容器内才能开展流体相态实验，具体转样步骤如下：

①将 PVT 容器清洗干净并按图 2-1-7 连接流程；

②将 PVT 容器和储样器加热至地层温度；

③将 PVT 容器及外接管线抽空到 133Pa 后继续抽 30min；

④用计量泵将样品增压并充分搅拌，恒定到地层压力，使其成为单相，平衡 4h 后，连续 30min 内体积变化小于 1%；

⑤在保持地层压力条件下缓慢打开储样器样品端阀门和 PVT 容器样品端阀门，将所需样品量转入 PVT 容器中。

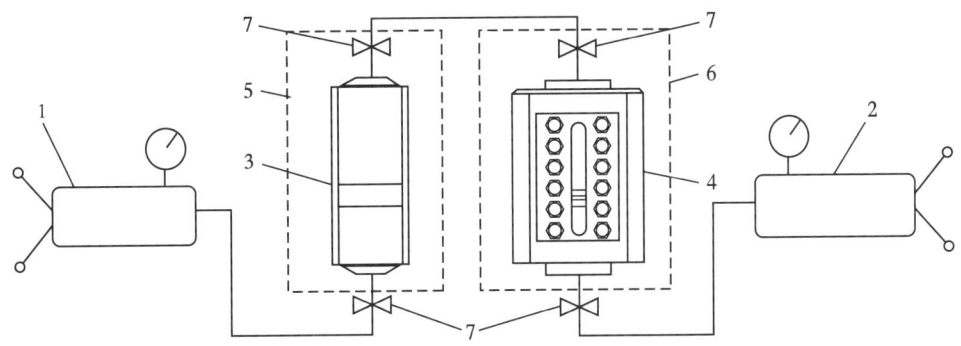

1, 2—高压计量泵；3—储样器（井下取样器或配样容器）；4—PVT 容器；5, 6—恒温浴；7—阀门。

图 2-1-7 转样流程

（2）黏度计转样。

对于带脱气室的高压落球黏度计、高温高压电磁黏度计以及高温高压毛细管黏度计，向以上黏度计中转样的步骤和方法和 PVT 容器转样一样。但是向不带脱气室的小容量黏度计转样时，应采用保持压力排油方法，排油体积相当于黏度计容积的 2 倍以上。

三、PVT 实验方法

1. 热膨胀实验

热膨胀实验是指将一定质量的流体置于 PVT 容器中,在压力恒定的条件下,当体系温度由某一设定温度向另一温度(地层温度)改变时,流体体积受热膨胀的变化关系。具体实验步骤如下。

(1)将 PVT 容器中的地层原油样品加热恒定在某一设定温度,在地层压力下将样品搅拌均匀,使其成为单相,平衡 4h 后,连续 30min 内体积变化小于 1%,测定样品体积;

(2)将样品升温至地层温度,在地层压力下将样品搅拌均匀,使其成为单相,平衡 4h 后,连续 30min 内体积变化小于 1%,测定样品体积。

2. 单次脱气实验

单次脱气实验原理是保持油气分离过程中体系的总组成恒定不变,将处于地层条件下的单相地层流体通过节流膨胀到大气条件,测量其体积和气液量变化。对地层原油,实验目的是测定油气组分组成、气油比、体积系数、地层油密度等参数;对凝析气,实验目的是测定凝析油气组分组成,凝析气藏流体的偏差系数等参数。具体实验步骤如下。

(1)按图 2-1-8 连接流程,在地层温度下,将样品加压至高于饱和压力并充分搅拌,使其成为单相,然后按转样步骤将单相地层流体样品转入 PVT 容器;

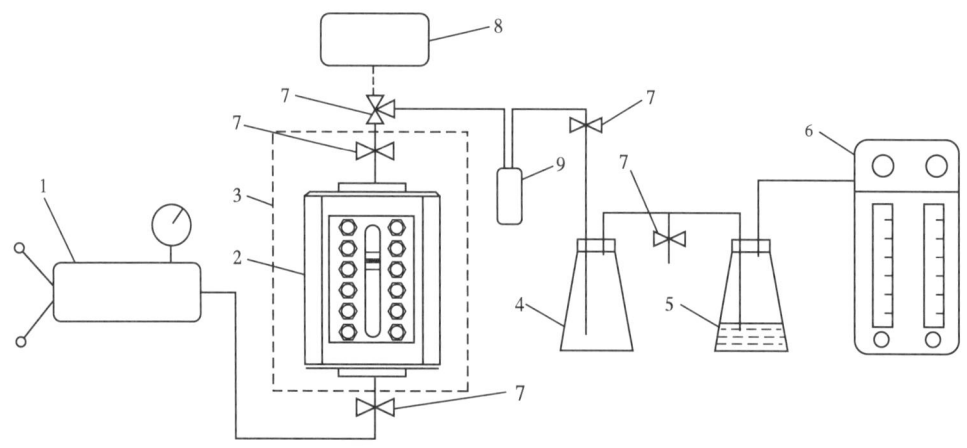

1—高压计量泵;2—PVT 容器;3—恒温浴;4—分离瓶;5—气体指示瓶;6—气量计;7—阀门;
8—高温高压密度计;9—单脱容器。

图 2-1-8 单次脱气实验流程

(2)压力稳定后记录压力值和样品体积;

(3)用计量泵保持压力,将一定体积的地层流体样品缓慢均匀地放出,计量脱出气体积,称量剩余油质量,记录样品体积、大气压力和室温;

(4)取油、气样分析组分组成;

(5)测定死油密度和平均相对分子质量;

(6)按(2)~(5)平行测定三次以上,地层原油测定的气油比相对偏差小于 2%,体积系数相对偏差小于 1%,凝析气地层流体测定的偏差系数相对偏差小于 1%。

3. 恒质膨胀实验

恒质膨胀实验简称 PV 关系实验，是指在地层温度下测定恒定质量的地层流体压力与体积的关系。对于地层原油，可获取流体的泡点压力、压缩系数、不同压力下流体的相对体积和 Y 函数等参数；对于凝析气，可获取流体的露点压力、气体偏差系数和不同压力下流体的相对体积等参数。具体实验步骤如下。

（1）在地层温度下将 PVT 容器中的地层流体样品加压到地层压力或高于泡点压力，充分搅拌稳定；

（2）对于地层原油流体，在泡点压力以上按逐级降压法测量（固定压力读体积），每级降 1~2MPa；在泡点压力以下按逐级膨胀体积法测量（固定体积读压力），每级膨胀 0.5~20cm³。每级降压膨胀后应搅拌稳定，读取压力和样品体积，一直膨胀至原始样品体积的三倍以上。在算术坐标系上以压力为纵坐标，样品体积为横坐标，做出 PV 关系曲线，曲线拐点即为泡点压力；

（3）对于凝析气流体，首先测定其露点压力。测试方法是采用逐级降压逼近法，当液滴出现与消失之间的压力差小于 0.1MPa 时，取这两个压力值的平均值为第一露点压力。露点压力确定后，采用逐级降压的方式进行压力与体积关系测定。在露点压力以上时每级压力取 0.5~2MPa，平衡 0.5h 后记录压力和样品体积；在露点压力以下时每级压力下应搅拌 0.5h 并静置 0.5h 后才能记录压力、样品体积和凝析液量，一直膨胀至原始样品体积的 3 倍以上时结束实验。

尤其需要注意的是，当压力降到某一值时，液体可能重新消失，此时的液体消失压力为第二露点压力。确定第二露点压力的方法与确定第一露点压力的方法相同，但升压和降压时液体出现和消失现象与第一露点正好相反。

4. 多次脱气实验

多次脱气实验是在地层温度下，将地层油分级降压脱气、排气，测量油、气性质和组成随压力的变化关系。本项实验是为了测定各级压力下的溶解气油比、饱和油的体积系数和密度、脱出气的偏差系数、相对密度和体积系数，以及油气双相体积系数等参数。根据泡点压力的大小，确定分级压力的间隔，脱气级数一般均分为 3~12 级。具体实验步骤如下。

（1）参照单次脱气实验流程连接实验装置；

（2）在地层温度下，将 PVT 容器中的地层原油样品加压至地层压力，充分搅拌并恒温平衡 4h 后，30min 内体积变化小于 1%，读取样品体积；

（3）降压至第一级脱气压力，搅拌稳定后静止，读取样品体积；

（4）打开样品端阀门，保持压力缓慢排气，气体排完后迅速关闭阀门（注意排气过程不能有油排出），记录排出气量、室温和大气压力，取气样分析其组分组成；

（5）重复（3）~（4），逐级降压脱气，一直进行到大气压力级；

（6）将残余油排出称质量，测定残余油组成、平均相对分子质量和 20℃ 下的密度。

5. 定容衰竭实验

定容衰竭实验是为模拟凝析气藏、易挥发性油藏衰竭式开采过程，了解开采动态，研究油、气藏在衰竭式开采过程中油、气藏流体体积和井流物组成变化以及不同衰竭压力下的采收率。实际情况下，衰竭式开采是一连续降压和产出的过程。在实验室，由于受条件所限，只能近似模拟这一过程，其做法是：将露点压力下的样品体积确定为油、气藏流体的孔隙定容体积，根据露点压力的大小，确定定容衰竭实验的压力分级间隔。自露点压力与零压（表压）之间一般均分为4~8个衰竭压力级，每级降压膨胀，然后恒压排放到定容体积。在这一实验过程中，流体的压力和组成在不断变化，而其所占体积保持不变，故称为定容衰竭。具体实验步骤如下。

（1）定容衰竭实验流程如图2-1-9所示；

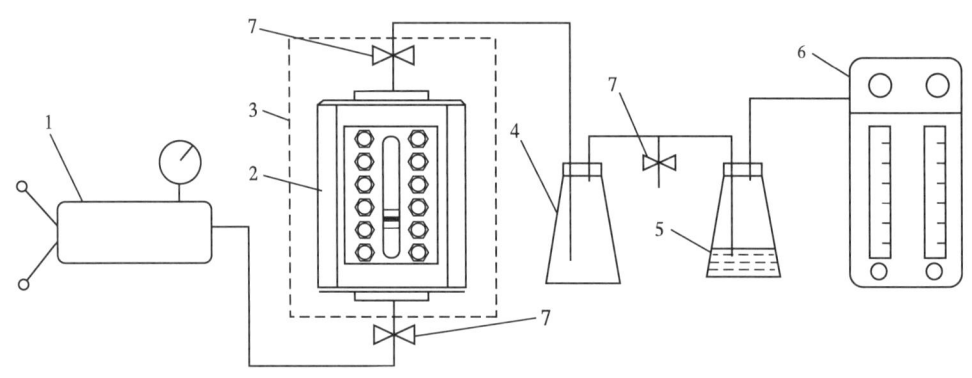

1—高压计量泵；2—PVT容器；3—恒温浴；4—分离器；5—气体指示瓶；6—气量计；7—阀门。

图2-1-9 定容衰竭实验流程

（2）将约为PVT容器容积2/5的凝析气流体样品转入容器中，在地层温度、地层压力下将样品搅拌均匀并恒温平衡4h后，连续30min内体积变化小于1%；

（3）将压力降至露点压力后平衡1h以上，记下PVT容器内凝析气样品体积，此时容器中气体所占体积为定容体积V_c；

（4）退泵分级降压至预定压力，降压后搅拌1h并静置0.5h，记下压力和容器内样品体积及液体体积；

（5）慢慢打开PVT容器样品端阀门排气，同时保持压力进泵，一直排到定容体积时为止，排气结束后记录室温和大气压下的气量、油量并取气样和油样分析组成，同时记录室温和大气压力；

（6）重复（4）~（5），一直进行到压力为4~6MPa的最后一级压力为止；

（7）最后一级压力到零压的测定过程：打开样品端阀门，直接放气降压至零（表压），然后再进泵排出容器中的残留气和油，取气样分析残余气组成，对残余油称量，测密度并进行组成分析。

6. 地层油黏度测定

油藏流体黏度测定一般是指液相油黏度的测定。可选用高温高压落球黏度计、高温高压电磁黏度计和高温高压毛细管黏度计，目的是为获得地层条件及不同脱气压力级下单相油的黏度。

（1）高温高压落球黏度计黏度测定。

带脱气室落球黏度计黏度测定步骤：

①将黏度计清洗干净，选择合适尺寸钢球放入测试腔内，按图2-1-10连接流程；

②将黏度计升温到地层温度并恒温4h以上，抽空黏度计至133Pa后继续抽30min；

③按黏度计转样法将地层条件下的原油样品转入黏度计中，调整到测定压力；
④反复翻转黏度计，搅拌油样使其达到单相平衡，关闭脱气室阀；

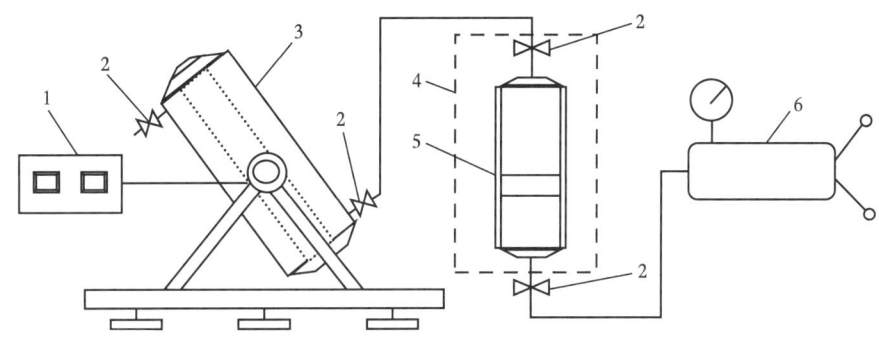

1—控制器；2—阀门；3—黏度计；4—恒温浴；5—储样器；6—高压计量泵。

图 2-1-10　高温高压落球黏度计黏度测定流程

⑤选定测量角度，按测定规程测定落球时间，落球时间介于 10~80s 间为宜；
⑥每个压力级至少测定两个角度，每个角度平行测定五次，要求相对偏差应小于 1%；
⑦将脱气室朝上，打开脱气室阀，缓慢降压脱气到下一级压力，关闭脱气室阀，反复翻转黏度计，搅拌油样使其达到平衡，重复⑤~⑥步骤；
⑧在泡点压力以上至少测 4 个点，泡点压力以下测 6~12 个点，一直进行到大气压力级。

不带脱气室落球黏度计与带脱气室落球黏度计黏度测定步骤不同之处在于各级压力下的脱气是在 PVT 容器中进行的，然后将脱气后的单相原油转入黏度计中并保持压力冲排 2 倍以上黏度计容积，使新鲜的单相油样充满黏度计。

（2）高温高压毛细管黏度计黏度测定。

毛细管黏度计的测定原理是指在设定的温度和压力条件下，测定一定体积的液体在一定的驱替速度（压差）下通过特定毛细管所需的时间，黏度计的毛细管常数与时间的乘积即为该温度、压力条件下液体的运动黏度。黏度计的毛细管常数与毛细管的材质、管径、表面性质等有关，通常由标准黏度油和去离子水等进行校正得出。毛细管黏度计只适合单相流体的黏度测定。高温高压毛细管黏度计黏度具体测定步骤如下：

①按图 2-1-11 连接流程，用标准黏度油或去离子水在设定温度和压力下对黏度计进行标定，获得该黏度计的毛细管常数；
②黏度计清洗干净后进行抽空，然后将黏度计预热至实验温度；
③按转样方法在实验压力下向黏度计转样；
④将实验样品加热至实验温度后恒温恒压 4h 以上；
⑤按照仪器说明书要求，采用与标准黏度油或去离子水标定毛细管常数的相同步骤测定实验样品的黏度。

（3）高温高压电磁式黏度计黏度测定。

高温高压电磁式黏度计工作原理基于金属活塞在电磁力驱动下做往复运动，通过测量金属活塞在测量室内两端运动时间而获取流体黏度。高温高压电磁式黏度计黏度具体测定步骤如下。

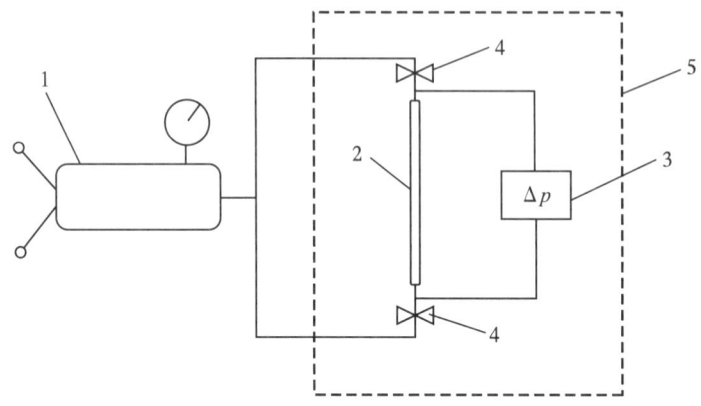

1—高压计量泵；2—高温高压毛细管；3—压差测定装置；4—阀门；5—恒温浴。

图 2-1-11　高温高压毛细管黏度计黏度测定流程

①将高温高压电磁式黏度计清洗干净，选择合适量程的金属活塞放入测量室内，按图 2-1-12 连接流程；

②将黏度计升温并恒定在地层温度 4h 以上，抽空黏度计至 133Pa 后继续抽 30min；

③将地层条件下的原油样品转入黏度计中，调整到测定压力；

④搅拌油样使其达到单相平衡，每个压力级平行测定五次，要求相对偏差小于 1%；

⑤打开排气阀，缓慢降压脱气到下一级压力，关闭排气阀，重复步骤④；

⑥要求泡点压力以上至少测 4 个点，泡点压力以下测 6~12 个点，一直进行到大气压力级。

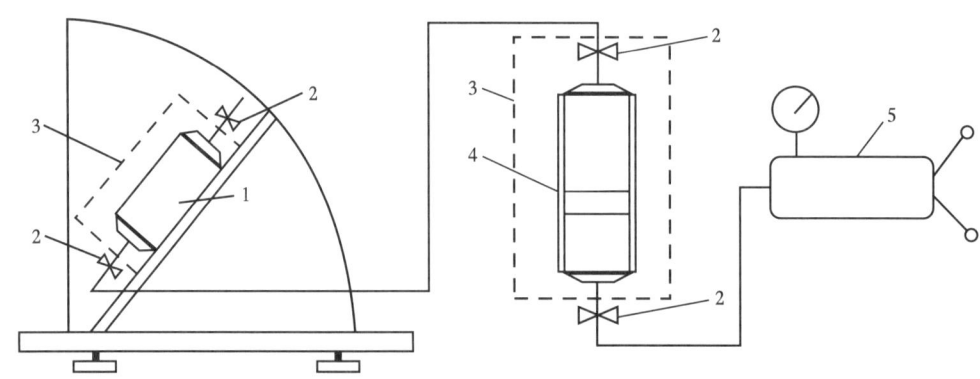

1—高温高压电磁式黏度计；2—阀门；3—恒温浴；4—储样器；5—高压计量泵。

图 2-1-12　高温高压电磁式黏度计黏度测定流程

（4）单相地层原油密度测定。

①准备三个耐压、体积大于 20cm³ 单脱容器，称重，质量精确到 0.001g；

②按单次脱气实验步骤将单相约 20cm³ 的地层流体样品分别转入三个单脱容器中，记录转样前后的泵读数，精确到 0.01cm³，称量三个带样单脱容器的质量，精确到 0.001g；

③对于具有高温高压密度计的实验室，将PVT容器中的单相地层流体直接转入该设备中，进行不同压力下密度的在线测量。

四、地层原油流体物性分析

1. **地层原油流体物性分析步骤**

地层原油流体物性分析按照本节一～三部分所述步骤执行。

2. **地层原油单次脱气实验数据计算**

（1）分离器样品井流物组成。

分离器样品井流物组成计算见式（2-1-11）：

$$X_{fi} = \frac{X_{ti} + 4.157 \times 10^{-5} \dfrac{\overline{M_{ot}}}{\rho_{ot}}(\text{GOR}_t Y_{ti} + \text{GOR}_s B_{os} Y_{si})}{1 + 4.157 \times 10^{-5} \dfrac{\overline{M_{ot}}}{\rho_{ot}}(\text{GOR}_t + \text{GOR}_s B_{os})} \quad (2\text{-}1\text{-}11)$$

（2）井下样品井流物组成计算。

井流物组成通过单次脱气实验数据按式（2-1-10）计算。

拟组分密度计算见式（2-1-12）：

$$\rho_+ = \frac{\rho_{\text{oil}} w_+}{1 - \rho_{\text{oil}} \sum_{i=1}^{N-1} \dfrac{w_i}{\rho_i}} \quad (2\text{-}1\text{-}12)$$

式中 ρ_+——拟组分的密度，g/cm^3；
ρ_{oil}——稳定油样的密度，g/cm^3；
ρ_i——组分i在标准状态下的液体密度，g/cm^3；
w_i——组分i的质量分数；
w_+——拟组分的质量分数。

拟组分相对分子质量计算，见式（2-1-13）：

$$M_+ = \frac{M_{\text{oil}} w_+}{1 - M_{\text{oil}} \sum_{i=1}^{N-1} \dfrac{w_i}{M_i}} \quad (2\text{-}1\text{-}13)$$

式中 M_+——拟组分的相对分子质量；
M_i——组分i的相对分子质量。

（3）地层原油单次脱气体积系数。

死油体积计算，见式（2-1-14）：

$$V_{\text{do}} = \frac{W_{\text{do}}}{\rho_{\text{do}}} \quad (2\text{-}1\text{-}14)$$

式中 V_{do}——死油体积，cm^3；

W_{do}——死油质量，g；

ρ_{do}——死油密度（20℃），g/cm³。

原油体积系数计算，见式（2-1-15）：

$$B_{of} = \frac{V_{of}}{V_{do}} \qquad (2\text{-}1\text{-}15)$$

式中　B_{of}——地层原油体积系数；

V_d——地面脱气原油体积，cm³；

V_{of}——地层温度、地层压力下的原油体积，cm³。

（4）地层原油的单次脱气气油比计算，见式（2-1-16）。

$$\text{GOR}_o = \frac{T_o p_1 V_1}{p_o T_1 V_d} - 1 \qquad (2\text{-}1\text{-}16)$$

式中　GOR_o——地层原油单次脱气气油比，cm³/cm³ 或 m³/m³。

（5）地层原油平均溶解气体系数。

地层原油平均溶解气体系数计算见式（2-1-17）：

$$\varphi = \frac{\text{GOR}_o}{p_b} \qquad (2\text{-}1\text{-}17)$$

式中　φ——地层原油平均溶解气体系数，m³/m³/MPa；

p_b——地层原油的泡点压力（绝对压力），MPa。

（6）地层原油体积收缩率。

地层原油体积收缩率计算，见式（2-1-18）：

$$\eta = \frac{B_{of} - 1}{B_{of}} \times 100\% \qquad (2\text{-}1\text{-}18)$$

式中　η——地层原油体积收缩率。

（7）地层原油密度。

地层原油密度计算，见式（2-1-19）：

$$\rho_{of} = \frac{w_2 - w_1}{V_{of}} \qquad (2\text{-}1\text{-}19)$$

式中　ρ_{of}——地层原油密度，g/cm³；

w_2——地层流体样品加单脱容器质量，g；

w_1——空单脱容器质量，g。

3. 恒质膨胀实验数据计算

（1）地层原油热膨胀系数。

地层原油热膨胀系数计算见式（2-1-20）：

$$\alpha_o = \frac{V_{of} - V_T}{V_{of}(T_r - T_T)} \qquad (2\text{-}1\text{-}20)$$

式中 α_o——地层原油热膨胀系数，K^{-1} 或 $^\circ C^{-1}$；

T_r——地层温度，K 或 $^\circ C$；

V_T——设定温度，K 或 $^\circ C$。

（2）饱和压力以上地层原油压缩系数。

饱和压力以上地层原油压缩系数计算见式（2-1-21）：

$$C_{oi} = -\frac{1}{V_i}\frac{\Delta V_i}{\Delta p_i} \qquad (2\text{-}1\text{-}21)$$

地层原油压缩系数也可由饱和压力以上测试的 p—V 关系拟合一个二次方程式，见式（2-1-22），对式（2-1-21）求导整理得到地层原油压缩系数计算式，见式（2-1-23）。

$$V = ap_i^2 + bp_i + c \qquad (2\text{-}1\text{-}22)$$

$$C_{oi} = \frac{2ap_i + b}{V_i} \qquad (2\text{-}1\text{-}23)$$

式中 C_{oi}——i 级地层原油的等温压缩系数，MPa^{-1}；

V_i——i 级压力下的样品体积，cm^3；

ΔV_i——i 级与 i-1 级压力下的样品体积差，cm^3；

a，b，c——均为常数；

Δp_i——i 级与 i-1 级压力差，MPa。

（3）地层流体相对体积。

地层流体相对体积计算见式（2-1-24）：

$$R_i = \frac{V_i}{V_b} \qquad (2\text{-}1\text{-}24)$$

式中 R_i——第 i 级压力下地层流体的相对体积；

V_b——泡点压力下的地层流体体积，cm^3。

（4）"Y" 函数。

因"Y"函数与压力 p_i 在泡点压力以下 30%~90% 的范围内，在算术坐标上成直线关系，所以可利用该关系精确确定油藏流体的泡点压力，"Y"函数计算见式（2-1-25）：

$$Y = \frac{p_b - p_i}{p_i(R_i - 1)} \qquad (2\text{-}1\text{-}25)$$

式中 Y——"Y"函数；

p_b——地层原油的泡点压力（绝对），MPa；

p_i——i 级压力，MPa。

(5)第 i 级压力下地层原油单相流体密度。

地层原油单相流体密度计算见式（2-1-26）:

$$\rho_i = \frac{V_{of}\rho_{of}}{V_i} \tag{2-1-26}$$

式中　ρ_i——i 级压力下地层原油单相流体密度，g/cm³；
　　　V_i——i 级压力下地层原油单相流体的体积，cm³。

4. 多次脱气实验数据计算

(1)各级压力下的溶解气油比。

各级压力下脱出气体积计算，见式（2-1-27）:

$$V_{gi} = \frac{T_o p_1 V_{1i}}{p_o T_1} \tag{2-1-27}$$

式中　V_{gi}——第 i 级压力下脱出气在标准条件下的体积，cm³；
　　　V_{1i}——第 i 级压力下脱出气在室温、大气压力下的体积，cm³。

累计脱出气体积计算，见式（2-1-28）。

$$V_g = \sum_{i=1}^{n} V_{gi} \tag{2-1-28}$$

式中　V_g——累积脱出气在标准条件下的体积，cm³。

各级压力下溶解气体积计算，见式（2-1-29）:

$$V_{gri} = V_g - \sum_{1}^{i} V_{gi} \tag{2-1-29}$$

式中　V_{gri}——第 i 级压力下溶解气体积，cm³。

残余油体积计算，见式（2-1-30）:

$$V_{or} = \frac{W_{or}}{\rho_{or}} \tag{2-1-30}$$

式中　V_{or}——标准条件下残余油体积，cm³；
　　　W_{or}——残余油质量，g；
　　　ρ_{or}——残余油密度（20℃），g/cm³。

各级压力下溶解气油比计算，见式（2-1-31）:

$$\text{GOR}_{ri} = \frac{V_{gri}}{V_{or}} \tag{2-1-31}$$

式中　GOR_{ri}——第 i 级压力下原油溶解气油比，cm³/cm³ 或 m³/m³。

(2)各级压力下脱出气密度和相对密度。

各级压力下脱出气的摩尔质量计算，见式（2-1-32）:

$$M_{gi} = \sum_{i=1}^{n} y_{gi} M_i \qquad (2\text{-}1\text{-}32)$$

式中 M_{gi}——第 i 级压力下脱出气的平均摩尔质量，g/mol；
　　y_{gi}——第 i 级压力下脱出气的组成。
　各级压力下脱出气的密度计算，见式（2-1-33）：

$$\rho_{gi} = \frac{M_{gi} p_o}{R T_o} \qquad (2\text{-}1\text{-}33)$$

式中 ρ_{gi}——第 i 级压力下脱出气的密度，g/cm³。
　各级压力下脱出气的相对密度计算，见式（2-1-34）和式（2-1-35）。

$$\gamma_{gi} = \frac{\rho_{gi}}{\rho_a} \qquad (2\text{-}1\text{-}34)$$

$$\gamma_{gi} = \frac{M_{gi}}{M_a} \qquad (2\text{-}1\text{-}35)$$

式中 γ_{gi}——第 i 级压力下脱出气的相对密度；
　　ρ_a——标准条件下干燥空气的密度，g/cm³；
　　M_a——标准条件下干燥空气的相对摩尔质量，空气的摩尔质量为 28.96g/mol。
（3）各级压力下脱出气偏差系数。
　各级压力下脱出气的偏差系数计算，见式（2-1-36）：

$$Z_i = \frac{Z_o T_o p_i \Delta V_{gi}}{p_o T_r V_{gi}} \qquad (2\text{-}1\text{-}36)$$

式中 Z_i——第 i 级压力、地层温度下脱出气的偏差系数；
　　ΔV_{gi}——脱出气在 i 级压力和地层温度下的体积，cm³。
（4）各级压力下脱出气体积系数。
　各级压力下脱出气的体积系数计算见式（2-1-37）：

$$B_{gi} = \frac{Z_i T_r p_o}{Z_o p_i T_o} \qquad (2\text{-}1\text{-}37)$$

式中 B_{gi}——第 i 级压力下气相体积系数。
（5）各级压力下单相流体体积系数。
　各级压力下单相流体体积系数计算见式（2-1-38）：

$$B_{oi} = \frac{V_{oi}}{V_{or}} \qquad (2\text{-}1\text{-}38)$$

式中 B_{oi}——多次脱气 i 级压力下单相油体积系数；
V_{oi}——多次脱气 i 级压力下单相油体积，cm^3。

（6）各级压力下的油气双相体积系数。

各级压力下油气双相体积系数计算见式（2-1-39）：

$$B_{ti} = (GOR_o - GOR_i)B_{gi} + B_{oi} \quad (2-1-39)$$

式中 B_{ti}——i 级压力下油气双相体积系数。

（7）各级压力下单相油密度。

第 i 级压力下脱出气质量计算，见式（2-1-40）：

$$W_{gi} = V_{gi}\rho_{gi} \quad (2-1-40)$$

式中 W_{gi}——i 级压力下脱出气质量，g；
ρ_{gi}——i 级压力下脱出气在标准条件下的密度，g/cm^3。

累计脱出气质量计算，见式（2-1-41）：

$$W_g = \sum_{i=1}^{n} W_{gi} \quad (2-1-41)$$

式中 W_g——累计脱出气质量，g。

第 i 级压力下溶解气质量计算，见式（2-1-42）：

$$W_{ri} = W_g - \sum_{1}^{i} W_{gi} \quad (2-1-42)$$

式中 W_{ri}——第 i 级压力下溶解气质量，g。

残余油体积计算，见式（2-1-43）：

$$V_{or} = \frac{W_{or}}{\rho_{or}} \quad (2-1-43)$$

式中 V_{or}——标准条件下残余油体积，cm^3；
W_{or}——残余油质量，g；
ρ_{or}——残余油密度（20℃），g/cm^3。

第 i 级压力下原油密度计算，见式（2-1-44）：

$$\rho_{oi} = \frac{W_{or} + W_{ri}}{V_{oi}} \quad (2-1-44)$$

式中 ρ_{oi}——i 级压力下原油密度，g/cm^3。

（8）各级压力下脱出气黏度。

各级脱气压力下的气体黏度一般采用图版法或计算法得到。有条件的实验室也可以采用高温高压电磁黏度计或高温高压毛细管黏度计等仪器测定。

计算气体黏度的经验关系式较多，最简便常用的是 Lee 等人提出的一组经验公式，其精度可以满足绝大多数油藏工程计算的要求。计算见式（2-1-45）至式（2-1-49）：

$$\mu_{gi} = 10^{-4} J \exp\left(K \rho_{gpi}^{L}\right) \quad (2\text{-}1\text{-}45)$$

$$J = \frac{(9.4 + 0.02 M_{gi})(1.8 T_r)^{1.5}}{209 + 19 M_{gi} + 1.8 T_r} \quad (2\text{-}1\text{-}46)$$

$$K = 3.5 + \frac{986}{1.8 T_r} + 0.01 M_{gi} \quad (2\text{-}1\text{-}47)$$

$$L = 2.4 - 0.2 K \quad (2\text{-}1\text{-}48)$$

$$\rho_{gpi} = \frac{M_{gi} p_i}{Z_i R T_r} \quad (2\text{-}1\text{-}49)$$

式中 μ_{gi}——第 i 级压力和地层温度下脱出气黏度，mPa·s；
ρ_{gpi}——第 i 级压力和地层温度下脱出气密度，g/cm³。

（9）各级压力下单相原油黏度。

各级压力下单相原油黏度计算见式（2-1-50）：

$$\mu_i = k_i (\rho_b - \rho_i) t_i \quad (2\text{-}1\text{-}50)$$

式中 μ_i——第 i 级压力和地层温度下原油黏度，mPa·s；
k_i——钢球在某一测角下的黏度计常数，从标定中求得；
ρ_i——第 i 级测定条件下原油密度，g/cm³；
t_i——第 i 级压力和任一测量角度下的落球时间，s。

5. 分离器气重质组分含量

分离器气重质组分含量计算见式（2-1-51）：

$$G_{sj} = \frac{Y_{sj} M_j P_o}{Z_o R T_o} \quad (2\text{-}1\text{-}51)$$

式中 G_{sj}——分离器气中自 C_2 之后 j 组分含量，g/m³；
Y_{sj}——分离器气中自 C_2 之后 j 组分摩尔分数；
M_j——自 C_2 之后 j 组分相对摩尔质量。

6. 分离器气热值

分离器气热值计算见式（2-1-52）：

$$H = \frac{\sum_{i=1}^{n} H_i Y_{si}}{Z_o} \quad (2\text{-}1\text{-}52)$$

式中　H——分离器气（干）的高热值（燃烧和计量参比条件均为标准条件），kJ/m^3；

　　　Y_{si}——分离器气中自 C_2 之后 i 组分摩尔分数；

　　　H_i——分离器气中 i 组分的高热值（燃烧和计量参比条件均为标准条件），kJ/m^3。

7. 地层原油分离实验

（1）实验目的。

地层原油分离实验的目的是通过对比不同分离条件下的气油比、油罐油密度和地层体积系数等参数，确定不同分离条件对原油采收率的影响，选择最佳分离条件。通常规定两级分离，第一级分别实验四个不同的分离压力，分离温度参照原油性质和油田分离器实际温度确定；第二级分离压力和温度均为大气条件（油罐条件）。

（2）实验步骤。

①按图 2-1-13 连接流程；

②将 PVT 容器中的地层原油样品恒定到地层条件，分离器恒温到分离温度；

③抽空分离器及管线至 133Pa 后继续抽 30min；

④利用 1 号泵保持地层压力、2 号泵保持分离压力，将一定体积的地层原油转入分离器中，记录进入分离器中的地层原油体积；

⑤排空并清洗干净外部管线；

⑥使分离器内样品的压力、温度充分平衡稳定；

⑦打开分离器顶阀，保持分离压力将一级气缓慢排出，排完气后迅速关闭顶阀，注意排气过程不应有液体（油）排出。记录分离器中的油体积、排出气量、大气压力及室温，取气样分析组分组成；

⑧保持分离压力，将部分一级分离器油节流膨胀到大气条件，读取气量，称油质量，测油罐油密度，取气样分析组成。按比例折算出油罐油、气总量；

⑨清洗干净分离器及管线，重复②~⑧步骤，直到实验完成四个不同分离压力的实验。

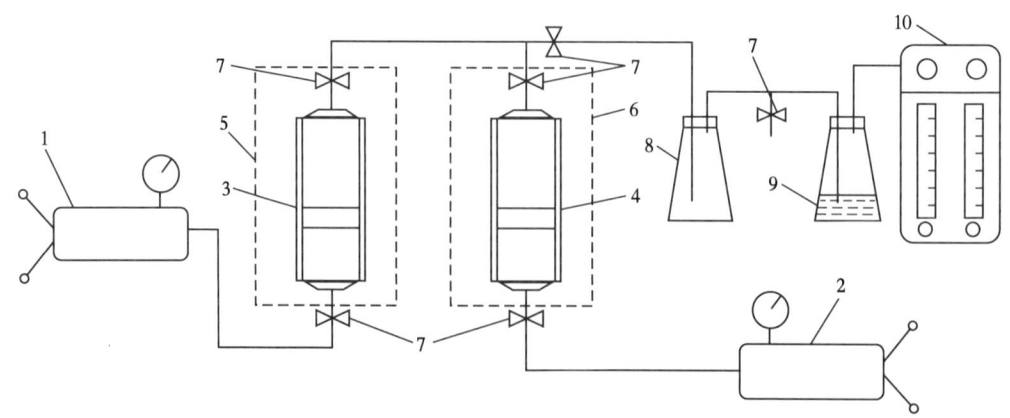

1，2—高压计量泵；3—储样器或 PVT 容器；4——级分离器；5，6—恒温浴；7—阀门；
8—二级分离瓶；9—气体指示瓶；10—气量计。

图 2-1-13　分离实验流程

（3）数据整理。

①以分离器油为基准计算气油比。

以分离器油为基准计算气油比计算见式（2-1-53）和式（2-1-54）：

$$\mathrm{GOR}_1 = \frac{T_{\mathrm{o}} p_1 V_{\mathrm{gs}}}{p_{\mathrm{o}} T_1 V_{\mathrm{os1}}} \quad (2\text{-}1\text{-}53)$$

$$\mathrm{GOR}_2 = \frac{T_{\mathrm{o}} p_1 V_{\mathrm{gt}}}{p_{\mathrm{o}} T_1 V_{\mathrm{os2}}} - 1 \quad (5\text{-}1\text{-}54)$$

式中 GOR_1——一级分离器气油比，m^3/m^3；

V_{gs}——一级分离器气在室温和大气压力下的体积，cm^3；

V_{os1}——一级分离器油体积（分离器条件），cm^3；

GOR_2——以二级分离器油为基准的油罐气油比，m^3/m^3；

V_{gt}——油罐气在室温和大气压力下的体积（气量计测量值），cm^3；

V_{os2}——二级分离器油体积（油罐油在分离器温度下的体积），cm^3。

②以油罐油（20℃）为基准计算气油比。

以油罐油（20℃）为基准气油比计算见式（2-1-55）和式（2-1-56）：

$$\mathrm{GOR}_3 = \frac{T_{\mathrm{o}} p_1 V_{\mathrm{gs}}}{p_{\mathrm{o}} T_1 V_{\mathrm{ot}}} \quad (2\text{-}1\text{-}55)$$

$$\mathrm{GOR}_4 = \frac{T_{\mathrm{o}} p_1 V_{\mathrm{gt}}}{p_{\mathrm{o}} T_1 V_{\mathrm{ot}}} - 1 \quad (2\text{-}1\text{-}56)$$

式中 GOR_3——生产气油比，m^3/m^3；

GOR_4——油罐气油比，m^3/m^3。

③计算地层油体积系数。

地层油体积系数计算见式（2-1-57）：

$$B_{\mathrm{o}} = \frac{V_{\mathrm{of}}}{V_{\mathrm{ot}}} \quad (2\text{-}1\text{-}57)$$

式中 B_{o}——地层油体积系数。

④计算分离器油体积系数。

分离器油体积系数计算见式（2-1-58）：

$$B_{\mathrm{os}} = \frac{V_{\mathrm{os}}}{V_{\mathrm{ot}}} \quad (2\text{-}1\text{-}58)$$

式中 B_{os}——分离器油体积系数；

V_{os}——分离器油体积，cm^3。

⑤计算分离器气重质组分含量。
分离器气重质组分含量计算见式（2-1-51）。
⑥计算分离器气热值。
分离器气热值计算见式（2-1-52）。
⑦计算分离器气相对密度。
分离器气相对密度计算见式（2-1-34）和式（2-1-35）。

五、凝析气地层流体物性分析

1. 凝析气地层流体物性分析步骤
凝析气地层流体物性分析按本节一至二部分和三部分2、3、5分析步骤执行。

2. 凝析气地层流体井流物组成
凝析气井流物组成计算见式（2-1-11）。

3. 地层压力下流体偏差系数
脱出气体体积计算见式（2-1-27）。
析出凝析油相当的气体体积计算，见式（2-1-59）：

$$V_{ogi} = \frac{W_{oi} R T_o}{M_o p_o} \qquad (2\text{-}1\text{-}59)$$

式中 V_{ogi}——析出凝析油相当的气体在标态时体积，cm^3；
W_{oi}——析出凝析油质量，g；
M_o——析出凝析油摩尔质量，g/mol。

地层压力下流体偏差系数计算，见式（2-1-60）：

$$Z_r = \frac{p_r V_r T_o}{p_o (V_g + V_{ogi}) T_r} \qquad (2\text{-}1\text{-}60)$$

式中 Z_r——地层压力下流体偏差系数；
p_r——地层压力（绝对），MPa；
V_r——地层压力和温度条件下流体体积，cm^3；
T_r——地层温度，K。

4. 恒质膨胀实验数据计算
各级压力下流体相对体积计算，见式（2-1-61）：

$$R_i = \frac{V_i}{V_d} \qquad (2\text{-}1\text{-}61)$$

式中 R_i——第 i 级压力下流体相对体积；
V_i——第 i 级压力下流体体积，cm^3；
V_d——露点压力下流体体积，cm^3。

露点压力以上各级压力流体偏差系数计算，见式（2-1-62）：

$$Z_i = \frac{p_i V_i Z_r}{p_r V_r} \qquad (2\text{-}1\text{-}62)$$

式中 Z_i——第 i 级压力下的气体偏差系数。

5. 定容衰竭实验数据计算

（1）排出气在标准状态下的体积计算见式（2-1-27）。
（2）每级排出井流物组成计算，见式（2-1-10）。
（3）分级压力下平衡气相偏差系数计算。

$$Z_{gi} = \frac{p_i \Delta V_i T_o}{p_o T_r (V_{gi} + V_{ogi})} \qquad (2\text{-}1\text{-}63)$$

式中 Z_{gi}——第 i 级压力下的平衡气相偏差系数；
ΔV_i——第 i 级压力和地层温度下排出样体积，cm^3；
V_{gi}——第 i 级压力下排出气体在标态时体积，cm^3。

（4）定容条件下流体样品在标态时的气体积计算。

$$V_{tgi} = V_{gi} + V_{ogi} \qquad (2\text{-}1\text{-}64)$$

$$V_{tg} = \sum_{i=1}^{n} V_{tgi} \qquad (2\text{-}1\text{-}65)$$

式中 V_{tgi}——第 i 级压力下排出流体样品在标态时的气体积，cm^3；
V_{tg}——定容条件下流体样品在标态时的气体积，cm^3。

（5）分级压力下双相偏差系数计算。

$$Z_{ti} = \frac{p_i V_d T_o}{p_o \left(V_{tg} - \sum_{j=1}^{i} V_{tgj}\right) T_r} \qquad (2\text{-}1\text{-}66)$$

式中 Z_{ti}——第 i 级压力下双相偏差系数；
V_{tgj}——第 j 级压力下排出井流物的标态体积，cm^3。

（6）累计采收率计算。

$$\phi_i = \sum_{j=1}^{i} \frac{V_{tgj}}{V_{tg}} \times 100\% \qquad (2\text{-}1\text{-}67)$$

式中 ϕ_i——第 i 级压力下采出井流物体积百分数。

$$\omega_i = \sum_{j=1}^{i} \phi_i \qquad (2\text{-}1\text{-}68)$$

式中 ω_i——第 i 级压力下累计采收率。

(7) 累计产出井流物体积计算。

$$V_{wi} = \sum_{i=1}^{n} \phi_i \times 10 \quad (2-1-69)$$

式中　V_{wi}——第 i 级压力下每百万立方米原始流体累计产出井流物体积，km³。

(8) 反凝析液量占孔隙体积百分数计算。

$$L_i = \frac{V_{li}}{V_d} \times 100\% \quad (2-1-70)$$

式中　L_i——分级压力下反凝析液占孔隙体积百分数；
　　　V_{li}——分级压力下反凝析液体积，cm³。

(9) 井流物中重质组分含量计算。

$$G_{wj} = \frac{y_{wj} M_j p_o}{Z_o R T_o} \quad (2-1-71)$$

式中　G_{wj}——井流物中重质组分产量，g/m³；
　　　y_{wj}——井流物中自 C_2 之后 j 组分的摩尔分数。

(10) 井流物中重质组分产量计算。

$$W_j = G_{wj} \phi_i \times 10 \quad (2-1-72)$$

式中　W_j——每百万标准立方米井流物中重质组分产量，kg。

(11) 井流物中累计重质组分产量计算。

$$CW_i = \sum_{j=1}^{n} W_j \quad (2-1-73)$$

式中　CW_i——每百万标准立方米井流物中 i 级重质组分产量，kg。

六、易挥发性原油地层流体物性分析

(1) 易挥发性原油地层流体物性分析步骤：易挥发性原油地层流体物性分析按本节第二部分和第三部分 1~6 分析步骤执行；

(2) 易挥发性原油井流物组成：易挥发性原油地层流体井流物组成计算见式（2-1-83）；

(3) 易挥发性原油单次脱气实验数据：易挥发性原油单次脱气实验数据计算与地层原油流体单次脱气实验的内容相同；

(4) 易挥发性原油黏度：易挥发性原油黏度与地层原油流体黏度计算相同；

(5) 易挥发性原油衰竭实验数据：易挥发性原油衰竭实验数据计算与凝析气衰竭实验数据计算相同；

(6) 易挥发性原油多次脱气实验数据：易挥发性原油多次脱气实验数据计算与地层原油流体多次脱气实验数据计算的内容相同。

七、湿气地层流体物性分析

湿气地层流体物性分析、计算与凝析气地层流体物性分析相同。

八、干气地层流体物性分析

（1）干气地层流体物性分析步骤：干气地层流体物性分析按本节第三部分 2、3 和第六部分（3）实验步骤执行；

（2）干气地层流体井流物组成：干气地层流体井流物组成直接由气相色谱分析得出；

（3）地层压力下流体偏差系数：地层压力下流体偏差系数计算见式（2-1-60）；

（4）恒质膨胀实验数据：恒质膨胀实验数据计算见式（2-1-61）和式（2-1-62）；

（5）流体密度：地层流体密度计算见式（2-1-19）和式（2-1-49）；

（6）压缩系数：地层流体天然气压缩系数计算。

$$C_{gi} = \frac{1}{p_i} - \frac{1}{Z_i}\frac{\partial Z_i}{\partial p_i} \tag{2-1-74}$$

式中　C_{gi}——天然气压缩系数，MPa^{-1}。

将 p_i 和 Z_i 值做 Z—p 图，在相应的压力曲线上，求出该点的 Z 值和相应的斜率 $\partial Z/\partial p$，代入式（2-1-89）即可求出该压力 p_i 下的 C_{gi} 值。

九、应用实例

1. 黑油流体分析报告

利用油田死油和气样样品，按照饱和压力等于地层压力 47.72MPa 进行配样，并对配制样品进行 PVT 分析，具体分析过程如下。

（1）样品准备。

将井下配制样品瓶恒温至地层温度 97.25℃，加压到 55MPa（高于饱和压力），充分搅拌平衡，确保样品处于稳定的单相状态，转入 PVT 釜。

（2）单次脱气实验。

在地层温度 97.25℃ 和地层压力 47.72MPa 条件下对地层流体样品进行单次脱气实验，测试气油比、地层体积系数、地层流体密度、死油密度等参数，分析油、气组成，计算井流物组分组成。

（3）恒质膨胀实验。

在地层温度 97.25℃ 下对地层流体样品进行了恒质膨胀实验，测试饱和压力、相对体积、压缩系数等参数。

（4）多次脱气实验（差异脱气）。

在地层温度 97.25℃ 下对地层流体样品进行了多次脱气实验，测试各级压力下的溶解气油比、油体积系数、双相体积系数、油密度、气体偏差系数、气体地层体积系数等参数。

（5）黏度测试。

在地层温度 97.25℃ 下对地层流体样品进行了黏度测试。

报告中实验部分的压力数据均为表压，测试期间平均大气压力为 0.101MPa。

主要实验数据见表 2-1-1 至表 2-1-7，如图 2-1-14 至图 2-1-18 所示。

表 2-1-1 主要分析结果（黑油流体）

油藏条件	
原始地层压力（MPa）	47.72
原始地层温度（℃）	97.25
样品类型和数量	
配制样品	1 支
地层流体性质	
地层流体类型	黑油
饱和压力（地层温度下）（MPa）	47.72
气油比（20℃，0.101325MPa）（m^3/m^3）	147.5
单脱体积系数（97.25℃，55.00MPa）	1.3163
地层油体积系数（97.25℃，47.72MPa）	1.3323
饱和压力下体积系数（97.25℃）	1.3323
地层油密度（97.25℃，47.72MPa）（g/cm^3）	0.7264
地层油黏度（97.25℃，47.72MPa）（mPa·s）	2.432
单脱死油密度（20℃，0.101325MPa）（g/cm^3）	0.8693
井流物组成	
C_1+N_2 摩尔分数（%）	61.69
CO_2+C_2—C_{10} 摩尔分数（%）	7.99
C_{11+} 摩尔分数（%）	30.32

表 2-1-2 地层流体单次脱气实验数据（黑油流体）

溶解气油比 GOR（20℃，0.101325MPa）（m^3/m^3）	147.5
地层体积系数 B_o（97.25℃，47.72MPa）	1.3323
地层油平均溶解气体系数 [（m^3/m^3）·MPa^{-1}]	3.09
地层油体积收缩率（%）	24.94
地层油密度（97.25℃，47.72MPa）（g/cm^3）	0.7264
单脱死油密度（20℃，0.101325MPa）（g/cm^3）	0.8693

表 2-1-3　地层流体井流物组分组成分析数据（黑油流体）

组分	闪蒸油组成		闪蒸气组成	井流物组成	
	摩尔分数（%）	质量分数（%）	摩尔分数（%）	摩尔分数（%）	质量分数（%）
H_2S	0	0	0	0	0
N_2	0	0	0.68	0.44	0.12
CO_2	0	0	0	0	0
C_1	0	0	95.27	61.25	9.62
C_2	0	0	2.74	1.76	0.52
C_3	0	0	0.63	0.41	0.18
iC_4	0.25	0.06	0.22	0.23	0.13
nC_4	0.44	0.10	0.29	0.34	0.19
iC_5	0.46	0.13	0.08	0.22	0.16
nC_5	0.66	0.19	0.08	0.29	0.20
C_6	0.75	0.25	0.01	0.27	0.22
C_7	1.65	0.62	0	0.59	0.55
C_8	2.86	1.20	0	1.02	1.07
C_9	3.62	1.72	0	1.29	1.53
C_{10}	4.40	2.31	0	1.57	2.06
C_{11}	5.51	3.17	0	1.97	2.83
C_{12}	5.67	3.58	0	2.03	3.20
C_{13}	5.79	3.97	0	2.07	3.55
C_{14}	6.01	4.47	0	2.15	4.00
C_{15}	5.65	4.56	0	2.02	4.07
C_{16}	5.41	4.70	0	1.93	4.19
C_{17}	5.31	4.93	0	1.90	4.41
C_{18}	4.94	4.86	0	1.77	4.35
C_{19}	4.86	5.01	0	1.73	4.45
C_{20}	4.41	4.75	0	1.57	4.23
C_{21}	3.88	4.43	0	1.39	3.96
C_{22}	3.15	3.76	0	1.13	3.37

续表

组分	闪蒸油组成		闪蒸气组成	井流物组成	
	摩尔分数（%）	质量分数（%）	摩尔分数（%）	摩尔分数（%）	质量分数（%）
C_{23}	2.89	3.61	0	1.03	3.21
C_{24}	2.60	3.38	0	0.93	3.01
C_{25}	2.53	3.42	0	0.90	3.04
C_{26}	2.35	3.30	0	0.84	2.95
C_{27}	2.15	3.14	0	0.77	2.82
C_{28}	1.51	2.29	0	0.54	2.05
C_{29}	1.34	2.11	0	0.48	1.89
C_{30}	1.12	1.83	0	0.40	1.63
C_{31}	1.00	1.69	0	0.36	1.52
C_{32}	0.84	1.46	0	0.30	1.30
C_{33}	0.76	1.36	0	0.27	1.21
C_{34}	0.65	1.20	0	0.23	1.06
C_{35}	0.58	1.11	0	0.21	1.00
C_{36+}	4.00	11.36	0	1.43	10.15
合计	100.00	100.00	100.00	100.00	100.00

注：（1）C_{36+}相对分子质量：725。
（2）C_{36+}密度：0.9620g/cm³。

表 2-1-4 地层流体恒质膨胀实验数据（黑油流体）

饱和压力 p_b（97.25℃）（MPa）	47.72
饱和压力下地层油密度（97.25℃）（g/cm³）	0.7264

表 2-1-5 恒质膨胀压力与体积关系数据（黑油流体）

压力（MPa）	相对体积① V_i/V_b	油密度（g/cm³）	Y 函数②	压缩系数 C_o③（MPa⁻¹）
60.00	0.9806	0.7407		1.44×10^{-3}
57.00	0.9850	0.7374		1.52×10^{-3}
55.00	0.9880	0.7352		1.57×10^{-3}
54.00	0.9896	0.7340		1.59×10^{-3}
51.00	0.9944	0.7305		1.67×10^{-3}

续表

压力 （MPa）	相对体积[①] V_i/V_b	油密度 （g/cm³）	Y 函数[②]	压缩系数 C_o[③] （MPa⁻¹）
48.00	0.9995	0.7267		1.74×10⁻³
47.72*	1.0000	0.7264		1.75×10⁻³
47.26	1.0012		8.05	
46.30	1.0048		6.36	
46.05	1.0058		6.23	
45.27	1.0089		6.08	
44.03	1.0141		5.93	
42.40	1.0214		5.85	
40.29	1.0317		5.80	
35.29	1.0629		5.58	
29.61	1.1148		5.31	
24.56	1.1875		5.01	
20.13	1.2913		4.68	

注：① V_i/V_b：i 级压力与饱和压力下样品体积之比。
② Y 函数 $=(p_b-p)/[p_{abs}(V/V_b-1)]$。
③ 压缩系数 $C_o=-(1/V)(dV/dp)$。
* 地层压力/泡点压力。

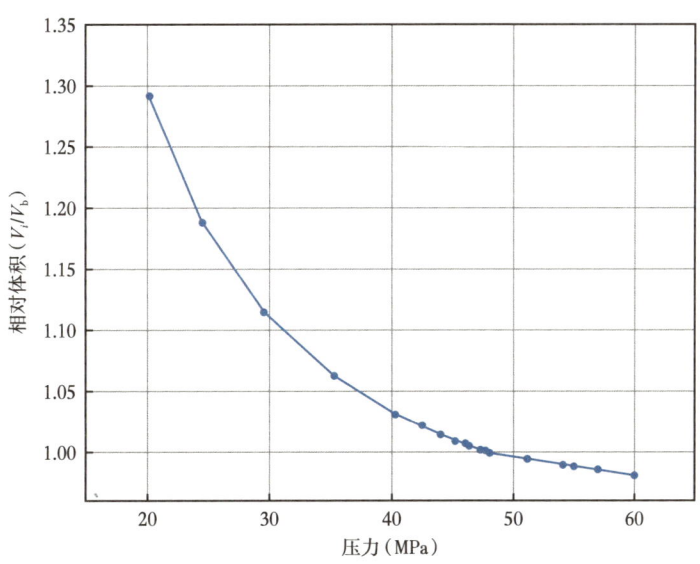

图 2-1-14　地层流体相对体积与压力关系曲线（黑油流体）

表 2-1-6　地层流体多次脱气实验数据（黑油流体）（测试期实验室大气压力 0.101MPa）

压力 （MPa）	溶解气油比[①] （m³/m³）	地层油体 积系数[②]	双相体积 系数[③]	油密度 （g/cm³）	气体偏差 系数 Z	气体体积 系数[④]	气体相对密度 （空气 =1）
47.72*	140.0	1.3323	1.3323	0.7230			
42.00	124.3	1.3002	1.3567	0.7324	1.1006	0.0036	0.5891
36.00	107.1	1.2673	1.3989	0.7418	1.0417	0.0040	0.5857
30.00	91.0	1.2352	1.4557	0.7519	0.9889	0.0045	0.5853
24.00	74.7	1.2006	1.5532	0.7640	0.9475	0.0054	0.5850
18.00	57.4	1.1635	1.7500	0.7779	0.9231	0.0071	0.5847
12.00	39.7	1.1279	2.1911	0.7915	0.9223	0.0106	0.5833
6.00	21.0	1.0890	3.6832	0.8075	0.9483	0.0218	0.5898
0	0	1.0455		0.8265			0.6061

注：残余油密度 = 0.8641g/cm³（20℃，0.101325MPa）。
① 20℃下每立方米残余油溶解气体立方米数。
② 油藏温度、分级压力下油体积与 20℃下残余油体积之比。
③ 油藏温度、分级压力下油气两相体积与 20℃下残余油体积之比。
④ 油藏温度、分级压力下气体与 20℃、0.101325MPa 下气体体积之比。
* 饱和压力。

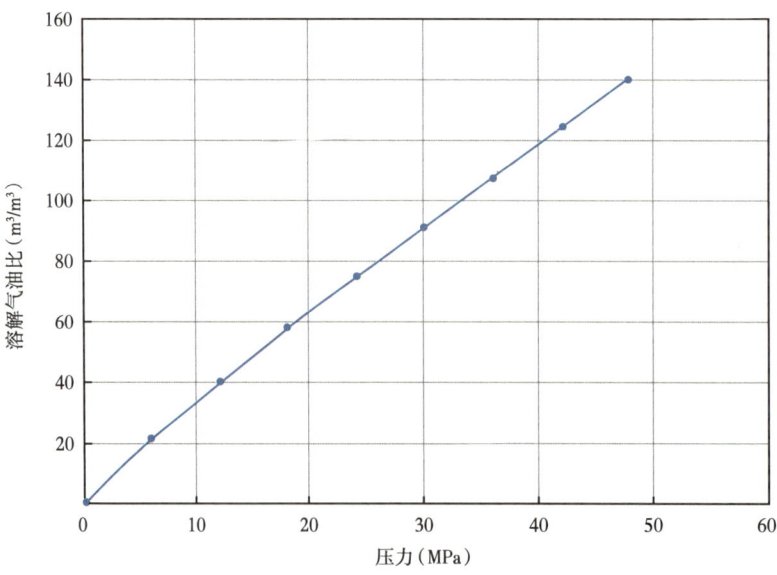

图 2-1-15　多次脱气溶解气油比与压力关系曲线（黑油流体）

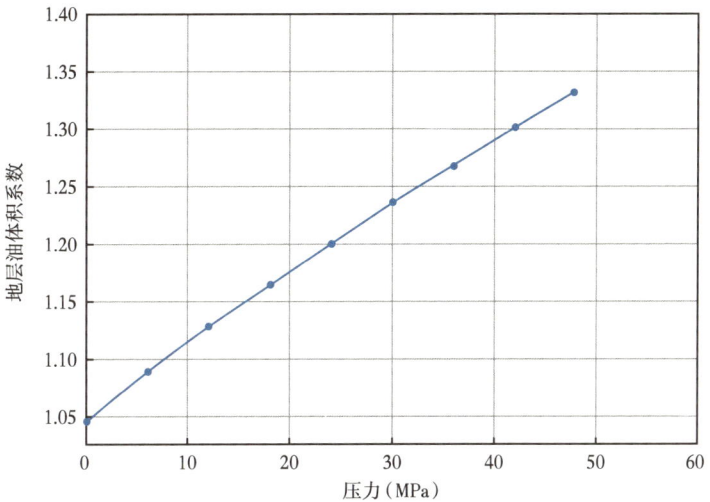

图 2-1-16　多次脱气地层油体积系数与压力关系曲线（黑油流体）

表 2-1-7　地层温度下地层流体黏度测试数据（黑油流体）

压力（MPa）	原油黏度（mPa·s）	气体黏度（mPa·s）
60.00	2.527	
57.00	2.504	
54.00	2.480	
51.00	2.457	
48.00	2.434	
47.72*	2.432	
42.00	2.561	0.0258
36.00	2.753	0.0238
30.00	2.998	0.0218
24.00	3.315	0.0198
18.00	3.876	0.0179
12.00	4.498	0.0161
6.00	5.507	0.0147
0	7.423	

注：*饱和压力。

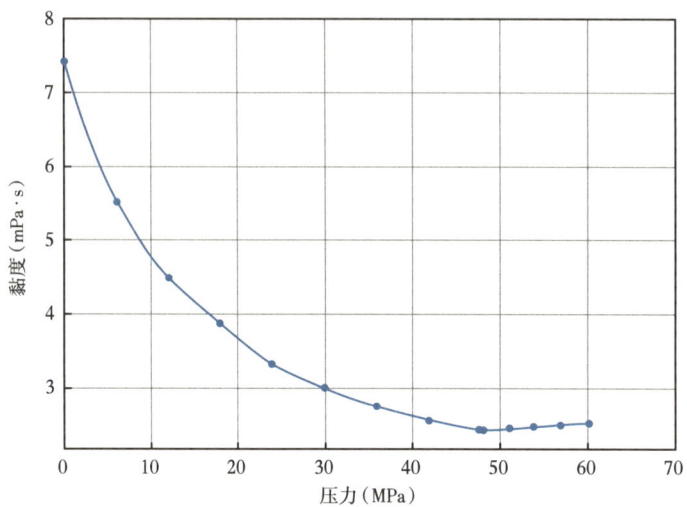

图 2-1-17　原油黏度与压力关系曲线（黑油流体）

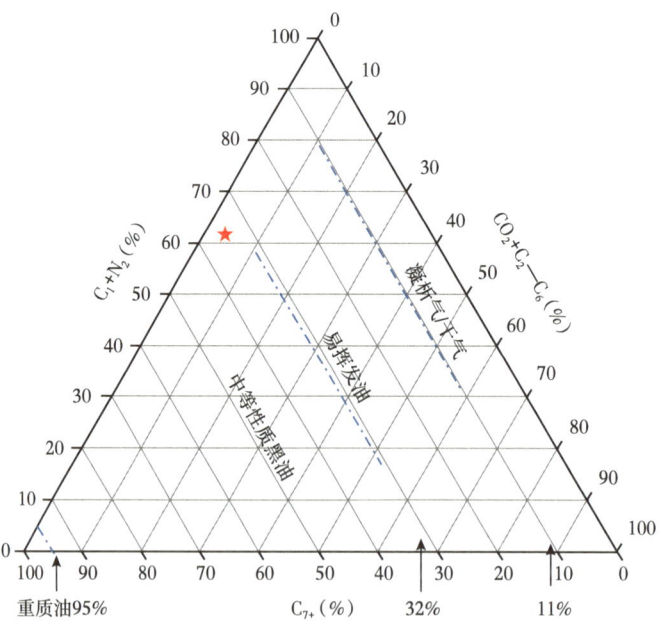

图 2-1-18　地层流体三角相图（黑油流体）

综合根据恒质膨胀及三角相图分析，该样品可定义黑油。

2. 凝析气流体分析报告

利用某井的 1 组地面样品，按照生产气油比 15260.0m³/m³ 进行配样，并在地层压力 110.16MPa，地层温度 140.87℃ 下，对配制样品进行 PVT 分析和相图计算，具体分析过程如下。

（1）样品检查。

在地层条件下对储样瓶进行打开压力测试和样品量检查，检查结果表明，样品为合格

第二章 CO_2—地层油体系相态研究实验技术

样品。

（2）闪蒸实验。

在地层温度 140.87℃下对凝析气藏流体样品进行闪蒸实验，测试气油比、偏差系数、流体组分组成。

（3）恒质膨胀实验。

在地层温度 140.87℃下及 120.87℃、160.87℃下对地层流体样品进行了恒质膨胀实验，测试露点压力、p—V 关系、气体偏差系数和凝析液量变化。

（4）定容衰竭实验。

在地层温度 140.87℃下进行了 8 级定容衰竭实验，实验测得产出流体组成、偏差系数、采收率以及衰竭生产时的反凝析液量等随压力的变化关系。

（5）黏度测试。

在地层温度 140.87℃下对地层流体样品进行了黏度测试。

（6）相图计算。

根据井流物组成、恒质膨胀和定容衰竭实验数据，利用相态软件包对实验结果进行了拟和计算，拟和结果满意，在此基础上计算得到该井层流体的 p—T 相图。

报告中的压力数据均为表压，测试期间平均大气压力为 0.101MPa。

主要实验数据见表 2-1-8 至表 2-1-20，如图 2-1-19 至图 2-1-30 所示。

表 2-1-8 主要分析结果（凝析气流体）

油藏条件	
地层压力（MPa）	110.16
地层温度（℃）	140.87
样品类型和数量	
地面样品	1 组
地层流体性质	
露点压力（地层温度下）（MPa）	48.81
气油比（0.101325MPa，20℃）（m^3/m^3）	15016
露点压力下体积系数	3.0854×10^{-3}
露点压力下流体偏差系数	1.0545
地层条件密度（110.16MPa，140.87℃）（g/cm^3）	0.2947
油罐油密度（0.101325MPa，20℃）（g/cm^3）	0.8016
井流物组成	
C_1+N_2 摩尔分数（%）	95.20
CO_2+C_2—C_{10} 摩尔分数（%）	4.40
C_{11+} 摩尔分数（%）	0.40

续表

p—T 相图计算数据	
临界压力（MPa）	8.28
临界温度（℃）	131.52
临界凝析压力（MPa）	53.84
临界凝析温度（℃）	321.18

表 2-1-9　样品检查（凝析气流体）

取样深度（m）	样瓶体积（mL）	样品编号	温度（20℃）		样品类型	含水量（mL）
			外压（MPa）	打开压力（MPa）		
—	—	—	—	—	—	—

注：选取一号样品为检测样品。

表 2-1-10　井流物组分组成分析（凝析气流体）

组分	闪蒸油摩尔分数（%）	闪蒸气摩尔分数（%）	井流物摩尔分数（%）	密度（g/m³）
H_2S	0	0	0	
N_2	0	1.24	1.23	
CO_2	0	0.92	0.91	
C_1	0	94.72	93.97	
C_2	0	2.05	2.03	25.38
C_3	0	0.28	0.28	5.13
iC_4	0.13	0.23	0.23	5.56
nC_4	0.19	0.35	0.35	8.46
iC_5	0.30	0.11	0.11	3.30
nC_5	0.40	0.10	0.10	3.00
C_6	2.27	0	0.02	0.70
C_7	6.47	0	0.05	2.00
C_8	13.30	0	0.10	4.45
C_9	15.46	0	0.12	6.04
C_{10}	12.64	0	0.10	5.57
C_{11+}	48.83	0	0.40	32.28
合计	100.00	100.00	100.00	

注：（1）C_{11+} 相对分子质量：208.10。
　　（2）C_{11+} 相对密度：0.8307。

表 2-1-11　恒质膨胀压力与体积关系数据（140.87℃）（凝析气流体）

压力 （MPa）	相对体积[1] V_t/V_d	密度 （g/cm³）	含液体积分数[4] （%）	偏差系数 Z	地层体积系数 （10⁻³）
110.16[2]	0.6597	0.2947		1.5684	2.0355
104.92	0.6718	0.2894		1.5212	2.0729
98.18	0.6893	0.2821		1.4606	2.1268
94.26	0.7022	0.2769		1.4286	2.1666
90.21	0.7166	0.2713		1.3953	2.2110
86.18	0.7320	0.2656		1.3617	2.2585
82.21	0.7487	0.2597		1.3287	2.3100
78.25	0.7670	0.2535		1.2956	2.3663
74.23	0.7874	0.2469		1.2619	2.4294
70.25	0.8100	0.2400		1.2286	2.4991
66.22	0.8357	0.2327		1.1950	2.5784
62.20	0.8648	0.2248		1.1616	2.6682
60.23	0.8807	0.2208		1.1456	2.7172
60.00	0.8826	0.2203		1.1437	2.7232
58.22	0.8980	0.2165		1.1292	2.7708
56.20	0.9168	0.2121		1.1128	2.8285
54.18	0.9371	0.2075		1.0967	2.8912
52.17	0.9590	0.2027		1.0808	2.9589
50.16	0.9829	0.1978		1.0651	3.0325
49.12	0.9960	0.1952		1.0570	3.0730
48.81[3]	1.0000	0.1944	0	1.0545	3.0854
47.14	1.0228		0.02		
45.14	1.0528		0.04		
43.14	1.0860		0.07		
41.10	1.1235		0.09		
39.09	1.1649		0.12		
37.08	1.2117		0.14		
35.07	1.2647		0.16		
33.06	1.3252		0.19		
31.05	1.3950		0.22		

续表

压力 (MPa)	相对体积[1] V_i/V_d	密度 (g/cm³)	含液体积分数[4] (%)	偏差系数 Z	地层体积系数 (10^{-3})
29.04	1.4758		0.25		
27.03	1.5706		0.29		
25.02	1.6827		0.33		
23.02	1.8170		0.37		
21.01	1.9791		0.41		
19.01	2.1801		0.44		
17.01	2.4208		0.48		
15.04	2.7249		0.51		
13.01	3.1408		0.54		
11.21	3.6418		0.56		
9.00	4.5365		0.58		

注：① V_i/V_d：i 级压力与露点压力下样品体积之比。
②地层压力。
③露点压力。
④ i 级压力下液体体积与露点压力下样品体积之比。

表 2-1-12 恒质膨胀压力与体积关系数据（120.87℃）（凝析气流体）

压力（MPa）	相对体积[1] V_i/V_d	含液体积分数[4]（%）	偏差系数 Z
110.16[2]	0.6944		1.6015
105.11	0.7059		1.5535
97.98	0.7243		1.4860
94.18	0.7363		1.4521
90.23	0.7501		1.4172
86.23	0.7651		1.3817
82.23	0.7817		1.3462
78.23	0.7999		1.3106
74.24	0.8198		1.2748
70.26	0.8419		1.2391
66.25	0.8671		1.2033
62.22	0.8956		1.1675
60.22	0.9111		1.1495
60.00	0.9128		1.1475

续表

压力（MPa）	相对体积[1] V_i/V_d	含液体积分数[4]（%）	偏差系数 Z
58.23	0.9279		1.1321
56.22	0.9461		1.1145
54.23	0.9654		1.0971
52.23	0.9866		1.0800
51.05[3]	1.0000	0	1.0699
50.21	1.0099	0.01	
49.15	1.0230	0.03	
47.18	1.0491	0.06	
45.18	1.0783	0.08	
43.15	1.1109	0.11	
41.15	1.1468	0.13	
39.12	1.1876	0.16	
37.10	1.2334	0.18	
35.09	1.2853	0.21	
33.08	1.3445	0.25	
31.07	1.4133	0.29	
29.06	1.4932	0.33	
27.05	1.5872	0.38	
25.03	1.6987	0.43	
23.03	1.8333	0.48	
21.01	1.9970	0.52	
19.01	2.1989	0.57	
17.01	2.4419	0.61	
15.01	2.7553	0.65	
13.01	3.1719	0.68	
11.01	3.7488	0.71	
9.01	4.5932	0.73	

注：① V_i/V_d：i 级压力与露点压力下样品体积之比。
② 地层压力。
③ 露点压力。
④ i 级压力下液体体积与露点压力下样品体积之比。

表 2-1-13　恒质膨胀压力与体积关系数据（160.87℃）（凝析气流体）

压力（MPa）	相对体积① V_t/V_d	含液体积分数④（%）	偏差系数 Z
110.16②	0.6194		1.5357
105.31	0.6306		1.4947
98.19	0.6490		1.4343
94.26	0.6619		1.4045
90.24	0.6759		1.3730
86.23	0.6913		1.3419
82.22	0.7081		1.3107
78.25	0.7265		1.2799
74.24	0.7469		1.2486
70.20	0.7700		1.2172
66.21	0.7955		1.1861
62.20	0.8249		1.1555
60.17	0.8411		1.1399
60.00	0.8426		1.1387
58.19	0.8584		1.1251
56.18	0.8771		1.1099
54.18	0.8973		1.0952
52.15	0.9196		1.0804
50.14	0.9435		1.0659
49.10	0.9569		1.0586
47.13	0.9839		1.0449
46.03③	1.0000	0	1.0373
45.11	1.0142	0.01	
43.10	1.0477	0.03	
41.10	1.0847	0.05	
39.08	1.1264	0.07	
37.07	1.1732	0.09	
35.06	1.2259	0.11	
33.05	1.2862	0.13	
31.04	1.3553	0.15	

续表

压力（MPa）	相对体积① V_i/V_d	含液体积分数④（%）	偏差系数 Z
29.03	1.4353	0.18	
27.03	1.5287	0.21	
25.02	1.6386	0.24	
23.02	1.7699	0.27	
21.01	1.9290	0.30	
19.11	2.1117	0.33	
17.14	2.3390	0.36	
15.19	2.6257	0.39	
13.24	3.0013	0.41	
11.29	3.5123	0.43	
9.33	4.2439	0.44	

注：① V_i/V_d：i 级压力与露点压力下样品体积之比。
②地层压力。
③露点压力。
④ i 级压力下液体积与露点压力下样品体积之比。

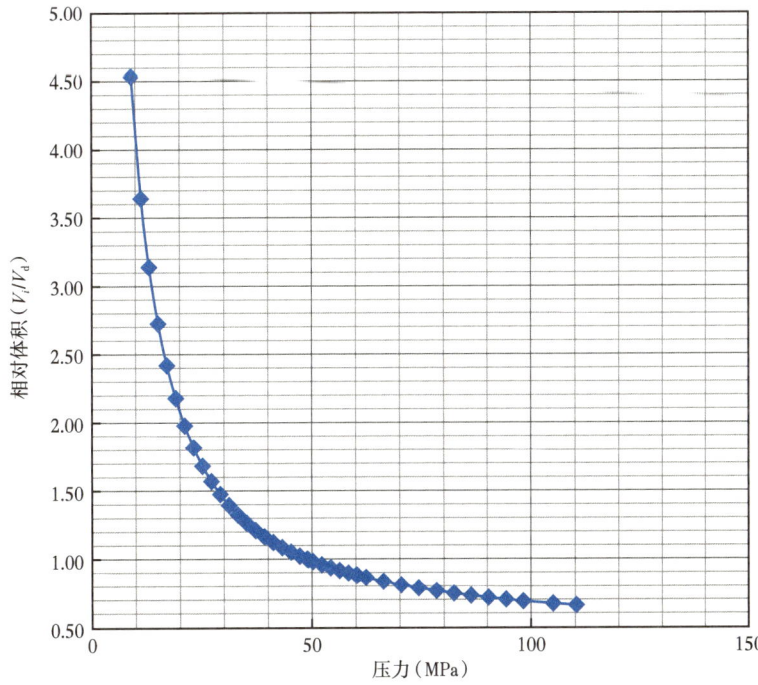

图 2-1-19　地层流体相对体积与压力关系曲线（140.87℃）（凝析气流体）

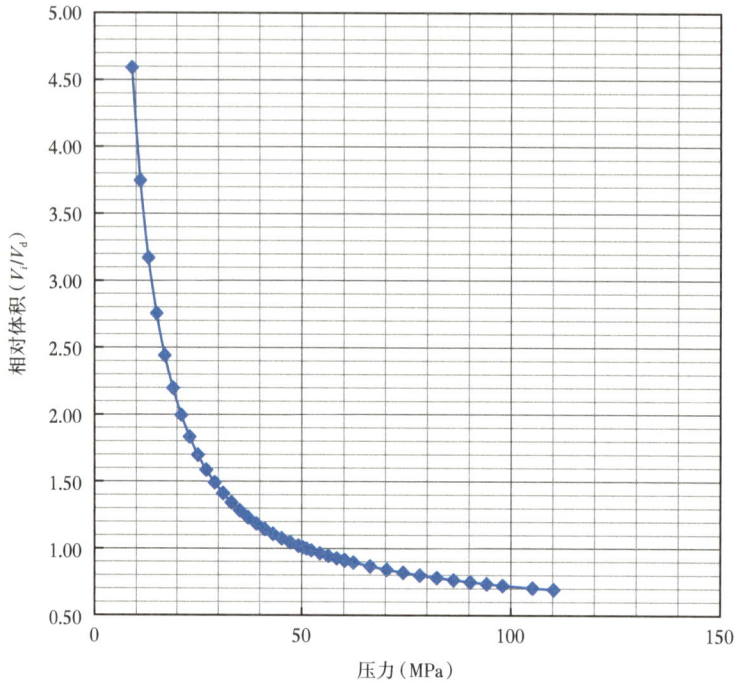

图 2-1-20　地层流体相对体积与压力关系曲线（120.87℃）（凝析气流体）

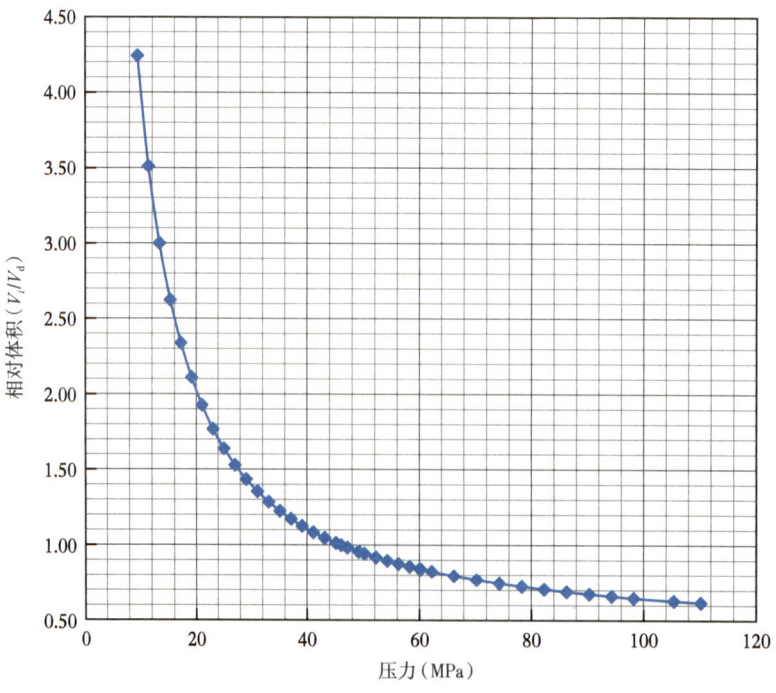

图 2-1-21　地层流体相对体积与压力关系曲线（160.87℃）（凝析气流体）

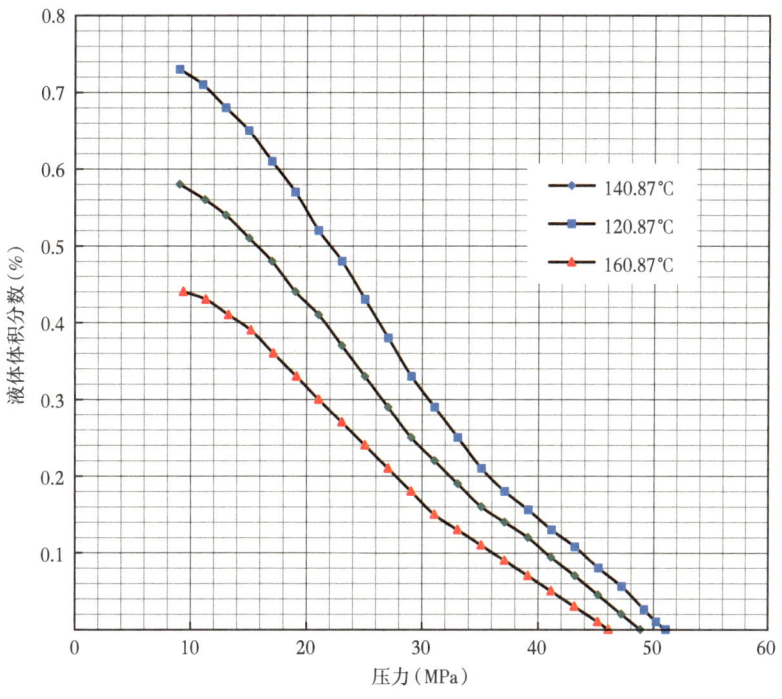

图 2-1-22　恒质膨胀液体体积与压力关系曲线（凝析气流体）

表 2-1-14　定容衰竭测试数据（140.87℃）（凝析气流体）

衰竭压力（MPa）	48.81*	42.00	36.00	30.00	24.00	18.00	12.00	6.00
气相偏差系数 Z	1.0545	1.0128	0.9781	0.9443	0.9178	0.8956	0.8959	0.9185
气液两相偏差系数	1.0545	0.9892	0.9435	0.9046	0.8738	0.8453	0.8279	0.8245
累计采出百分数（%）		9.15	18.32	28.71	41.06	54.42	68.97	84.44
井流物黏度（mPa·s）	0.0279	0.0258	0.0239	0.0221	0.0203	0.0186	0.0172	0.0160
气相组分摩尔分数（%）								
N_2	1.23	1.08	1.16	1.15	1.06	1.03	1.07	1.04
CO_2	0.91	0.88	0.89	0.89	0.87	0.88	0.89	0.89
C_1	93.93	94.16	94.11	94.21	94.32	94.41	94.41	94.32
C_2	2.03	2.05	2.08	2.09	2.07	2.07	2.08	2.09
C_3	0.28	0.29	0.28	0.28	0.29	0.29	0.28	0.29
iC_4	0.23	0.24	0.24	0.23	0.24	0.24	0.23	0.24
nC_4	0.35	0.37	0.36	0.35	0.37	0.37	0.35	0.37
iC_5	0.11	0.12	0.11	0.11	0.12	0.12	0.11	0.12
nC_5	0.10	0.10	0.10	0.10	0.10	0.10	0.09	0.11
C_6	0.02	0.02	0.02	0.02	0.02	0.02	0.02	0.02
C_7	0.05	0.05	0.04	0.04	0.04	0.03	0.03	0.03

续表

C_8	0.11	0.10	0.09	0.08	0.07	0.07	0.07	0.07
C_9	0.13	0.11	0.10	0.09	0.09	0.08	0.08	0.08
C_{10}	0.10	0.09	0.08	0.08	0.07	0.06	0.06	0.07
C_{11+}	0.42	0.34	0.34	0.28	0.27	0.23	0.23	0.26
合计	100.00	100.00	100.00	100.00	100.00	100.00	100.00	100.00
C_{11+}相对分子质量和相对密度								
C_{11+}相对分子质量	208.1	204.6	201.2	197.7	194.2	194.8	192.6	190.5
C_{11+}相对密度	0.8307	0.8255	0.8203	0.8151	0.8099	0.7984	0.7923	0.7862

注：* 露点压力。

表2-1-15 衰竭期间累计采出量数据（140.87℃）（凝析气流体）

每10⁶m³原始流体累计采出量		分级压力（MPa）							
		原始储量	48.81*	42.00	36.00	30.00	24.00	18.00	12.00	6.00
井流物（km³）		1000	0	91.5	183.2	287.1	410.6	544.2	689.7	844.4
闪蒸油（m³）		69.8	0	5.5	10.7	15.9	21.7	27.4	33.4	40.3
闪蒸气（km³）		991.7	0	90.9	181.9	285.2	408.0	541.0	685.7	839.6
凝析油采收率（%）		—	0	7.95	15.32	22.77	31.14	39.20	47.84	57.73
天然气采收率（%）		—	0	9.16	18.34	28.76	41.14	54.55	69.15	84.66
闪蒸气重质含量（kg）	乙烷	25376	0	2350	4737	7449	10640	14095	17882	21930
	丙烷	5099	0	480	955	1482	2135	2836	3575	4392
	丁烷	13791	0	1333	2652	4113	5931	7876	9900	12176
	戊烷以上	6440	0	605	1203	1859	2690	3572	4462	5515
井流物重质含量（kg）	乙烷	25375	0	2350	4737	7448	10640	14095	17882	21930
	丙烷	5132	0	479	955	1482	2135	2836	3575	4392
	丁烷	14013	0	1338	2663	4128	5952	7901	9932	12214
	戊烷以上	59698	0	5039	9753	14569	20068	25449	31165	37736

注：标准条件：20.0℃，0.101325MPa。
* 露点压力。

表2-1-16 定容衰竭过程中瞬时采出量的计算（140.87℃）（凝析气流体）

分级压力（MPa）		48.81*	42.00	36.00	30.00	24.00	18.00	12.00	6.00
气油比（m³/m³）		14206	16381	17691	19850	21033	23621	23988	22298
油罐油密度（20℃）		0.8016	0.7944	0.7872	0.7801	0.7729	0.7657	0.7585	0.7599
各组分重质含量（g/m³）	乙烷以上	104	101	97	92	90	86	84	89
	丙烷以上	79	75	71	66	65	60	58	63
	丁烷以上	74	70	66	60	59	55	53	57
	戊烷以上	60	55	51	46	45	40	39	42

注：* 露点压力。

表 2-1-17　定容衰竭过程中的反凝析液量（140.87℃）（凝析气流体）

压力（MPa）	反凝析液量占孔隙体积百分数①（%）
48.81②	0
42.00	0.08
36.00	0.14
30.00	0.21
24.00	0.29
18.00	0.36
12.00	0.40
6.00	0.40
0.00	0.36

注：① i 级压力下液体体积与露点压力下样品体积之比。
　　②露点压力。

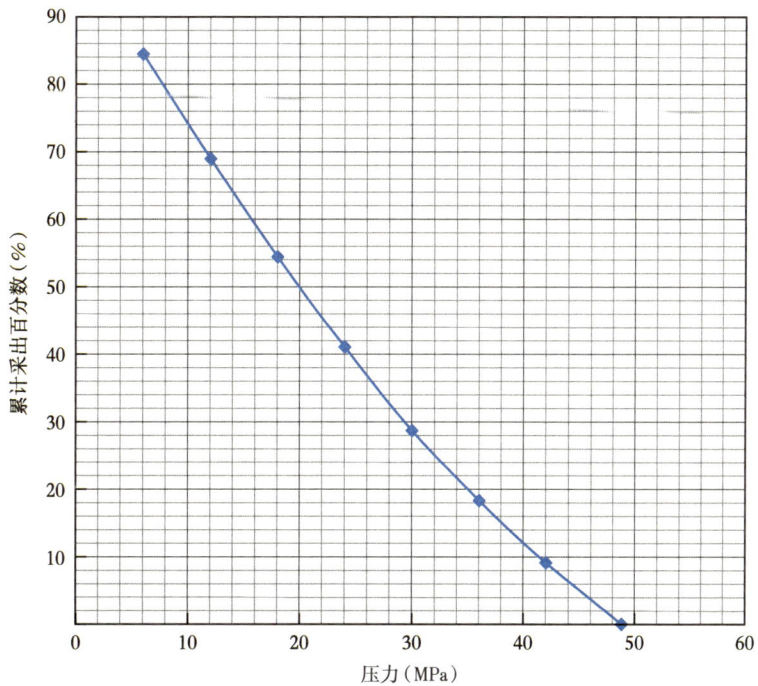

图 2-1-23　衰竭过程中累计采出井流物体积与压力关系曲线（凝析气流体）

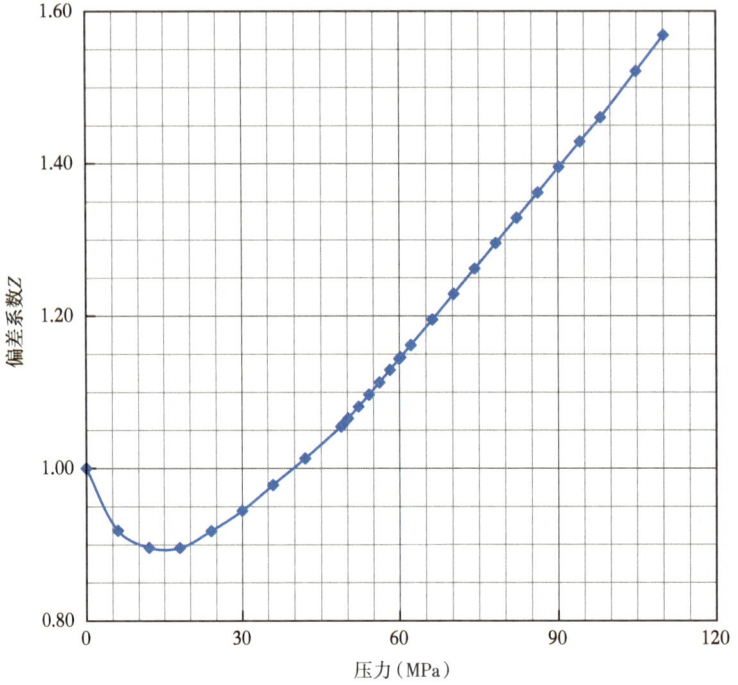

图 2-1-24　衰竭过程中流出物的偏差系数与压力关系曲线（凝析气流体）

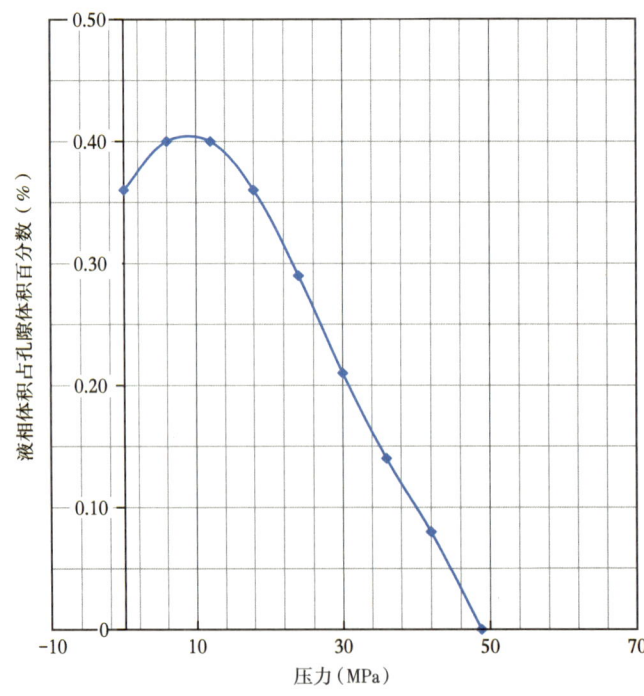

图 2-1-25　衰竭过程中的反凝析液量与压力关系曲线（凝析气流体）

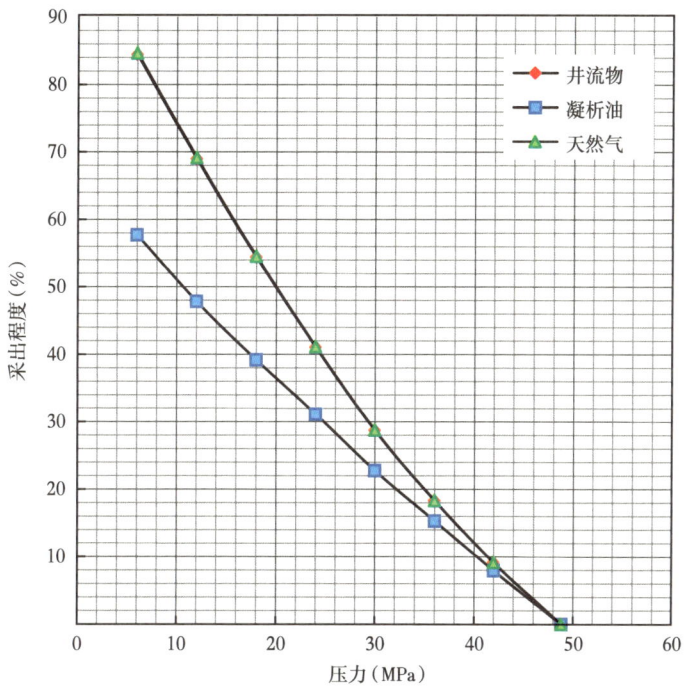

图 2-1-26 定容衰竭过程流体采出程度变化曲线（凝析气流体）

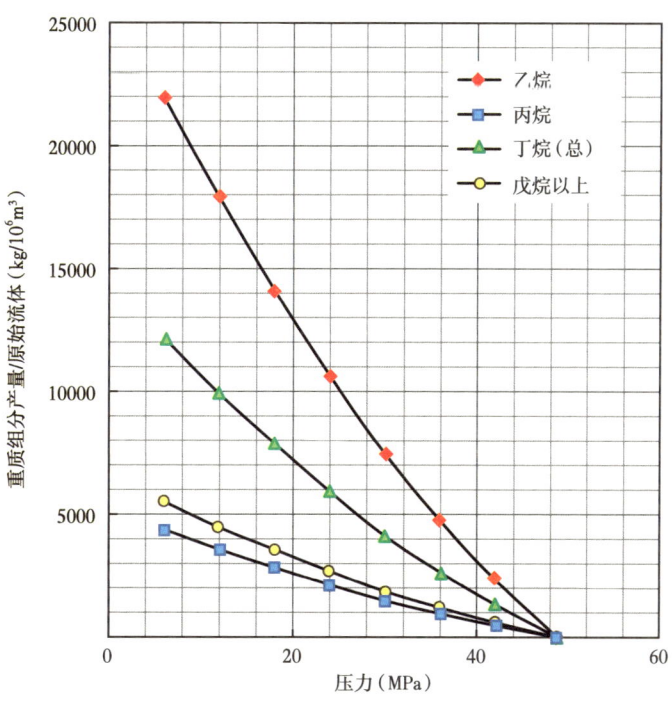

图 2-1-27 闪蒸气重质累计产出量与压力关系曲线（凝析气流体）

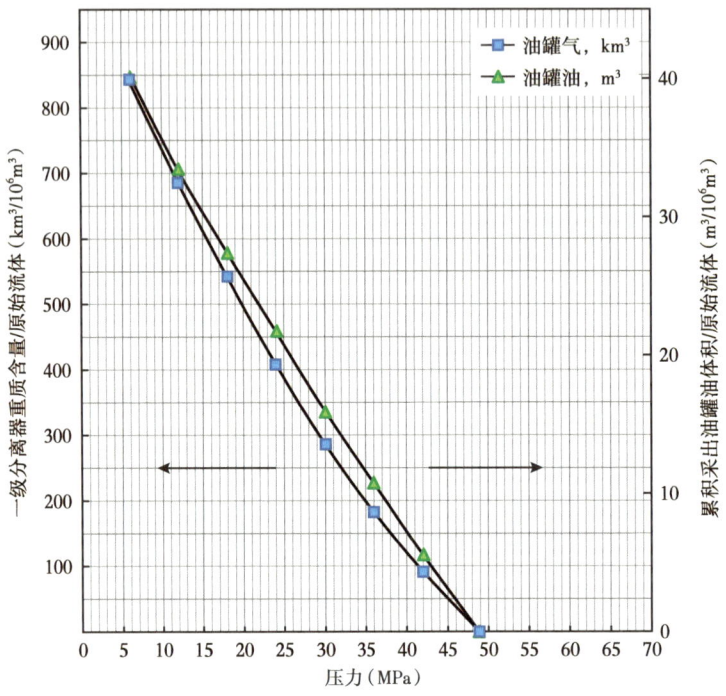

图 2-1-28　衰竭期间油、气产量与压力关系曲线（凝析气流体）

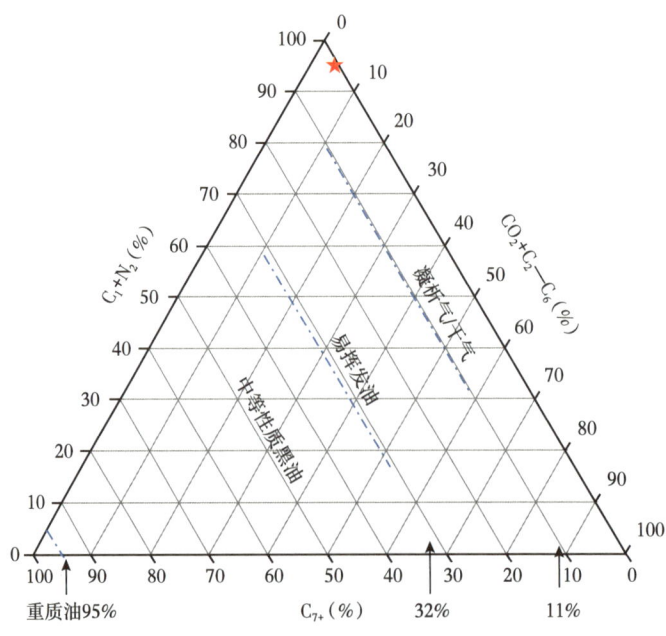

图 2-1-29　地层流体三角相图（凝析气流体）

综合根据恒质膨胀及三角相图分析，该样品可定义为凝析气。

表 2-1-18 计算的流体相图主要参数（凝析气流体）

地层压力 p（MPa）	110.16
地层温度 T（℃）	140.87
临界压力 p_c（MPa）	8.28
临界温度 T_c（℃）	131.52
临界凝析压力 p_m（MPa）	53.84
临界凝析温度 T_m（℃）	321.18

表 2-1-19 流体饱和压力实测值与计算值对比（凝析气流体）

温度（℃）	实测露点（MPa）	计算露点（MPa）
160.87	46.03	46.36
140.87	48.81	48.80
120.87	51.05	50.82

表 2-1-20 烃类流体相态图数据表（凝析气流体）

包络线		0.2% 液量线		0.4% 液量线		0.6% 液量线	
温度（℃）	压力（MPa）	温度（℃）	压力（MPa）	温度（℃）	压力（MPa）	温度（℃）	压力（MPa）
315.98	3.11	147.03	3.04	130.16	2.36	105.45	2.06
319.81	4.49	149.46	4.09	130.97	2.60	107.73	2.59
320.87	5.39	151.73	5.14	131.85	2.87	109.98	3.13
321.18	6.30	153.09	5.81	132.84	3.17	113.50	4.02
320.53	7.77	153.91	6.23	133.94	3.51	118.17	5.33
318.73	9.33	154.85	6.73	135.18	3.91	120.09	5.91
315.48	11.21	155.92	7.33	136.57	4.38	122.20	6.58
310.43	13.46	157.13	8.04	138.14	4.93	124.53	7.39
303.14	16.16	158.51	8.91	139.91	5.57	127.05	8.35
293.02	19.41	160.04	9.98	141.89	6.35	129.72	9.52
279.26	23.31	161.73	11.33	144.08	7.28	132.43	10.94
264.20	27.15	163.51	13.08	146.47	8.41	134.94	12.71
251.83	30.05	165.18	15.40	149.00	9.81	136.75	14.95
237.11	33.27	166.15	18.61	151.54	11.58	136.93	17.53
219.40	36.83	165.23	21.46	153.70	13.88	137.00	17.85

续表

包络线		0.2% 液量线		0.4% 液量线		0.6% 液量线	
温度（℃）	压力（MPa）	温度（℃）	压力（MPa）	温度（℃）	压力（MPa）	温度（℃）	压力（MPa）
201.61	40.09	160.51	25.05	154.62	16.93	133.41	21.65
183.88	43.03	154.17	27.94	154.82	17.10	126.15	24.83
166.22	45.63	144.39	31.25	153.57	19.56	112.77	28.54
148.49	47.93	130.12	34.96	148.58	22.79	99.05	31.21
132.93	49.66	117.31	37.61	138.05	26.72	80.06	33.81
116.61	51.18	100.97	40.29	126.69	29.72	63.59	35.16
99.45	52.43	87.55	42.00	110.64	32.93	50.46	35.65
83.05	53.28	74.40	43.28	96.59	35.07	36.85	35.70
67.38	53.73	54.82	44.52	79.08	37.03	32.85	35.66
55.61	53.84	35.13	44.96	65.00	38.09	28.85	35.60
52.39	53.83	26.85	44.90	51.44	38.69	20.85	35.41
38.06	53.59	22.85	44.82	38.37	38.88	16.85	35.29
26.85	53.16	18.85	44.71	36.85	38.88	12.85	35.14
22.85	52.96	10.85	44.37	32.85	38.85	11.41	35.08
18.85	52.72	6.85	44.15	31.53	38.83	8.85	34.97
10.85	52.16	2.85	43.89	28.85	38.78	0.85	34.56
2.85	51.47	−1.15	43.60	24.85	38.68	−8.09	33.77
−5.15	50.65	−9.15	42.90	16.85	38.36	−29.52	31.70
−9.15	50.19	−13.15	42.49	11.66	38.17	−45.12	29.79
−13.21	49.69	−21.69	41.48	4.85	37.98	−62.75	27.00
−30.18	47.18	−39.50	38.77	−18.02	36.37	−73.96	24.87
−44.04	44.20	−55.26	35.64	−41.54	33.69	−90.65	20.82
−53.41	41.80	−69.79	32.07	−65.13	29.89	−115.42	13.66
−75.08	34.95	−83.32	28.11	−81.90	26.03	−131.52	8.28
−93.10	28.45	−92.09	25.18	−103.28	19.26		
−115.46	17.87	−109.45	18.49	−113.08	15.60		
−131.52	8.28	−122.71	12.47	−131.52	8.28		
−134.21	6.56	−131.52	8.28				
−140.66	2.93						

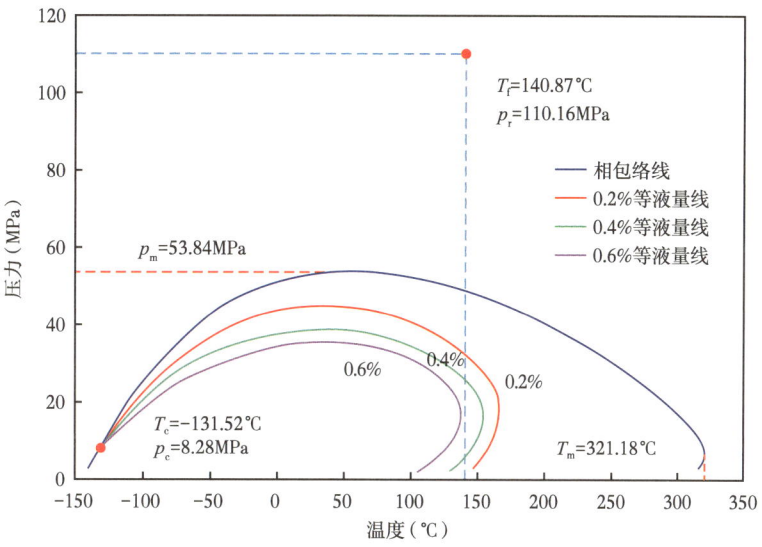

图 2-1-30　井流物流体 p—T 相图（凝析气流体）

3.易挥发油流体分析报告

根据某井 1 组死油和气体样品，按照气油比 424.9m³/m³ 进行配样，将饱和压力作为地层压力，并对配制样品进行 PVT 分析，具体分析过程如下。

（1）样品准备：将配制样品瓶恒温至地层温度 111.30℃，加压到 47MPa（高于饱和压力），充分搅拌平衡，确保样品处于稳定的单相状态，转入 PVT 釜；

（2）单次脱气实验：在地层温度 111.30℃ 和饱和压力 45.05MPa 条件下对地层流体样品进行了单次脱气实验，测试气油比、地层体积系数、地层流体密度、死油密度等参数，分析油、气组成，计算井流物组分组成；

（3）恒质膨胀实验：在地层温度 111.30℃ 下对地层流体样品进行了恒质膨胀实验，测试饱和压力、相对体积、压缩系数等参数；

（4）多次脱气实验（差异脱气）：在地层温度 111.30℃ 下对地层流体样品进行了多次脱气实验，测试各级压力下的溶解气油比、油体积系数、双相体积系数、油密度、气体偏差系数、气体地层体积系数等参数；

（5）黏度测试：在地层温度 111.30℃ 下对地层流体样品进行了黏度测试。

报告中实验部分的压力数据均为表压，测试期间平均大气压力为 0.0995MPa。

主要实验数据见表 2-1-21 至表 2-1-28，如图 2-1-31 至图 2-1-36 所示。

表 2-1-21　主要分析结果（易挥发油流体）

油藏条件	
原始地层压力（MPa）	33.38
原始地层温度（℃）	111.30
样品类型和数量	
配制样品	1 组

续表

地层流体性质	
地层流体类型	易挥发油*
饱和压力（地层温度下）（MPa）	45.05
气油比（20℃，0.101325MPa）（m^3/m^3）	422.8
地层油体积系数（111.30℃，45.05MPa）	2.0270
饱和压力下体积系数（111.30℃）	2.0270
地层油密度（111.30℃，45.05MPa）（g/cm^3）	0.5517
地层油黏度（111.30℃，45.05MPa）（mPa·s）	0.189
单脱死油密度（20℃，0.101325MPa）（g/cm^3）	0.8141
井流物组成	
C_1+N_2 摩尔分数（%）	56.46
CO_2+C_2—C_{10} 摩尔分数（%）	33.93
C_{11+} 摩尔分数（%）	9.61

表 2-1-22 样品检查（易挥发油流体）

样瓶体积（mL）	取样器编号	温度（25℃）		样品类型	含水量（mL）
		外压（MPa）	打开压力（MPa）		
—	—	—	—	—	—

注：选取一号样品配样。

表 2-1-23 地层流体单次脱气实验数据（易挥发油流体）

溶解气油比 GOR（20℃，0.101325MPa）（m^3/m^3）	422.8
地层体积系数 B_o（111.30℃，45.05MPa）	2.0270
地层油平均溶解气体系数 [（m^3/m^3）/MPa]	9.39
地层油体积收缩率（%）	50.67
地层油密度（111.30℃，45.05MPa）（g/cm^3）	0.5517
单脱死油密度（20℃，0.101325MPa）（g/cm^3）	0.8141

表 2-1-24 地层流体井流物组分组成分析数据（易挥发油流体）

组分	闪蒸油组成		闪蒸气组成	井流物组成	
	摩尔分数（%）	质量分数（%）	摩尔分数（%）	摩尔分数（%）	质量分数（%）
H_2S	0	(0)	0	0	(0)
N_2	0	(0)	0	0	(0)
CO_2	0	(0)	0	0	(0)

续表

组分	闪蒸油组成		闪蒸气组成	井流物组成	
	摩尔分数(%)	质量分数(%)	摩尔分数(%)	摩尔分数(%)	质量分数(%)
C_1	0	0	73.52	56.46	17.35
C_2	0	0	16.97	13.03	7.50
C_3	0	0	6.72	5.16	4.36
iC_4	0.49	0.19	0.52	0.52	0.58
nC_4	2.26	0.86	1.52	1.70	1.89
iC_5	1.51	0.71	0.27	0.56	0.77
nC_5	3.90	1.84	0.47	1.27	1.76
C_6	8.68	4.76	0	2.02	3.25
C_7	10.75	6.74	0	2.50	4.60
C_8	12.83	8.96	0	2.98	6.11
C_9	10.24	8.09	0	2.38	5.52
C_{10}	7.80	6.82	0	1.81	4.65
C_{11}	5.97	5.73	0	1.39	3.91
C_{12}	5.08	5.34	0	1.18	3.64
C_{13}	4.55	5.19	0	1.06	3.55
C_{14}	3.64	4.51	0	0.84	3.06
C_{15}	3.35	4.51	0	0.78	3.08
C_{16}	2.75	3.98	0	0.64	2.72
C_{17}	2.31	3.57	0	0.54	2.45
C_{18}	2.09	3.43	0	0.49	2.36
C_{19}	1.91	3.27	0	0.44	2.22
C_{20}	1.67	2.99	0	0.39	2.05
C_{21}	1.38	2.62	0	0.32	1.78
C_{22}	1.16	2.31	0	0.27	1.58
C_{23}	1.08	2.23	0	0.25	1.52
C_{24}	0.91	1.97	0	0.21	1.33
C_{25}	0.69	1.56	0	0.16	1.06
C_{26}	0.65	1.53	0	0.15	1.03
C_{27}	0.54	1.33	0	0.13	0.93
C_{28}	0.48	1.23	0	0.11	0.82
C_{29}	0.37	0.97	0	0.09	0.69
C_{30}	0.30	0.81	0	0.07	0.56

续表

组分	闪蒸油组成		闪蒸气组成		井流物组成	
	摩尔分数（%）	质量分数（%）	摩尔分数（%）	质量分数（%）	摩尔分数（%）	质量分数（%）
C_{31}	0.25	0.70	0		0.06	0.49
C_{32}	0.16	0.47	0		0.04	0.34
C_{33}	0.02	0.06	0		0	0
C_{34}	0.13	0.39	0		0.03	0.27
C_{35}	0.03	0.09	0		0.01	0.09
C_{36+}	0.06	0.27	0		0.01	0.13
合计	100.00	100.00	100.00		100.00	100.00

注：（1）经硫化氢检测管检测未发现含有 H_2S 成分。
（2）C_{36+} 相对分子质量，654。
（3）C_{36+} 密度，0.9403g/cm³。

表 2-1-25　地层流体恒质膨胀实验数据（易挥发油流体）

饱和压力 p_b（111.30℃）（MPa）	45.05
饱和压力下地层油密度（111.30℃）（g/cm³）	0.5517

表 2-1-26　恒质膨胀压力与体积关系数据（易挥发油流体）

压力（MPa）	相对体积① V_i/V_b	油密度（g/cm³）	Y 函数②	压缩系数 C_o③（MPa⁻¹）
54.00	0.9732	0.5669		2.64×10⁻³
51.00	0.9813	0.5622		2.91×10⁻³
48.00	0.9903	0.5571		3.18×10⁻³
47.00	0.9935	0.5553		3.26×10⁻³
45.05*	1.0000	0.5517		3.43×10⁻³
44.96	1.0004		4.88	
44.10	1.0052		4.13	
43.89	1.0064		4.13	
43.24	1.0105		3.98	
42.23	1.0172		3.87	
40.93	1.0266		3.77	
39.21	1.0402		3.69	

注：① V_i/V_b：i 级压力与饱和压力下样品体积之比。
② Y 函数 $=(p_b-p)/[p_{abs}(V/V_b-1)]$。
③ 压缩系数 $C_o=-(1/V)(dV/dp)$。
* 地层压力/泡点压力。

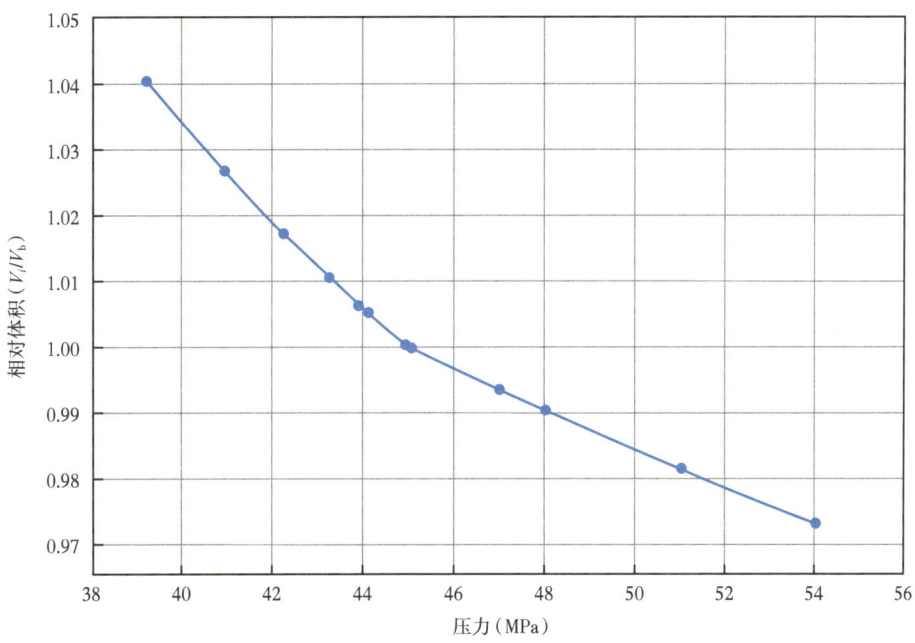

图 2-1-31　地层流体相对体积与压力关系曲线（易挥发油流体）

表 2-1-27　地层流体多次脱气实验数据（易挥发油流体）（测试期间实验室大气压力 0.0995MPa）

压力 （MPa）	溶解气油比[①] （m³/m³）	地层油体积 系数[②]	双相体积 系数[③]	油密度 （g/cm³）	气体偏差 系数 Z	气体体积 系数[④]	气体相对密度 （空气=1）
45.05*	412.8	2.0269	2.0269	0.5748			
40.00	289.9	1.6974	2.1644	0.6252	1.0606	0.0038	0.7025
32.00	204.2	1.4465	2.3643	0.6853	0.9815	0.0044	0.6780
24.00	143.3	1.3037	2.7859	0.7225	0.9176	0.0055	0.6742
16.00	95.2	1.1927	3.7017	0.7569	0.8884	0.0079	0.6759
8.00	50.0	1.1078	7.0214	0.7805	0.9098	0.0163	0.6997
0	0	1.0357		0.7885			0.7999

注：残余油密度 = 0.8166g/cm³（20℃，0.101325MPa）。
　　① 20℃下每立方米残余油溶解气体立方米数。
　　② 油藏温度、分级压力下油体积与20℃下残余油体积之比。
　　③ 油藏温度、分级压力下油气两相体积与20℃下残余油体积之比。
　　④ 油藏温度、分级压力下气体与20℃、0.101325MPa下气体体积之比。
　　* 饱和压力。

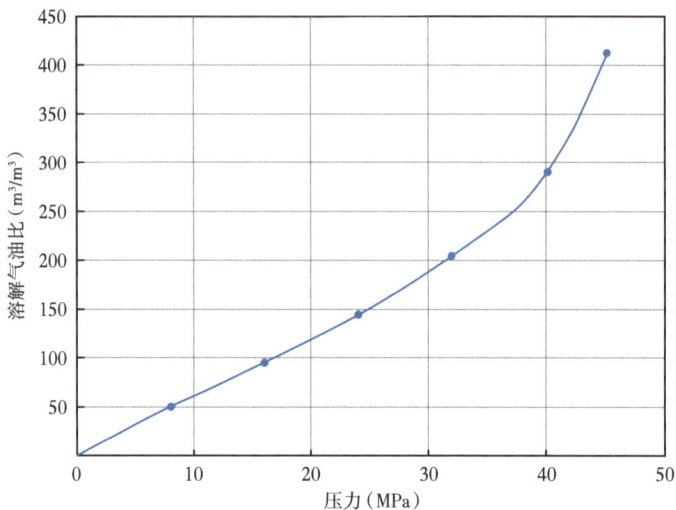

图 2-1-32 多次脱气溶解气油比与压力关系曲线（易挥发油流体）

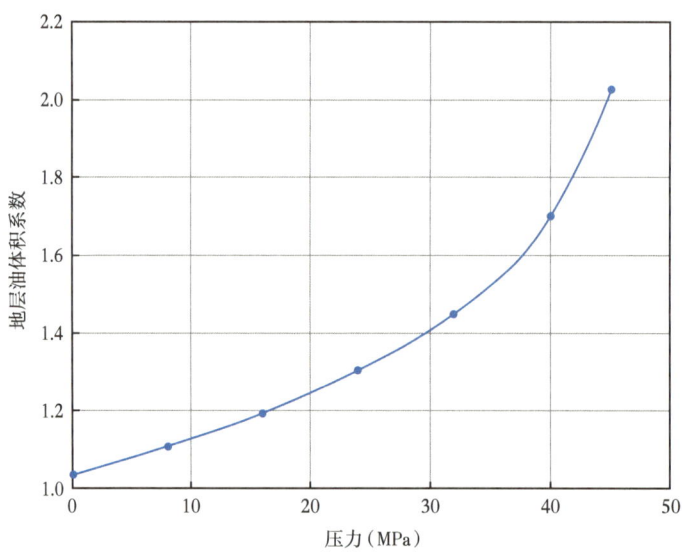

图 2-1-33 多次脱气地层油体积系数与压力关系曲线（易挥发油流体）

表 2-1-28 地层温度下地层流体黏度测试数据（易挥发油流体）

压力（MPa）	原油黏度（mPa·s）	气体黏度（mPa·s）
48.00	0.195	
47.00	0.193	
46.00	0.191	
45.05*	0.189	
40.00	0.203	0.0286
32.00	0.237	0.0246

续表

压力（MPa）	原油黏度（mPa·s）	气体黏度（mPa·s）
24.00	0.304	0.0212
16.00	0.395	0.0180
8.00	0.581	0.0153
0	1.297	

注：* 地层压力/饱和压力。

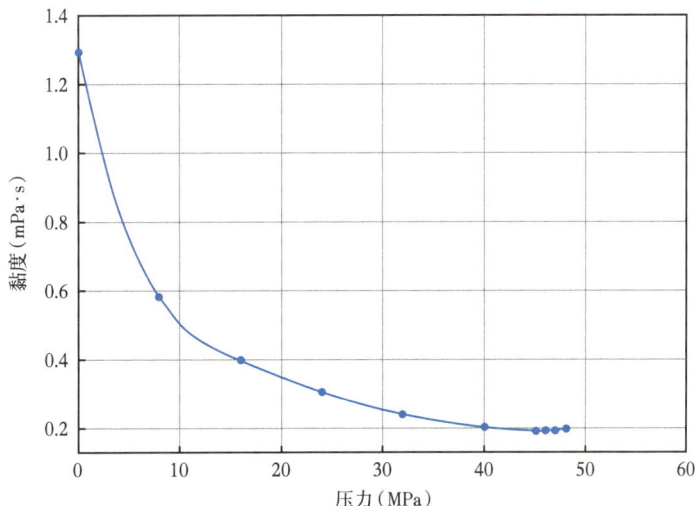

图 2-1-34　原油黏度与压力关系曲线（易挥发油流体）

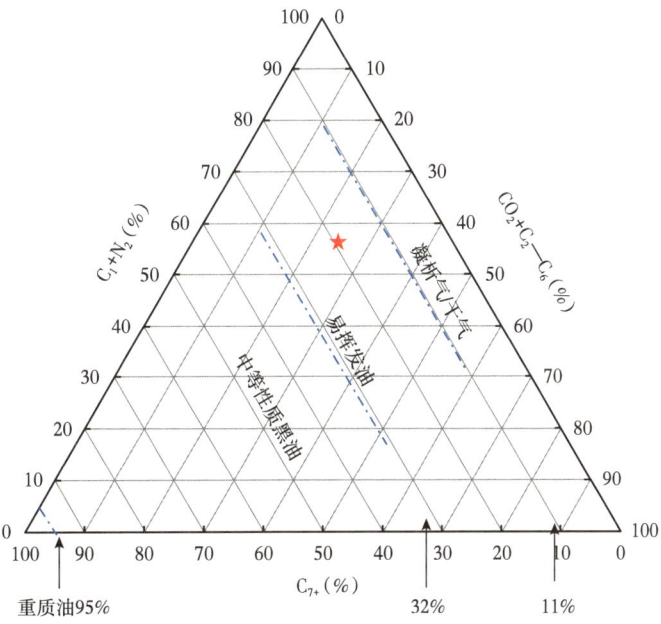

图 2-1-35　地层流体三角相图（易挥发油流体）

综合根据恒质膨胀及三角相图分析,该样品可定义易挥发油。

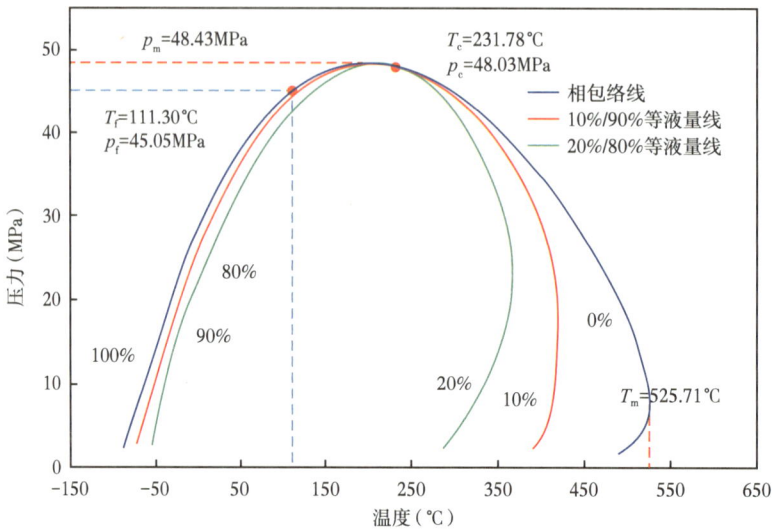

图 2-1-36　井流物流体 p—T 相图（易挥发油流体）

第二节　CO_2—地层油互溶后物性实验

注入溶剂与地层原油之间的相态特征是注气混相驱机理和可行性研究的关键问题之一。注入气—地层原油体系的相态研究对于注气混相驱的设计和动态分析是必不可少的方法。CO_2 驱提高原油采收率的基本原理就是通过 CO_2 在原油中的溶解使得原油体积膨胀、降低原油黏度、降低界面张力、通过 CO_2 和地层原油的一次或多次接触混相来提高原油采收率,这些都是和原油相态变化密切相关的。CO_2 驱油时,由于注入的 CO_2 在原油中大量溶解,地层原油的物理化学性质(如饱和压力、体积系数、黏度、界面张力、气液相组成等)会发生很大变化。对 CO_2—地层原油体系相态行为研究是研究驱替机理的重要依据,还可以为数值模拟提供必要的参数[2]。

CO_2—地层原油体系相态行为实验研究主要有两种方法:一是基于流体膨胀和饱和压力升高的加气膨胀实验;二是描述 CO_2 和地层原油动态接触的多次接触实验。本实验通过 CO_2 加气膨胀实验,研究注入 CO_2 后试验区地层原油相态的变化情况。加气膨胀实验是在一定压力下对地层原油进行若干次注气,每次注气后测试体系饱和压力、体积系数、黏度、组成等参数变化。尽管加气膨胀实验不能模拟 CO_2 驱油过程中相间的动态接触,但它能够为状态方程的调整提供有价值的数据,在相对少量的实验工作下,便能得到很多的流体组成。

一、实验目的

注入气与地层流体的相互作用是注气开发技术的核心机理之一。与注水开发不同,高温高压条件下注入气与地层流体之间会发生强烈的相互作用,如溶解、膨胀、降黏、抽提、传质等。如何对其进行准确评价和表征对于开展注气开发至关重要,原油在不同注气介质中的相态特征是油藏注气介质筛选和评价的主要依据。因此准确测试和计算注入气与原油体系在不同注气量下的饱和压力、气油比、体积系数、黏度、密度、平均相对分子质量和体系组分组成等参数及其变化规律，能够为注气介质的筛选、注气开发方案的制定和注气技术路线的选择提供理论依据。

CO_2—地层油互溶后物性实验的原理是在一定压力下对地层流体进行若干次注气，每次注气后升高体系压力至注入气全部溶解，测试不同注气量下体系的饱和压力、气油比、饱和压力下体积系数、黏度、密度、平均相对分子质量及体系组分组成的参数变化。

本实验适用于黑油、易挥发性原油、凝析气及人工配制的模拟油与注入气（烃类气体和/或非烃类气体）之间的注气膨胀评价实验，稠油可参照执行。

二、实验仪器和装置

1. 仪器设备

（1）流体相态分析仪（PVT仪）及配样装置：容量大于或等于100cm³，额定工作温度大于或等于150℃，控温精度小于0.5℃，额定工作压力大于或等于50MPa；

（2）高压计量泵：容量大于或等于100cm³，最小刻度分辨率小于或等于0.01cm³，额定工作压力大于或等于50MPa；

（3）恒温装置：额定工作温度大于或等于150℃，控温精度小于0.5℃；

（4）高温高压黏度计：可采用电磁式黏度计、毛细管黏度计、落球黏度计等，额定温度大于或等于150℃，控温精度小于0.5℃，额定工作压力大于或等于50MPa；

（5）密度计：包括常压密度计和高温高压密度计。常压密度计，测定20℃、常压下密度，读数精度小于或等于0.0001g/cm³，控温精度小于或等于0.05℃。高温高压密度计，额定工作压力大于或等于50MPa，额定温度大于或等于150℃；读数精度小于或等于0.0001g/cm³，控温精度小于或等于0.05℃；

（6）标准压力表或压力传感器：标准压力表或压力传感器精度高于0.4级；

（7）气相色谱仪：天然气组分分析到庚烷以上，摩尔分数精确到0.0001，原油组分分析到C_{36}以上，质量分数精确到0.001；

（8）平均相对分子质量测定仪：测量范围100~700，相对偏差小于或等于5%；

（9）气体计量计：容量大于或等于1000cm³，最小刻度分辨率小于或等于1cm³；

（10）天平：量程大于或等于1000g，感量小于0.001g；

（11）大气压力表：精度0.4级；

（12）温度计：测量范围0~100℃，分度值0.01℃；

（13）耐压小容器：容量大于或等于50cm³，额定工作压力大于或等于20MPa；

（14）分离瓶：容量大于或等于10cm³。

2. 仪器仪表的标定或校验

PVT仪、高压计量泵、落球黏度计、气体计量计、密度计和平均相对分子质量测定仪以及气相色谱仪应定期进行标定或校验。

3. 实验装置

实验装置包括流体相态分析仪（PVT仪）、高压计量泵、高温高压黏度计、气相色谱仪、密度计和平均相对分子质量测定仪。

注气膨胀实验的装置和测试流程如图 2-2-1 所示。

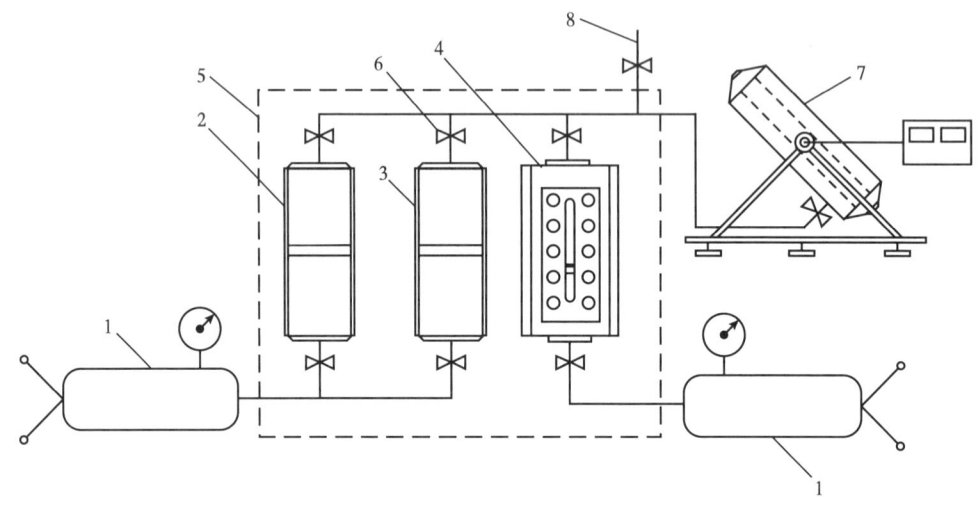

1—高压计量泵；2—储样器、井下取样器或配样容器（地层流体）；3—储样器（注入气）；4—PVT 容器；5—恒温浴；
6—阀门；7—高温高压黏度计（可采用电磁式黏度计、毛细管黏度计或落球黏度计）；8—取样口。

图 2-2-1　注气膨胀实验流程图

三、实验步骤

1. 原始流体物性参数测试

测定注气前地层流体样品的饱和压力、气油比、组分组成、平均相对分子质量，饱和压力下体积系数、黏度、密度等参数，按本章第一节内容确定的方法测定。

2. 地层流体样品配制及转样

配制地层流体样品，将不少于 $40cm^3$ 的地层流体转入 PVT 容器中，在地层温度、压力条件下搅拌均匀，平衡 4h 后，连续 30 min 内体积变化小于 1%，计量体积，按本章第一节内容确定的方法配制及转样。

3. 注气

在设定压力下向地层流体样品中注入一定量的注入气（油气体系的 10%（摩尔分数）左右），通过搅拌或升高体系压力使注入气全部溶解，确保体系为单相状态。

4. 恒质膨胀实验

参考本章第一节中"恒质膨胀实验"部分。

5. 单次脱气实验

（1）按图 2-2-2 连接单次脱气实验流程，在地层温度下，当注气后流体饱和压力小于或等于地层压力时，将样品加压至地层压力；当注气后流体饱和压力大于地层压力时，将样品加压至高于饱和压力，充分搅拌，使其成为单相。将单相地层流体样品转入 PVT 容器；

（2）当注气后流体饱和压力小于或等于地层压力时，记录稳定后的地层压力下 PVT 容器内样品体积；当注气后流体饱和压力大于地层压力时，记录稳定后的饱和压力下 PVT 容器内样品体积；

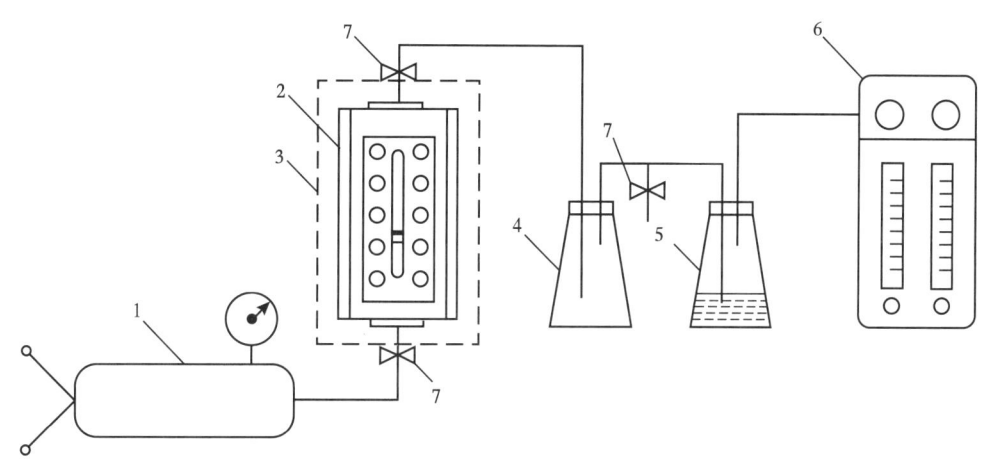

1—高压计量泵；2—PVT容器；3—恒温浴；4—分离瓶；5—气体指示瓶；6—气量计；7—阀门。

图2-2-2 单次脱气实验流程图

（3）用计量泵保持压力，将一定体积的地层流体样品缓慢均匀地放出，计量脱出气体积，称量分离瓶内流体的质量、体积，记录实验结束时PVT容器内样品体积、大气压力和室温，按式（2-2-2）计算饱和压力或地层压力下体积系数，按式（2-2-3）计算样品气油比；

（4）取分离瓶内死油、脱出气气样，用气相色谱仪分析组分组成；

（5）测量分离瓶空瓶质量和分离瓶空瓶加死油质量，用常压密度计直接测定死油密度；

（6）用平均相对分子质量测定仪测定死油平均相对分子质量；

（7）按（1）~（5）平行测定三次以上，要求测定的气油比相对偏差小于2%，饱和压力下体积系数相对偏差小于1%；要求凝析气藏流体偏差系数相对偏差小于1%。

6. 样品密度测试

将体积大于20cm^{3}的耐压小容器称重，质量精确到0.001g。当注气后样品饱和压力小于地层压力时，分别在地层压力、饱和压力下，将压成单相约20cm^{3}的样品在取样口处转入小容器中，记录转样前后的PVT容器内样品体积，读数精确到0.01cm^3，称量带样小容器的质量，质量精确到0.001g，按式（2-2-7）计算样品密度，重复3次，要求相对偏差小于1%。当注气后样品饱和压力大于地层压力时，仅测量饱和压力下样品密度，也可以使用高温高压密度计直接测量。

7. 样品黏度测试

当注气后样品饱和压力小于或等于地层压力时，分别在地层压力和饱和压力下，按照图2-2-1将PVT容器中的流体样品保持单相转入黏度计，获得地层压力和饱和压力下的体系黏度，重复3次，要求相对偏差小于1%。当注气后样品饱和压力大于地层压力时，仅测量饱和压力下黏度。

8. 下一级注气

将PVT容器清洗干净，重复步骤2~7，进行下一级注气膨胀实验。每次注气量大于前一次注气量，最终注气级数不少于五级。

四、数据处理

1. 不同注气体积下的饱和压力

不同注气体积下的饱和压力按本章第一节内容描述的方法计算。

2. 不同注气体积下的溶解度

不同注气体积下的溶解度计算见式（2-2-1）：

$$S=\frac{p_p V_p/(Z_p R T_1)}{\rho_o V_o/\overline{M_o} + p_p V_p/(Z_p R T_1)} \times 100\% \qquad (2\text{-}2\text{-}1)$$

式中　S——不同压力下注入气在地层流体样品中的溶解度，%；

　　　V_o——注气前地层温度压力下的PVT容器内样品体积，cm^3；

　　　ρ_o——注气前地层温度压力下地层流体的密度，g/cm^3；

　　　$\overline{M_o}$——注气前地层温度压力下地层流体的平均相对分子质量；

　　　p_p——注入气的注入压力（绝对），MPa；

　　　V_p——注入气的注入体积，cm^3；

　　　Z_p——注入条件下的气体偏差系数；

　　　R——摩尔气体常数，$MPa \cdot cm^3/(mol \cdot K)$，取8.3145；

　　　T_1——室温，K。

3. 饱和压力下体积系数

饱和压力下体积系数计算见式（2-2-2）：

$$B_o = \frac{V_{o1} - V_{o2}}{V_d} \qquad (2\text{-}2\text{-}2)$$

式中　B_o——饱和压力下体积系数；

　　　V_{o1}——单次脱气实验前地层温度、饱和压力下的PVT容器内样品体积，cm^3；

　　　V_{o2}——单次脱气实验后地层温度、饱和压力下的PVT容器内样品体积，cm^3；

　　　V_d——单次脱气实验下分离瓶内的脱气油体积，cm^3。

4. 气油比

气油比计算见式（2-2-3）：

$$\text{GOR}_o = \frac{T_o p_1 V_1}{p_o T_1 V_d} \qquad (2\text{-}2\text{-}3)$$

式中　GOR_o——地层原油的单次脱气气油比的数值，cm^3/cm^3 或 m^3/m^3；

　　　T_o——标准温度，K，取293.15；

　　　p_1——当日大气压力，MPa；

　　　V_1——放出气体在室温、大气压力下的体积，cm^3；

　　　p_o——标准压力，MPa，取0.101。

5. 死油密度

死油密度计算见式（2-2-4）和式（2-2-5）：

$$m_d = m_{d1} - m_{d0} \quad (2\text{-}2\text{-}4)$$

$$\rho_d = \frac{m_d}{V_d} \quad (2\text{-}2\text{-}5)$$

式中 m_d——死油的质量，g；

m_{d1}——分离瓶空瓶加死油的质量，g；

m_{d0}——分离瓶空瓶的质量，g；

ρ_d——死油的密度，g/cm³。

6. 油气体系组成

油气体系组成计算见式（2-2-6）：

$$X_{si} = \frac{x_{fi} + 100 S x_{gi}}{1 + 100 S} \quad (2\text{-}2\text{-}6)$$

式中 X_{si}——注气后油气体系 i 组分的摩尔分数；

x_{fi}——原始流体 i 组分的摩尔分数；

x_{gi}——注入气 i 组分的摩尔分数。

7. 不同注气体积下油气体系密度

不同注气体积下油气体系密度计算见式（2-2-7）：

$$\rho_{of} = \frac{m_2 - m_1}{V_{of}} \quad (2\text{-}2\text{-}7)$$

式中 ρ_{of}——注气后流体密度，g/cm³；

m_2——注气后流体质量加小容器质量，g；

m_1——空小容器质量，g；

V_{of}——测定密度前后 PVT 容器内的流体体积之差，cm³。

8. 不同注气体积下油气体系黏度

不同注气体积下油气体系黏度按本章第一节内容确定的方法测试及计算。

9. 不同注气体积下油气体系平均相对分子质量

不同注气体积下油气体系平均相对分子质量计算见式（2-2-8）：

$$\overline{M_n} = \frac{100}{\sum_{i}^{N} X_{wi}/M_i} \quad (2\text{-}2\text{-}8)$$

式中 $\overline{M_n}$——不同注气体积下流体的平均相对分子质量；

X_{wi}——不同注气体积下流体的质量分数；

M_i——流体中各组分的摩尔质量，g/mol。

五、地层油—CO_2 加气膨胀实验应用实例

1. 实验样品

本实验所用的地层原油样品是用某井原油样品和 CO_2 气体。

2. 实验程序

将全视窗高压 PVT 分析仪在试验区地层温度下清洗干净，抽真空。然后将一定量的试验区地层原油样品保持单相转入 PVT 仪中，在地层温度恒温 8h。首先在地层压力下测试样品体积，然后在此压力下向地层原油中注入一定量的 CO_2 气体，升高体系压力直到 CO_2 全部溶解，这时体系为单相；测试 CO_2—地层原油体系的饱和压力、体积膨胀系数等参数；最后将 PVT 仪中的 CO_2—地层原油混合样品保持单相转入高温高压电磁式黏度计，在地层温度下测试体系单相黏度。至此完成第一次加气膨胀实验。

将 PVT 仪清洗干净后，重复上述步骤进行第二次加气膨胀实验，第二次注入的 CO_2 量多于第一次的加气量，同样测试 CO_2—地层原油体系的饱和压力、体积膨胀系数、黏度等参数。如此反复，在地层温度下共进行了 8 次加气膨胀实验。

3. 结果分析

地层油—CO_2 加气膨胀实验，采用某井地层流体样品（加入轻烃调整后）进行实验，油藏温度 54℃，地层压力 18.63MPa，最大注气压力 24MPa。

（1）CO_2—地层原油体系相态变化。

注入 CO_2 后试验区地层原油饱和压力和气液相态的实验数据见表 2-2-1，CO_2 注入后的地层原油两相 p—X 相图（图 2-2-3）。实验结果表明，注入 CO_2 后，地层原油的饱和压力明显升高，注入 CO_2 越多，饱和压力越高。当注入 CO_2 在地层原油中含量为 80.4%（摩尔分数）时，CO_2—地层原油体系的饱和压力达到 24MPa。

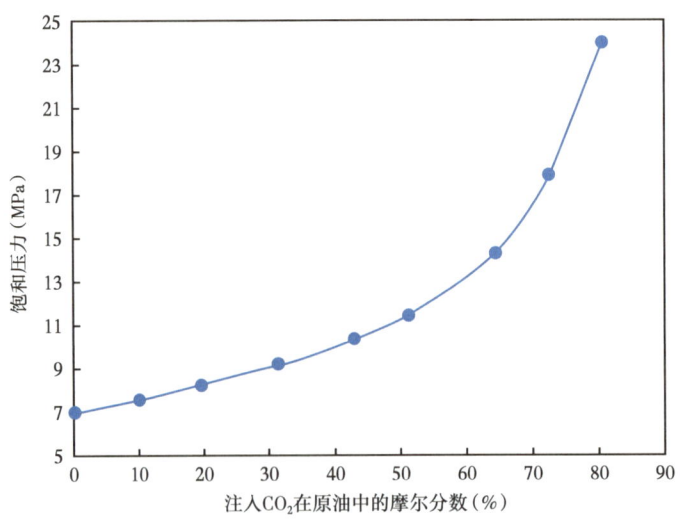

图 2-2-3　注入 CO_2 地层原油 p—X 图

CO_2—地层原油体系饱和压力的变化规律还反映了 CO_2 在原油中的溶解能力。图 2-2-4 是 CO_2 在试验区地层原油中的溶解度随压力变化的关系曲线。从图中可以看到，CO_2 在地

层原油中的溶解度随压力的升高而增大。注气压力越高CO_2在原油中的溶解能力越强，从而越有利于提高驱油效率。

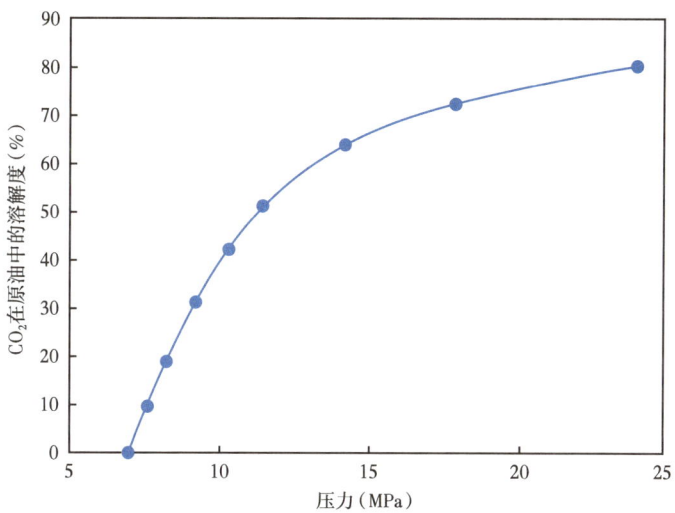

图 2-2-4　CO_2 在地层原油中的溶解度与压力的关系曲线

（2）CO_2—地层原油体系体积的变化。

地层压力下的体积膨胀系数是指加入 CO_2 后地层原油在地层压力下的体积与未加 CO_2 时地层原油在地层压力下的体积之比。体积膨胀系数反映了注气后 CO_2 对地层原油的膨胀能力。

注入 CO_2 后试验区地层原油体积膨胀系数的实验数据见表 2-2-1，CO_2—地层原油体系的体积膨胀系数随 CO_2 注入量的变化曲线如图 2-2-5 所示。实验结果表明，注入 CO_2 后，地层原油体积明显膨胀，随着加入原油中的 CO_2 越多，体积膨胀系数越大。由于 CO_2 在原油中溶解度随压力的升高而增大，因此提高注入压力，CO_2 膨胀原油体积的能力增强，有利于提高驱油效率。

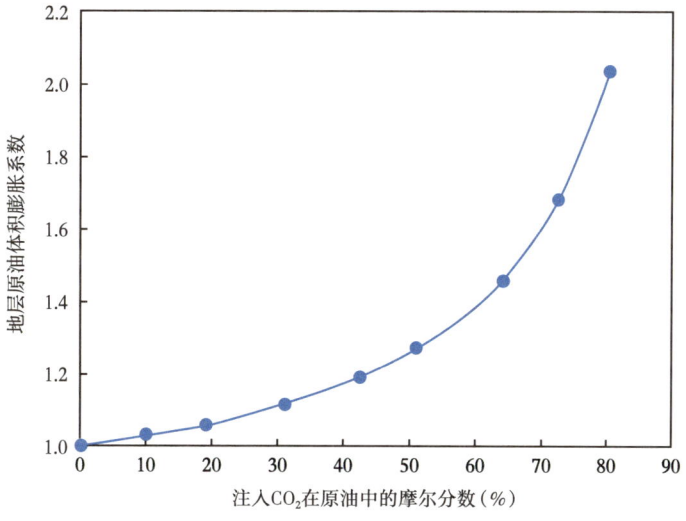

图 2-2-5　体积膨胀系数与 CO_2 注入量的关系曲线

（3）CO_2—地层原油体系黏度的变化。

CO_2驱能有效提高驱油效率的一个重要依据就是注入的CO_2溶解到原油中后可以使原油的黏度降低，而降黏的效果与驱油效果密切相关。本书对注入CO_2后，CO_2—地层原油体系在饱和压力下进行了测试，以评价注入CO_2对试验区地层原油的降黏效果。

注入CO_2后试验区地层原油黏度的实验数据见表2-2-1，CO_2—地层原油体系黏度随CO_2注入量的变化曲线如图2-2-6所示。实验结果表明，一旦注入CO_2后，地层原油的黏度就大幅度下降，体系黏度随着加入原油中的CO_2量增多而降低，但降黏幅度也随CO_2量的增加逐渐趋小。

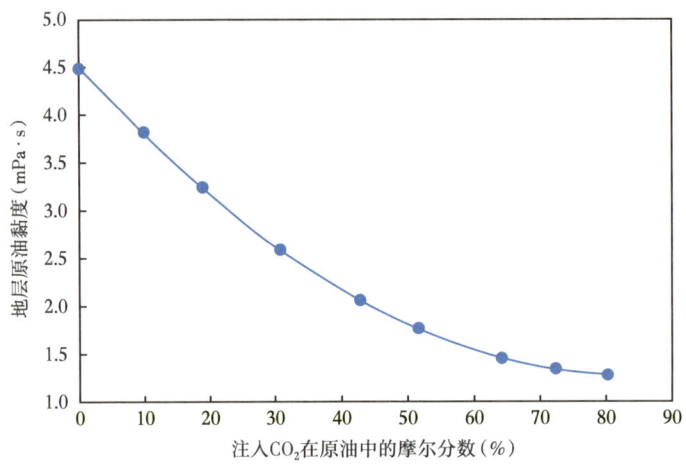

图2-2-6 CO_2—地层原油体系黏度与烃气注入量的关系曲线

（4）CO_2—地层原油体系原油密度变化。

在加气膨胀实验中对每次注入CO_2后地层原油的密度进行分析，相关实验数据如图2-2-7所示。结果表明，随着CO_2注入量的增加，地层原油的密度减小。

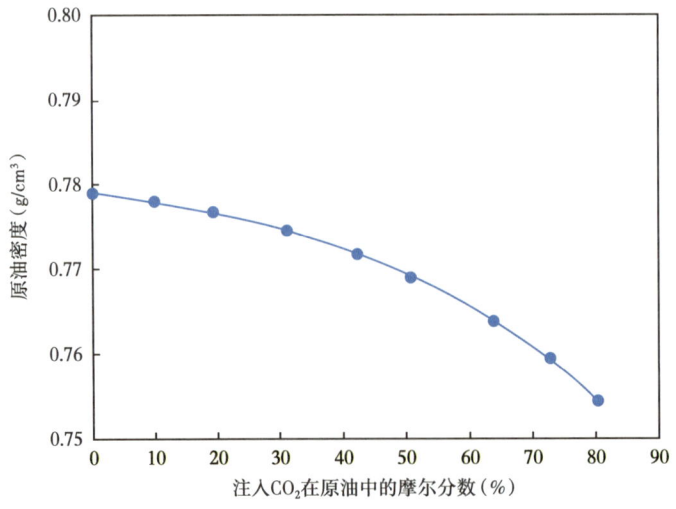

图2-2-7 不同CO_2注入量下密度变化曲线

(5)CO_2—地层原油气油比的变化。

气油比随着CO_2注入量的增加而逐渐增大,说明地层溶解气体能力增强,如图2-2-8所示。

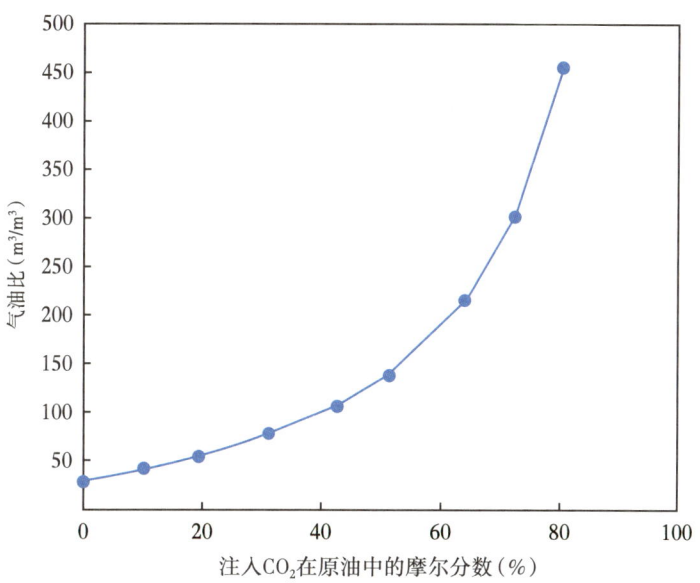

图2-2-8　不同CO_2注入量下气油比变化曲线

(6)CO_2—地层原油相对分子质量的变化。

相对分子质量随着CO_2注入量的增加而逐渐增大,说明地层溶解的气体增多,轻质组分含量增加,如图2-2-9所示。

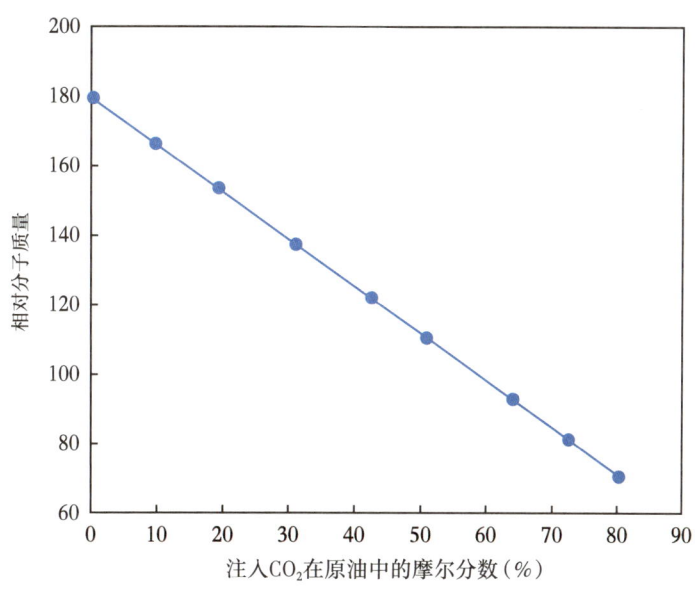

图2-2-9　不同CO_2注入量下相对分子质量变化曲线

加气膨胀试验结果见表 2-2-1，注入 CO_2 对试验区地层油有较强的膨胀能力，以及很好的降黏效果，一定程度上提高原油采收率。

提高注入压力，CO_2 膨胀原油体积和降低原油黏度的能力增强，有利于提高原油采收率。

表 2-2-1　CO_2—地层油体系加气膨胀实验结果汇总

加气次数	注入气摩尔分数（%）	饱和压力（MPa）	气油比（m³/m³）	膨胀系数	密度（g/cm³）	黏度（mPa·s）	相对分子质量	备注
0	0	6.98	30.6	1.0000	0.7791	4.485	180.0	泡点
1	9.85	7.57	41.9	1.0281	0.7780	3.827	166.6	泡点
2	19.25	8.21	55.3	1.0615	0.7767	3.255	153.8	泡点
3	31.20	9.17	77.5	1.1174	0.7746	2.595	137.6	泡点
4	42.50	10.31	107.1	1.1920	0.7717	2.031	122.2	泡点
5	51.10	11.45	138.8	1.2721	0.7689	1.745	110.5	泡点
6	64.00	14.25	214.6	1.4634	0.7638	1.450	93.0	泡点
7	72.50	17.92	303.5	1.6823	0.7596	1.359	81.4	泡点

第三节　CO_2—地层油多次接触物性实验

气驱过程中，原油与注入气多次接触实现混相驱替是注气大幅提高采收率的关键机理。多次接触混相机理实验分析原理是让有限量的油藏油与注入气反复接触，并通过测定平衡油、气体积的收缩和膨胀及平衡油气的组成和 PVT 参数分析驱油机理。主要包含三部分内容：向前多次接触过程、向后多次接触过程、注气多次接触理论混相压力拟三元相图模拟分析。

（1）向前多次接触实验分析。

注入气推进前缘与地层新鲜原油不断接触，通过溶解凝析和蒸发抽提作用进行相间组分传质，从而模拟注入气在油藏中向前驱油过程可能达到的混相程度。本部分主要阐述了该方法的测量原理，规定了测量仪器的工作压力、工作温度。测定方法包括对样品的要求、测定步骤及实验原始数据记录。

（2）向后多次接触实验分析。

注入井不断注入的新鲜注入气与地层中的剩余油不断接触，通过溶解凝析和蒸发抽提作用进行相间组分传质，从而模拟注入气的尾部。

（3）注气多次接触理论混相压力拟三元相图模拟分析。

多次接触拟三元相图分析的主要过程与原理是已知组成的气体与油藏新鲜原油多次接触，在一定温度压力系统下达到平衡，通过计算得到多次接触实验每一级接触后的平衡油、气组分组成，分析平衡气相和液相的组成并标注在三元相图坐标中。

本实验适用于黑油、易挥发性原油、凝析气、稠油及人工配制的模拟油与注入气（烃类气体和/或非烃类气体）之间的注气多次接触评价实验。

一、实验目的

用 PVT 装置进行注入气与地层油之间的多次接触实验，其目的是让有限量的油藏油与注入气反复接触，并测定平衡油、气体积的收缩和膨胀及平衡油气的组成和密度。在多次接触实验中，向前接触是指注入气与新鲜原油不断接触，通过蒸发或抽提作用进行相间组分传质，从而模拟注入气在油藏中的向前运动（图 2-3-1）；向后接触是指新鲜注入气与平衡液相之间不断进行相间传质，模拟注入气的尾部（图 2-3-2）。这两种驱替过程是同时但在地层中不同地点发生，向前接触发生在前缘，而向后接触发生在后缘。

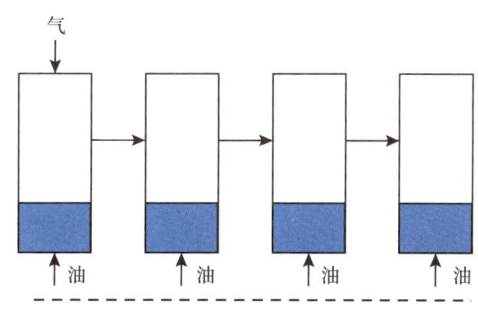

图 2-3-1　向前多次接触实验的流程图

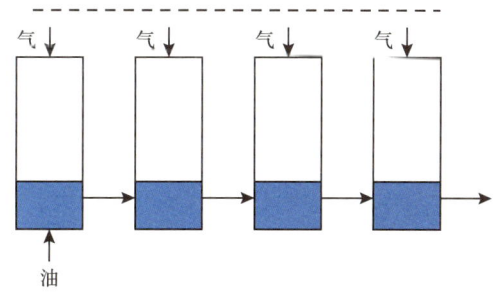

图 2-3-2　向后多次接触实验的流程图

二、实验仪器和装置

1. 名称及规格

PVT 仪及配样装置：容量大于或等于 100cm³，额定工作温度大于或等于 150℃，控温精度 ±0.5℃，额定工作压力 50MPa。

高压计量泵：容量大于或等于 100cm³，最小刻度分辨率小于或等于 0.01cm³，额定工作压力大于或等于 50MPa。

恒温浴：额定工作温度大于或等于 150℃，控温精度小于 0.5℃。

高温高压黏度计：可采用电磁式黏度计、毛细管黏度计、落球黏度计等，测量相对偏差小于3%，额定温度大于或等于150℃，控温精度±0.5℃，额定工作压力大于或等于50MPa。

密度计：包括高温高压密度计。常压密度计，测定20℃、常压下密度，读数精度小于或等于0.0001g/cm³，控温精度小于或等于0.05℃。高温高压密度计，额定工作压力大于或等于50MPa，额定温度大于或等于150℃；读数精度小于或等于0.0001g/cm³，控温精度小于或等于0.05℃。

标准压力表或压力传感器：压力表精度小于或等于0.25级，压力传感器精度±0.5%FS。

气相色谱仪：天然气组分分析到庚烷以上，摩尔分数精确到0.0001，原油组分分析到C_{36}以上，质量分数精确到0.001。

相对分子质量测定仪：测量范围100~700，测量相对偏差小于或等于5%。

气体计量计：容量大于或等于1000cm³，最小刻度分辨率小于或等于1cm³。

天平：量程大于或等于1000g，感量大于或等于0.001g。

大气压力表：精度0.4级。

温度计：测量范围0~100℃，分度值0.01℃。

2. 仪器仪表的标定或校验

仪器仪表应定期进行标定或校验。PVT容器、高压计量泵、高压落球黏度计、气量计、密度和相对密度测定仪、平均相对分子质量测定仪的标定以及气相色谱仪的校验参见本章第一节内容。

3. 实验装置

注气多次接触实验的装置和测试流程如图2-3-3所示。

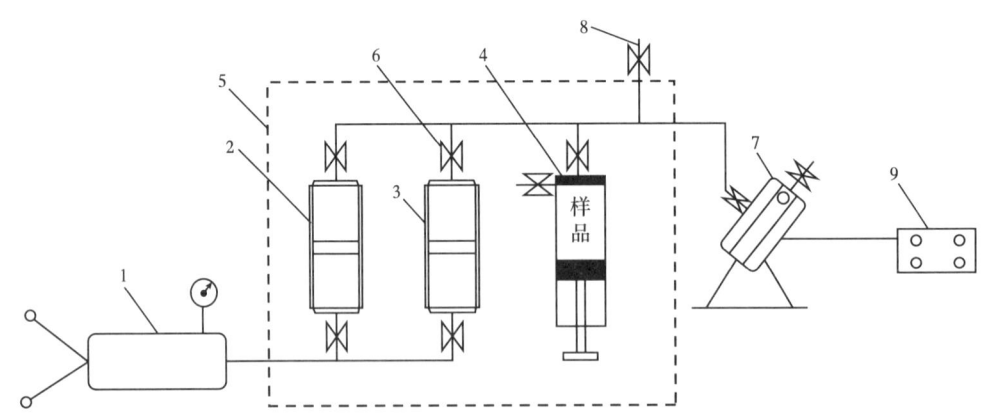

1—高压计量泵；2—储样器、井下取样器或配样容器（地层流体）；3—储样器（注入气）；4—PVT容器；5—恒温浴；6—阀门；7—高温高压黏度计（可采用电磁式黏度计、毛细管黏度计）；8—取样口；9—控制器。

图2-3-3 注气多次接触实验流程图

三、实验步骤

1. 向前多次接触实验流程

（1）地层流体样品物性参数测试。

测定多次接触前原始地层流体样品的饱和压力、气油比、组分组成、平均相对分子质量，地层压力和饱和压力下的体积系数、黏度、密度等参数，测定方法按本章第一节内容执行。

（2）地层流体样品配制及转样。

在配样器中按地层压力和地层温度配制地层流体样品，在给定地层压力和温度下，通过注入泵将配样器中一定量体积的地层油转入PVT筒中，转入量为PVT筒体积的20%。将PVT筒的压力降低到现场压力，若在现场压力下地层原油出现脱气，则应将气顶排出，此时PVT筒内流体作为系统原始组成；若在现场压力下地层原油未脱气，则将此时PVT筒内流体作为系统原始组成。计量PVT筒内流体体积，配制及转样方法按本章第一节内容执行。

（3）第一次接触。

通过注入泵按气油体积比为3∶1将过量气转入PVT筒中，使系统呈气、液两相，并恒定在地层温度和当前压力下静置6h，稳定后，测平衡气、液体积。

（4）测定平衡油、气组分。

①记录稳定后的PVT容器内样品体积。在地层条件下，用计量泵保持压力，在PVT筒底部，将PVT筒中的部分平衡油缓慢均匀地放出至分离瓶中，计量脱出气体积，称量分离瓶内流体的质量、体积。记录实验结束时PVT容器内样品体积、大气压力和室温。

②取分离瓶内流体（死油）、脱出气气样，用气相色谱仪分析组分组成。

③按照式（2-3-2）和式（2-3-3）测定分离瓶内流体（死油）密度，或用密度计测定20℃、常压下的死油密度。

④用相对分子质量测定仪测定死油平均相对摩尔质量。

⑤测完平衡油组分组成后，记录稳定后的PVT容器内样品体积。在当前条件下，用计量泵保持压力，从PVT筒顶部，缓慢均匀地放出PVT筒中少量的地层平衡气，计量排出平衡气体积，用气相色谱仪分析平衡气组分组成。

（5）测试样品密度。

准备耐压、体积大于20cm³的小容器，称重，质量精确到0.001g。在当前压力下将接触后的平衡油、平衡气样品在取样口处转入小容器中，记录转样前后的PVT容器内的样品体积，读数精确到0.01cm³，称量带样小容器的质量，质量精确到0.001g，按照式（2-3-5）计算样品密度，重复3次，要求误差小于1%。

（6）测试样品黏度。

在当前压力下，按照将PVT仪中的平衡油、平衡气保持单相转入黏度计，获得当前压力下的单相黏度，重复3次，要求误差小于1%。黏度计测定方法采用电磁黏度计或毛细管黏度计。

（7）下一级接触。

①将PVT筒中的平衡油全部排出，平衡气保留在PVT筒内，保持PVT筒压力不变；

②将配样器的压力下降到现场压力，即与PVT筒内压力一致，此后每一级接触配样器的压力都保持为现场压力。把配样器中的油端靠近配样器出口，将配样器中的新鲜活油转入PVT筒中，使PVT筒内的气油体积比保持3∶1，PVT筒静置6h；

③重复上述步骤（4）~（7）至少接触5级。

2. 向后多次接触实验流程

（1）地层流体样品物性参数测试。

测定多次接触前原始地层流体样品的饱和压力、气油比、组分组成、平均相对分子质量，以及地层压力和饱和压力下的体积系数、黏度、密度等参数，测定方法按本章第一节内容执行。

（2）地层流体样品配制及转样。

在配样器中按地层压力和地层温度配制地层流体样品，在给定地层压力和温度下，通过注入泵将配样器中一定量体积的地层油转入PVT筒中，转入量为PVT筒体积的20%。将PVT筒的压力降低到现场压力，若在现场压力下地层原油出现脱气，则应将气顶排出，此时PVT筒内流体作为系统原始组成；若在现场压力下地层原油未脱气，则将此时PVT筒内流体作为系统原始组成。计量PVT筒内流体体积，配制及转样方法按本章第一节内容执行。

（3）第一次接触。

通过注入泵按气油体积比为3∶1将过量气转入PVT筒中，使系统成气、液两相，并恒定在地层温度和当前压力下静置6h，稳定后，测平衡气、液体积。

（4）测定平衡油、气组分。

①记录稳定后的PVT容器内样品体积。在地层条件下，用计量泵保持压力，从PVT筒底部，将PVT筒中部分平衡油缓慢均匀地放出，计量脱出气体积，称量分离瓶内流体的质量、体积。记录实验结束时PVT容器内样品体积、大气压力和室温；

②取分离瓶内流体（死油）、脱出气气样，用气相色谱仪分析组分组成；

③按照式（2-3-2）和式（2-3-3）测定分离瓶内流体（死油）密度，或者用密度计测定20℃、常压下的死油密度；

④用相对分子质量测定仪测定死油平均相对摩尔质量；

⑤测完平衡油组分组成后，记录稳定后的PVT容器内样品体积。在当前条件下，用计量泵保持压力，从PVT筒顶部，缓慢均匀地放出PVT筒中少量的地层平衡气，计量排出平衡气体积，用气相色谱仪分析平衡气组分组成。

（5）测试样品密度。

准备耐压、体积大于20cm³的小容器，称重，质量精确到0.001g。在当前压力下将接触后的平衡油、平衡气样品在取样口处转入小容器中，记录转样前后的PVT容器内的样品体积，读数精确到0.01cm³，称量带样小容器的质量，质量精确到0.001g，按照式（2-3-5）计算样品密度，重复3次，要求误差小于1%。

（6）测试样品黏度。

在当前压力下，将PVT仪中的平衡油、平衡气保持单相转入黏度计，获得当前压力下的单相黏度，重复3次，要求误差小于1%。黏度计测定方法采用电磁黏度计或毛细管黏度计。

（7）下一级接触。

①将PVT筒中的平衡气全部排出，平衡油保留在PVT筒内，保持PVT筒压力不变；

②将新鲜气转入PVT筒中，使PVT筒内的气油体积比保持3∶1，PVT筒静置6h；

③重复上述两步骤，至少接触5级。

四、数据处理

1. 气油比

气油比计算见式（2-3-1）：

$$\text{GOR}_\text{o} = \frac{T_\text{o} p_1 V_1}{p_\text{o} T_1 V_\text{d}} \qquad (2\text{-}3\text{-}1)$$

式中 GOR_o——地层原油的单次脱气气油比的数值，cm^3/cm^3 或 m^3/m^3；

T_o——标准温度，K，取 293.15；

p_1——当日大气压力，MPa；

V_1——放出气体在室温、大气压力下的体积，cm^3；

p_o——标准压力，MPa，取 0.101。

2. 死油密度

死油密度计算见式（2-3-2）和式（2-3-3）：

$$W_\text{d} = W_{\text{d}1} - W_{\text{d}0} \qquad (2\text{-}3\text{-}2)$$

$$\rho_\text{d} = \frac{m_\text{d}}{V_\text{d}} \qquad (2\text{-}3\text{-}3)$$

式中 W_d——死油的质量，g；

$W_{\text{d}1}$——分离瓶空瓶加死油的质量，g；

$W_{\text{d}0}$——分离瓶空瓶的质量，g；

ρ_d——死油的密度，g/cm^3；

V_d——单次脱气实验下分离瓶内的脱气油体积，cm^3。

3. 体系流体组成

体系流体组成计算见式（2-3-4）：

$$X_{\text{f}i} = \frac{\dfrac{W_\text{d}}{\overline{M}_\text{d}} x_i + \dfrac{p_1 V_1}{R Z_1 T_1} y_i}{\dfrac{W_\text{d}}{\overline{M}_\text{d}} + \dfrac{p_1 V_1}{R Z_1 T_1}} \qquad (2\text{-}3\text{-}4)$$

式中 $X_{\text{f}i}$——接触后流体 i 组分的摩尔分数；

$\overline{M}_\text{d}$——死油的平均摩尔质量，g/mol；

x_i——死油 i 组分的摩尔分数；

y_i——单脱放出气 i 组分的摩尔分数。

4. 不同接触次数下的流体密度

不同接触次数下的流体密度计算见式（2-3-5）：

$$\rho_{\text{of}} = \frac{w_2 - w_1}{V_{\text{of}}} \qquad (2\text{-}3\text{-}5)$$

式中　ρ_{of}——接触后流体密度，g/cm^3；

　　　w_2——接触后流体加小容器质量的数值，g；

　　　w_1——空小容器质量，g；

　　　V_{of}——测定密度前后PVT容器内的流体体积之差，cm^3。

5. 不同接触次数下的平均相对分子质量

不同接触次数下的平均相对分子质量计算见式（2-3-6）：

$$\bar{M} = \sum_{i=1}^{n} X_{fi} M_{ri} \qquad (2\text{-}3\text{-}6)$$

式中　$\bar{M}$——接触后流体平均相对分子质量；

　　　X_{fi}——接触后流体 i 组分的摩尔分数；

　　　M_{ri}——i 组分的相对分子质量。

6. 不同接触次数下的流体黏度

测试方法及计算按本章第一节内容执行。

五、地层油—CO_2 多次接触实验应用实例

1. 实验样品

实验样品包括地层油样品和 CO_2 样品，注入 CO_2 的纯度为 99.99%。地层油样品为某油田原油样品，根据现场生产气油比和饱和压力对流体样品进行恢复。主要参数分析结果为地层温度 62℃，地层压力 25.3MPa，原始饱和压力 12.28MPa，气油比 62.1 m^3/m^3。

2. 实验程序

将油气藏流体样品注入高压可视釜中，并使其温度达到储层温度，注入气体后，釜内压力升高以使气体全部溶解于原油中。随后将压力降到第一次接触压力，并维持该压力 24h，以确定达到相平衡。将部分气相排出并确定气相组成。在向前多次接触的实验中，第二釜中已知体积的油藏流体与来自第一釜的平衡气进行混合，其混合平衡的方式与第一釜中的一样。这一过程在第 3 级和第 4 级中重复进行，同样使用前一级接触后排出的气体与新鲜油藏流体混合。在向后多次接触实验中，移走平衡气后的剩余液相与已知体积、已知物质的量的新注入气接触，其混合平衡方式与第一釜中的一样。这样重复多次，直到形成的气体体积量在设定的压力下不足以进行任何分析。

利用油藏原油与注入气在 62℃、25.3MPa、气油体积比为 2.5:1 条件下进行了 5 级正向接触实验。与正向多次接触温度、压力和气油体积相同的条件下，进行了 5 级油气反向接触实验。

3. 结果分析

（1）CO_2 与地层油多次接触后油/气相体积的变化。

油、气相体积是指 CO_2 与地层原油每次接触后的平衡油相和气相的体积百分比，反映了注气后 CO_2 与地层原油在动态接触过程中，CO_2 对地层原油的膨胀能力。CO_2 与地层油在地层压力（25.3MPa）下发生多次接触后的油/气相体积百分比见表 2-3-1，油/气相体积百分比随接触次数的变化曲线如图 2-3-4 所示。

表 2-3-1 多次接触后的平衡油/气相体积百分比

接触次数	向前多次接触		向后多次接触	
	气相体积（%）	油相体积（%）	气相体积（%）	油相体积（%）
1	20.03	79.97	20.03	79.97
2	8.31	91.69	47.58	52.42
3	13.94	86.06	49.17	50.83
4	23.70	76.30	50.66	49.34
5	31.99	68.01	52.20	47.80

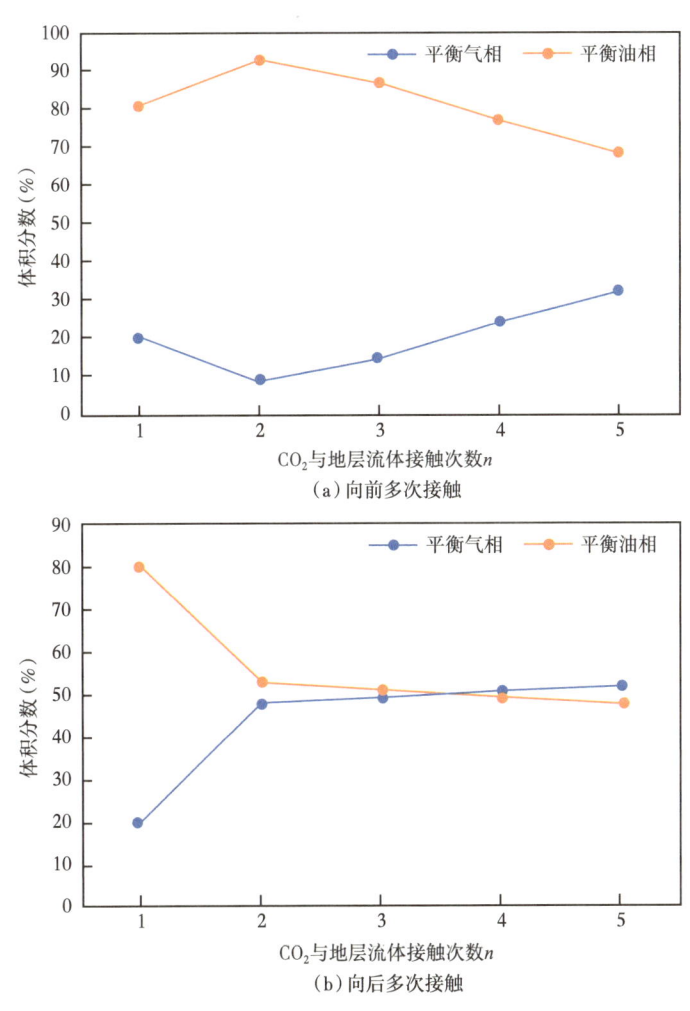

图 2-3-4 平衡油/气相体积百分比随接触次数变化曲线

（2）CO_2 与地层油多次接触后油/气相密度的变化。

油、气相密度是指 CO_2 与地层原油每次接触后的平衡油相和气相密度，反映了 CO_2 与地层原油在动态接触过程中，CO_2 对地层原油的溶解和抽提能力。CO_2 与地层油在地层压力下发生多次接触后的油/气相密度见表 2-3-2,油/气相密度随接触次数的变化曲线如图 2-3-5 所示。

表 2-3-2 多次接触后的平衡油/气相密度

接触次数	向前多次接触		向后多次接触	
	气相密度（g/cm^3）	油相密度（g/cm^3）	气相密度（g/cm^3）	油相密度（g/cm^3）
1	0.6641	0.8049	0.6641	0.8049
2	0.5765	0.7680	0.7118	0.8306
3	0.4810	0.7480	0.7350	0.8456
4	0.3998	0.7377	0.7451	0.8543
5	0.3392	0.7318	0.7484	0.8599

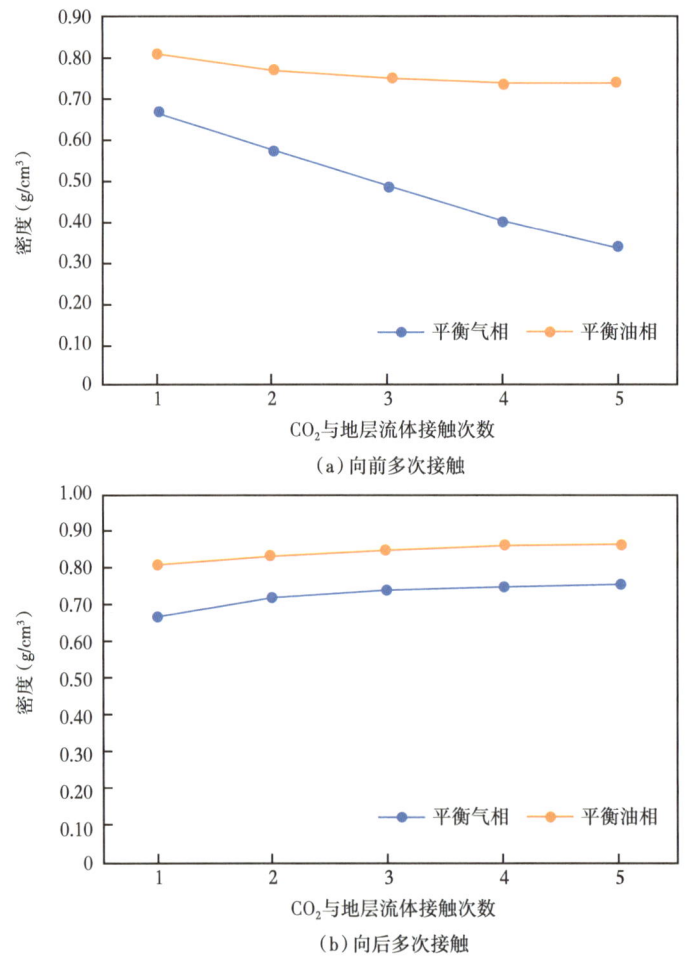

图 2-3-5 平衡油/气相密度随接触次数变化曲线

（3）CO_2 与地层油多次接触后油/气相黏度的变化。

油、气相黏度是指 CO_2 与地层原油每次接触后的平衡油相和气相的黏度,反映了 CO_2

与地层原油在动态接触过程中，CO_2 对地层原油流动性改变的能力。CO_2 与地层油在地层压力下发生多次接触后的油/气相黏度见表 2-3-3，油/气相黏度随接触次数的变化曲线如图 2-3-6 所示。

表 2-3-3 多次接触后的平衡油/气相黏度

接触次数	向前多次接触		向后多次接触	
	气相黏度（mPa·s）	油相黏度（mPa·s）	气相黏度（mPa·s）	油相黏度（mPa·s）
1	0.1148	1.1118	0.1148	1.1118
2	0.0934	0.9325	0.1170	1.4076
3	0.0668	1.0190	0.1132	1.7591
4	0.0504	1.1931	0.1089	2.1386
5	0.0411	1.3927	0.1052	2.5391

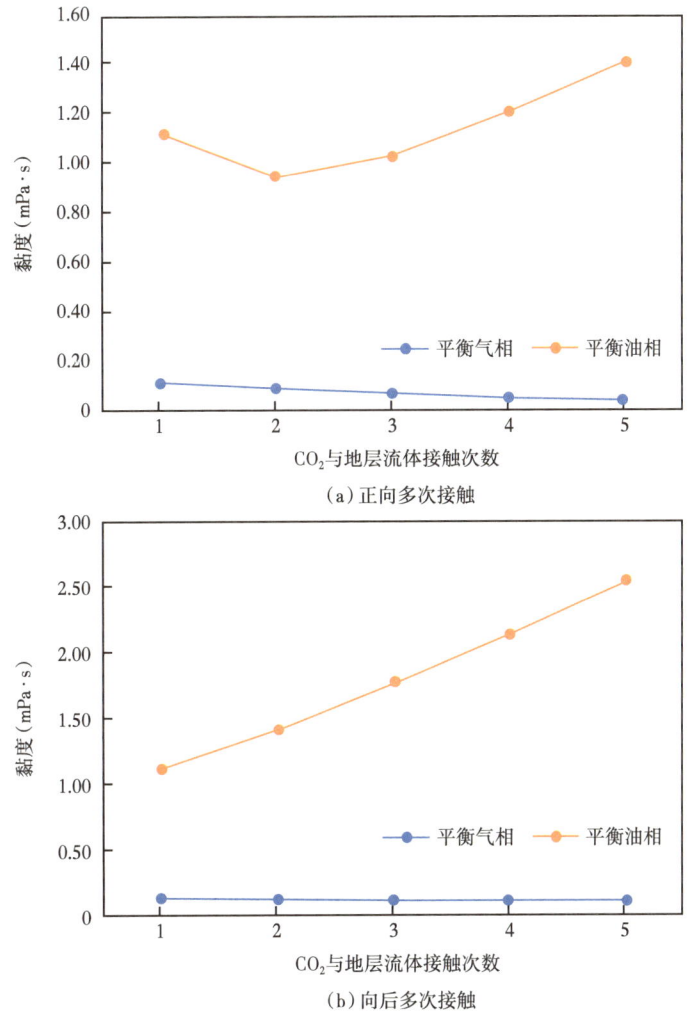

(a) 正向多次接触

(b) 向后多次接触

图 2-3-6 平衡油/气相黏度随接触次数变化曲线

（4）CO_2 与地层油多次接触后油/气相组成的变化。

通过分析多次接触后油/气组成的变化，可以研究 CO_2—地层原油体系油气相间传质组分的变化规律，认识混相机理。CO_2 与地层油在地层下向前多次接触和向后多次接触的油/气相的组分组成数据见表2-3-4和表2-3-5。多次接触后油相组分组成曲线与原始地层油的对比如图2-3-7所示、气相组分组成曲线如图2-3-8所示。

表2-3-4　向前多次接触下平衡油/气相组分组成数据

组分	平衡气相的组成摩尔分数（%）					平衡油相的组成摩尔分数（%）				
	一次接触	二次接触	三次接触	四次接触	五次接触	一次接触	二次接触	三次接触	四次接触	五次接触
N_2	0.71	1.68	3.01	3.01	6.29	0.42	0.92	1.42	1.42	2.32
CO_2	84.38	72.99	61.91	61.91	40.41	66.63	58.77	50.14	50.14	33.91
C_1	10.01	19.62	29.70	29.70	48.55	8.73	15.81	21.70	21.70	30.77
C_2	0.74	1.24	1.60	1.60	2.00	0.86	1.38	1.74	1.74	2.23
C_3	0.15	0.22	0.26	0.26	0.28	0.20	0.30	0.36	0.36	0.44
iC_4	0.24	0.35	0.38	0.38	0.38	0.36	0.52	0.62	0.62	0.74
nC_4	0.32	0.45	0.48	0.48	0.45	0.53	0.73	0.86	0.86	1.02
iC_5	0.25	0.34	0.35	0.35	0.30	0.47	0.62	0.72	0.72	0.84
nC_5	0.32	0.42	0.42	0.42	0.35	0.62	0.81	0.93	0.93	1.09
C_6	0.46	0.57	0.54	0.54	0.41	1.01	1.26	1.42	1.42	1.66
C_{7+}	2.43	2.13	1.36	1.36	0.59	20.16	18.88	20.09	20.09	24.99

表2-3-5　向后多次接触下平衡油/气相组分组成数据

组分	平衡气相的组成摩尔分数（%）					平衡油相的组成摩尔分数（%）				
	一次接触	二次接触	三次接触	四次接触	五次接触	一次接触	二次接触	三次接触	四次接触	五次接触
N_2	0.71	0.25	0.08	0.02	0.01	0.42	0.15	0.05	0.01	0.00
CO_2	84.38	91.48	95.30	97.23	98.19	66.63	70.61	72.19	72.61	72.51
C_1	10.01	4.56	1.90	0.71	0.24	8.73	4.16	1.77	0.68	0.23
C_2	0.74	0.40	0.20	0.09	0.04	0.86	0.49	0.25	0.12	0.05
C_3	0.15	0.09	0.05	0.02	0.01	0.20	0.13	0.07	0.04	0.02
iC_4	0.24	0.15	0.08	0.05	0.02	0.36	0.24	0.15	0.08	0.04

续表

组分	平衡气相的组成摩尔分数（%）					平衡油相的组成摩尔分数（%）				
	一次接触	二次接触	三次接触	四次接触	五次接触	一次接触	二次接触	三次接触	四次接触	五次接触
nC_4	0.32	0.20	0.12	0.07	0.04	0.53	0.36	0.23	0.14	0.08
iC_5	0.25	0.17	0.11	0.06	0.04	0.47	0.34	0.23	0.14	0.09
nC_5	0.32	0.22	0.14	0.09	0.05	0.62	0.46	0.32	0.20	0.12
C_6	0.46	0.33	0.22	0.14	0.09	1.01	0.79	0.59	0.41	0.27
C_{7+}	2.43	2.16	1.81	1.51	1.28	20.16	22.28	24.16	25.57	26.59

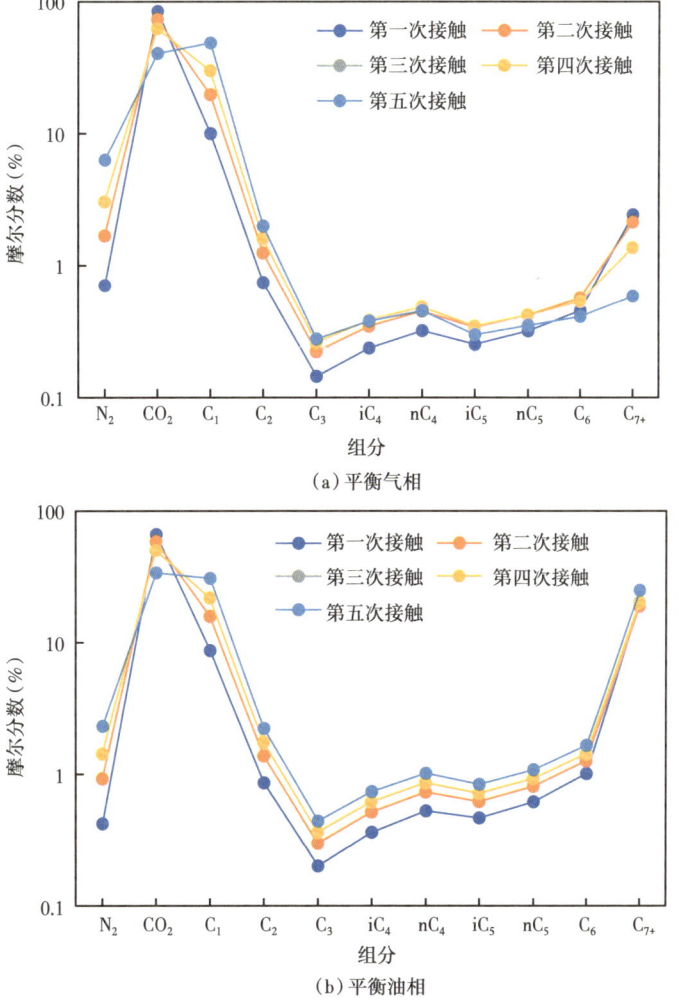

图 2-3-7　向前多次接触下平衡油/气相组分组成变化曲线

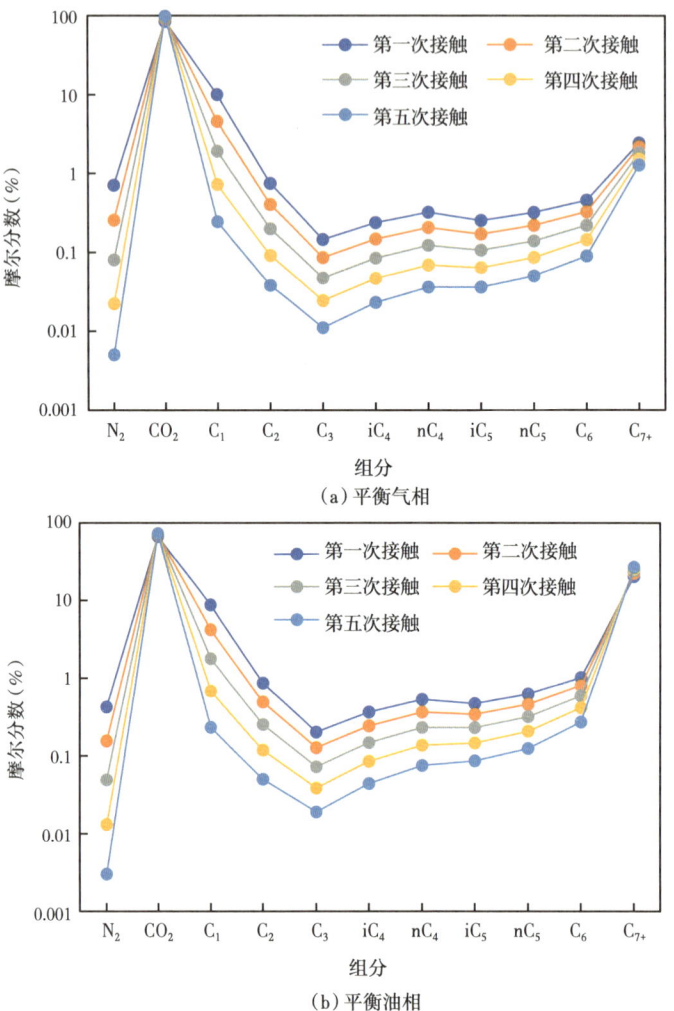

图 2-3-8　向后多次接触下平衡油/气相组分组成变化曲线

油气多次接触实验与注入气—地层流体膨胀实验是研究注 CO_2 后地层流体相态物性变化特征、混相类型判断、提高采收率机理的重要实验手段。在高温高压流体相态仪中无扰动条件下测试的油气混相压力为一次接触混相压力。油气多次接触实验获得的拟三元相图可判断油气接触前缘、后缘组分变化特征和混相驱类型，为油藏方案优化注入 CO_2 组分组成提供支持。

第四节　CO_2—地层油固相沉积评价实验

注气提高采收率过程中，地层会产生一定量的固相沉积，发生储层污染。CO_2—地层油固相沉积评价实验是开展注 CO_2 开发实验的重要依据之一，可用于开展地层流体的准备、转样固相析出点、析出量的分析及计算，为国内低渗透率特低渗透率、页岩油、页岩气等非常规资源的开发提供关键的工程参数。

一、实验目的和原理

CO_2 在高温高压条件下与油藏原油混合，如发生固相沉积，则沉积物（由于密度较大）将向下沉降并吸附于釜底。如果原油中部分固相沉积，则平衡油相中固相沉积含量相应减少。因此通过平衡前后两次分析原油固相沉积含量，可确定注气过程中引发的固相沉积量。

激光法测试固相沉积点，原理是均一单相的油藏流体对激光具有固定的透光率，光强的衰减主要是由于体系对激光的吸收造成的。当条件恒定不变时，体系对激光的吸收不变，激光的透光率也是稳定不变的。当温度、压力、组成等条件发生变化时，体系对激光的吸收也会发生变化，但只要体系不发生相态变化，透光强度的变化比较平缓。一旦发生相态变化，如液相中出现固相颗粒时，体系除了对激光产生吸收外，固相颗粒将会导致穿过体系的激光光束散射。随着固相颗粒的增多，体系对激光的透光强度会急剧下降。检测并处理光强的变化能准确地确定固相沉积点。本实验采用的激光测定装置是 JG-I 流体激光相态测试仪，它主要由三部分组成：激光光源、光纤以及激光信号检测装置。固相沉积实验如图 2-4-1 所示。

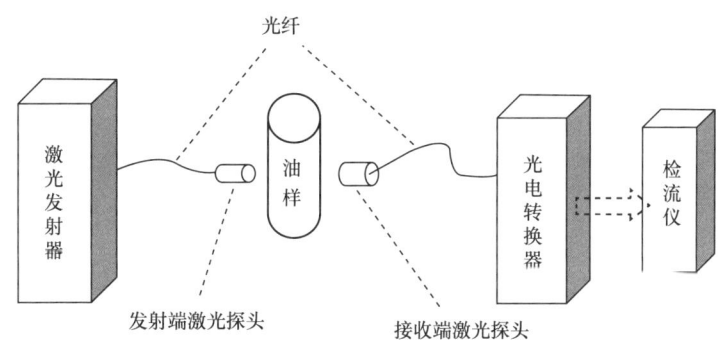

图 2-4-1　固相沉积实验示意图

二、实验仪器和装置

1. 仪器名称和规格

（1）PVT 仪及配样装置：容量大于或等于 100cm³，额定工作温度大于或等于 150℃，控温精度 ±0.5℃，额定工作压力大于或等于 50MPa。

（2）高压计量泵：容量大于或等于 100cm³，最小刻度分辨率小于或等于 0.01cm³，额定工作压力大于或等于 50MPa。

（3）恒温浴：额定工作温度大于或等于 150℃，控温精度小于 0.5℃。

（4）高温高压黏度计：可采用电磁式黏度计、毛细管黏度计、落球黏度计等，测量相对偏差小于 3%，额定温度大于或等于 150℃，控温精度 ±0.5℃，额定工作压力大于或等于 50MPa。

（5）密度计：包括高温高压密度计。常压密度计，测定 20℃、常压下密度，读数精度小于或等于 0.0001g/cm³，控温精度小于或等于 0.05℃。高温高压密度计，额定工作压力大于或等于50MPa，额定温度大于或等于150℃；读数精度小于或等于0.0001g/cm³，控温精度小于或等于0.05℃。

（6）标准压力表或压力传感器：压力表精度小于或等于0.25级，压力传感器精度±0.5% FS。气相色谱仪：天然气组分分析到庚烷以上，摩尔分数精确到0.0001，原油组分分析到C_{36}以上，质量分数精确到0.001。

（7）相对分子质量测定仪：测量范围100~700，测量相对偏差小于或等于5%。

（8）气体计量计：容量大于或等于1000cm³，最小刻度分辨率小于或等于1cm³。

（9）天平：量程大于或等于1000g，感量大于或等于0.001g。

（10）大气压力表：精度0.4级。

（11）温度计：测量范围0~100℃，分度值0.01℃。

（12）SDS筒：工作压力0~70MPa，工作温度0~200℃。

2. 仪器仪表的标定或校验

PVT容器、高压计量泵、高压落球黏度计、气量计、密度和相对密度测定仪、平均相对分子质量测定仪以及气相色谱仪应定期进行标定或校验。

3. 实验装置

注气固相沉积实验的装置和测试流程如图2-4-2所示。将复配的流体转入到PVT分析仪中去，进行PVT测试，再进行激光测试。

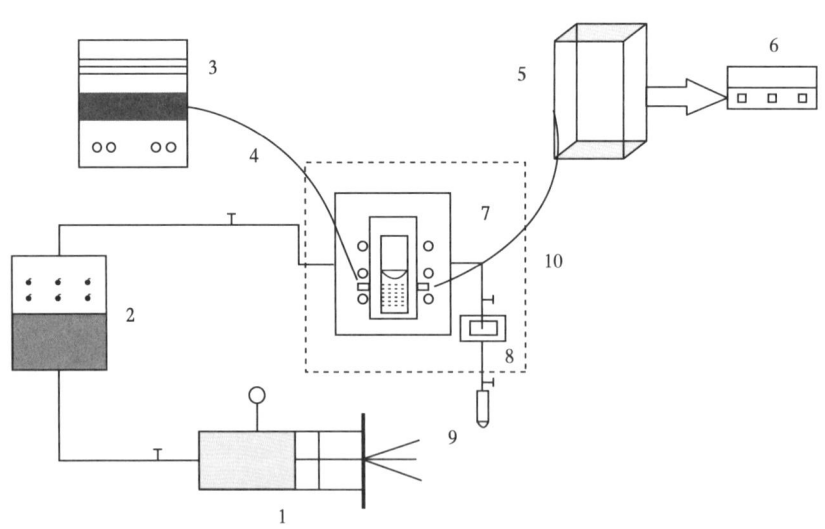

1—高压驱替泵；2—中间容器；3—激光光源装置（激光发射器）；4—光纤；5—光电转换器；6—检流仪；7—高温高压PVT测试单元；8—在线过滤器；9—试管；10—恒温系统。

图2-4-2 注气固相沉积实验流程图

均一单相的油藏流体对激光具有固定的透光率，光强的衰减主要是由于体系对激光的吸收造成的。当条件恒定不变时，体系对激光的吸收不变，激光的透光率也是稳定不变的。当温度、压力、组成等条件发生变化时，体系对激光的吸收也会发生变化，但只要体系不发生相态变化，透光强度的变化比较平缓。一旦发生相态变化，如液相中出现固相颗粒时，体系除了对激光产生吸收外，固相颗粒将会导致穿过体系的激光光束散射。随着固相颗粒的增多，体系对激光的透光强度会急剧下降。检测并处理光强的变化能准确地确定固相沉积点。

三、实验步骤

1. 析蜡点观测

（1）地层流体样品配制及转样。

在配样器中按地层压力和地层温度配制地层流体样品，在给定地层压力和温度下，通过注入泵将配样器中一定量体积的地层油转入PVT筒中，转入量为PVT筒体积的20%。将PVT筒的压力降低到现场压力，若在现场压力下地层原油出现脱气，则应将气顶排出，此时PVT筒内流体作为系统原始组成；若在现场压力下地层原油未脱气，则将此时PVT筒内流体作为系统原始组成。计量PVT筒内流体体积，配制及转样方法按本章第一节内容执行。

（2）析蜡点测试。

将地层流体在高温高压下开始降温，不同温度下看是否会出现颜色开始变深。如果继续加深则出现了凝固现象。

（3）石蜡组成及析蜡点观测。

①在地面条件下不断降低单脱油的温度，观察石蜡沉积现象，目的是随时测试单脱油温度点，通过肉眼观察，判断析蜡点，对比地面条件和0℃下的单脱油状态；

②将地面脱气原油进行模拟蒸馏；

③测定原油组成；

④对地层流体进行单次闪蒸后并迅速降温至0℃，再通过离心机得到油样，直到不会有明显的沉积物，分离的单脱油呈现黄色，石蜡呈现暗黄色；

⑤再次开展模拟蒸馏进行色谱分析。

（4）测试样品密度。

准备耐压、体积大于20cm³的小容器，称重，质量精确到0.001g。当前的地面油、离心后石蜡品转入小容器中，称量带样小容器的质量，质量精确到0.001g，计算样品密度，重复3次，要求误差小于1%。

（5）测试样品黏度。

在当前压力下，将当前的地面油、离心后石蜡品转入黏度计，获得当前压力下的黏度，重复3次，要求误差小于1%。黏度计测定方法采用电磁黏度计或毛细管黏度计。

2. 沥青质沉积量测实验

（1）地层流体样品物性参数测试。

测定固相沉积前原始地层流体样品的饱和压力、气油比、组分组成、平均相对分子质量，地层压力和饱和压力下的体积系数、黏度、密度等参数，测定方法按本章第一节内容执行。

（2）地层流体样品配制及转样。

在配样器中按地层压力和地层温度配制地层流体样品，在给定地层压力和温度下，通过注入泵将配样器中一定量体积的地层油转入PVT筒中，转入量为PVT筒体积的20%。将PVT筒的压力降低到现场压力，若在现场压力下地层原油出现脱气，则应将气顶排出，此时 PVT 筒内流体作为系统原始组成；若在现场压力下地层原油未脱气，则将此时 PVT 筒内流体作为系统原始组成。计量 PVT 筒内流体体积，配制及转样方法按本章第一节内容执行。

（3）实验步骤。

本次使用的实验样品为 X，研究中采用的注入气为 X，地层流体温度 X°C，压力为 XMPa，地面脱气油黏度为 XmPa·s，相对密度为 X，含蜡量 X%，胶质沥青质 X%，凝点 X°C。

①油藏流体配制。

在实验温度下将地面分离器气体与油样按气油比 X 混合，恢复到井流物组成，具体操作过程如下。

a. 用石油醚清洗装置后，通压缩空气吹扫。

b. 将主釜活塞移至顶部，抽真空；升温至实验温度，达到设定温度后稳定 6h 以上。

c. 由指定气油比（GOR）及进油量估算出进气量；进气并准确计算出釜内气体量，再由气油比反算出实际需加入的准确油量。

d. 更换主釜顶部进样接头，将所需原油定量打入釜中，并增压至地层压力以上，使其成为单相。搅拌 1h，然后恒温 4h 以上。

e. 将所配单相流体闪蒸出一部分至常压，记录液相重量及气相体积并分析组成。

②注气过程沥青质沉淀量测定。

具体操作过程如下。

a. 将原油与所注气体按指定比例混合均匀，进气体积由专用状态方程计算。

b. 将所配混合物增压至指定压力，搅拌 2h，然后将平衡釜垂直静置，使沉积物充分沉降。预备实验表明静置时间为 50h 以上时可使沉积物充分沉降，因此静置时间定为 60h。

c. 恒压取样操作：缓慢打开主釜的顶阀，使气体在鼓泡器中缓稳冒出。此时压力稍有下降，进泵使体系压力保持恒定。先取出 5g 左右的油样，冲洗阀门和管线，然后更换捕获器，收集油样至 15g 左右。

d. 沥青质沉积量的确定：平衡取样后测定平衡油样中沥青质含量（以正戊烷沥青质含量为准）。通过实验前后油样中沥青质含量的变化，确定注气过程中产生的沥青质沉积量。

实验周期：平衡沉降时间为 60h，配样及设备清洗约为 12h；每取 2~4 个样品统一进行沥青质含量分析，每次分析需 5~15d。总体平均每个样品浓度点的测试需耗时 8d 以上。

（4）原理。

将所注气体在高温高压条件下与油藏原油混合，如发生沥青质沉积，则沉积物由于密度较大将向下沉降并吸附于釜底。如果原油中部分沥青质沉积，则平衡油相中沥青质含量相应减少。因此通过平衡前后两次分析原油沥青质含量，可确定注气过程中引发的沥青质沉积量。

（5）测试样品密度。

准备耐压、体积大于 20cm³ 的小容器，称重，质量精确到 0.001g。在当前压力下将固相样品转入小容器中，读数精确到 0.01cm³，称量带样小容器的质量，质量精确到 0.001g，计算样品密度，重复 3 次，要求误差小于 1%。

（6）测试样品黏度。

在当前压力下，将当前的地面油、离心后石蜡品转入黏度计，获得当前压力下的黏度，重复3次，要求误差小于1%。黏度计测定方法采用电磁黏度计或毛细管黏度计。

四、数据处理

1. 气油比

气油比计算见式（2-4-1）：

$$\text{GOR}_\text{o} = \frac{T_\text{o} p_1 V_1}{p_\text{o} T_1 V_\text{d}} \tag{2-4-1}$$

式中　GOR_o——地层原油的单次脱气气油比的数值，cm^3/cm^3 或 m^3/m^3；

　　　T_o——标准温度，K，取 293.15；

　　　p_1——当日大气压力，MPa；

　　　V_1——放出气体在室温、大气压力下的体积，cm^3；

　　　p_o——标准压力，MPa，取 0.101。

2. 死油密度

死油密度计算见式（2-4-2）和式（2-4-3）：

$$W_\text{d} = W_{\text{d}1} - W_{\text{d}0} \tag{2-4-2}$$

$$\rho_\text{d} = \frac{m_\text{d}}{V_\text{d}} \tag{2-4-3}$$

式中　W_d——死油的质量，g；

　　　$W_{\text{d}1}$——分离瓶空瓶加死油的质量，g；

　　　$W_{\text{d}0}$——分离瓶空瓶的质量，g；

　　　ρ_d——死油的密度，g/cm^3；

3. 沉积物组成

沉积相不同组分的摩尔分数计算见式（2-4-4）：

$$X_{\text{f}i} = \frac{\dfrac{W_\text{d}}{\overline{M_\text{d}}} x_i + \dfrac{p_1 V_1}{R Z_1 T_1} y_i}{\dfrac{W_\text{d}}{\overline{M_\text{d}}} + \dfrac{p_1 V_1}{R Z_1 T_1}} \tag{2-4-4}$$

式中　$X_{\text{f}i}$——i 组分的摩尔分数；

　　　$\overline{M_\text{d}}$——死油的平均摩尔质量，g/mol；

　　　x_i——死油 i 组分的摩尔分数；

　　　y_i——单脱放出气 i 组分的摩尔分数。

4. 不同固相沉积物的密度

不同固相沉积物密度计算见式（2-4-5）：

$$\rho_{of} = \frac{w_2 - w_1}{V_{of}} \quad (2\text{-}4\text{-}5)$$

式中 ρ_{of}——沉积物密度，g/cm³；

w_2——沉积物加小容器质量的数值，g；

w_1——空小容器质量，g；

V_{of}——测定密度前后容器内的沉积物体积之差，cm³。

5. 平均相对分子质量

平均相对分子质量计算见式（2-4-6）：

$$\bar{M} = \sum_{i=1}^{n} X_{fi} M_{ri} \quad (2\text{-}4\text{-}6)$$

式中 $\bar{M}$——平均相对分子质量；

X_{fi}——i 组分的摩尔分数；

M_{ri}——i 组分的相对分子质量。

6. 不同沉积物的流体黏度

测试方法及计算按本章第一节内容执行。

第五节　CO_2—地层油混相条件测定实验

最低混相压力（Minimum Miscibility Pressure，MMP）是指在一定温度下，油气系统形成均一相流体时所需要的最小压力，是油田注 CO_2 提高采收率过程中的关键参数，准确获得 CO_2 与原油之间的 MMP 对于判断能否实现 CO_2 混相驱、产生社会经济效益来说都是非常重要的。MMP 确定的方法有很多种，最为准确可靠的是实验法，实验测定最低混相压力的方法主要有细管法、升泡仪法、界面张力法等。

一、细管法测定最低混相压力

细管法是目前测量 CO_2/油体系 MMP 公认最标准，也是使用最广泛的一种方法。细管法最早在 1956 年提出，不同的研究人员采用不同的材质、填装材料、细管尺寸进行了实验。其中研究最多的是细管的长度，几十年的发展过程中，细管最长为 45.11m，最短为 2.43m。细管长度对混相过程有较大的影响，地层中的混相是一个多次接触混相的过程，其必然存在一个过渡区，之后才能达到混相。因此当细管长度过短时，无法形成过渡区，也就无法实现混相。经过几十年的发展，目前细管长度最小为 10m，常用的为 12.2m，直径 3.5~8mm，填充材料为不同目数的石英砂或玻璃珠，可以使用不同目数填充物实现不同孔隙度、渗透率、孔隙体积等地层参数。

1. 实验原理

注入气在细管模型提供的多孔介质中驱替原油，在最大限度上消除流度比、重力分异、非均质性等因素所带来的影响。驱替过程中能否形成混相是影响驱油效率的关键因素，非混相驱替时驱油效率较低，驱油效率随混相程度的增加而增大，形成混相后驱油效率不会再发生实质性变化。对于给定的地层原油和油藏温度，驱替压力和注入气组分组成是影响能否混相的主要因素，通过改变驱替压力或注入气组分组成，获得相同注入孔隙体积倍数条件下的驱油效率与驱替压力（或注入气组分组成）的关系曲线，曲线拐点所对应的压力（或组分组成）即为最低混相压力（或最低混相组成）。

2. 实验仪器和装置

最低混相压力测定实验装置主要包括模型系统、注入系统、测量系统和产出系统，实验装置流程示意图如图2-5-1所示。

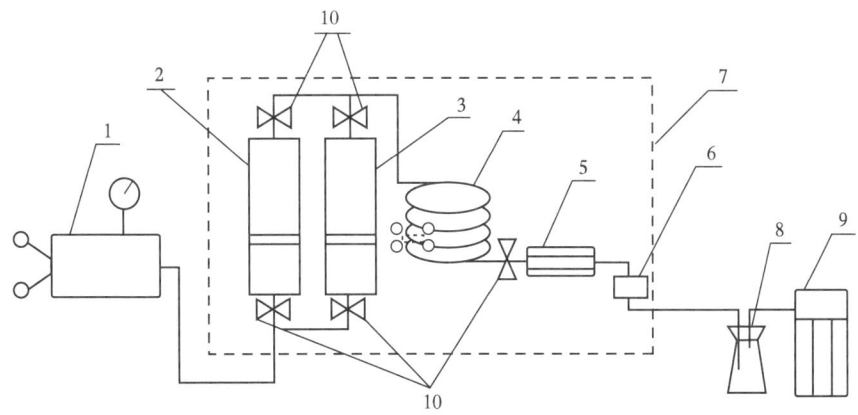

1—高压驱替泵；2—地层原油活塞容器；3—气体活塞容器；4—细管模型；5—高压观察窗；
6—回压调节器；7—恒温箱；8—分离瓶；9—气量计；10—阀门。

图2-5-1　最低混相压力细管法测定实验流程图

（1）模型系统。

细管模型：细管模型技术要求如下：

①长度：不低于10m。

②内径：3.5~8.0mm。

③填充物：石英砂或玻璃珠。

④气测渗透率：1000~5000mD。

恒温箱：控温精度±1℃。

真空泵：真空度不低于133Pa。

（2）注入系统

注入系统包括：①高压驱替泵：流量精度不低于0.5%。②注入气体活塞容器：容积不小于细管孔隙体积的1.5倍。

（3）测量系统。

①压力传感器或压力表：压力传感器精度不大于0.25%FS，压力表精度0.25级。

②密度仪：测量密度值分辨率不低于0.0001g/cm³，控制温度精度±0.05℃。

③气相色谱仪：天然气组分分析到庚烷以上，摩尔分数精确到0.0001；原油组分分析到C_{30}以上，质量分数精确到0.0001。

④相对分子质量测定仪：测量范围150~700，测量误差不大于5%。

⑤气体流量计：精度不低于 0.1cm³。
⑥天平：量程不小于 160g，感量 0.1mg。
⑦大气压力表：精度 0.4 级。
（4）产出系统。
①回压调节器：压力控制精度不低于 0.05MPa，死体积不大于细管模型孔隙体积的 5%。
②高压观察窗。

3. 实验步骤

（1）实验准备。
①实验用油。
实验用油的准备和配制、组分组成测定、地面原油密度以及相对分子质量测定按照本章第一节内容执行。
②注入气体。
实验所用注入气体按照以下程序准备。
a. 将活塞容器接入抽空流程，在真空度达到 133Pa 后，再连续抽空 2~5h；
b. 将注入气体增压至实验压力备用。
③模型准备。
细管模型按照以下程序处理后备用。
a. 将细管模型恒温到一定温度，用一定体积的合适溶剂（如甲苯、石油醚和甲醇）清洗细管模型，直到产出物色谱分析结果与溶剂组分相同并稳定，表明细管已完全清洗干净；
b. 用干燥的高压氮气吹干细管中的溶剂并对实验流程进行试压。试压 1h，压力下降小于 0.05MPa 为合格；
c. 将细管接入抽空流程，在真空度达到 133Pa 后，再连续抽空 2~5h。
④孔隙体积测定。
细管模型孔隙体积的测定按照以下方法执行。
a. 用驱替泵将航空煤油充满并冲洗至细管进口阀的管线，在室温下标定并记录由低到高不同测试压力下的初始泵读数；
b. 开启细管模型进口阀，进泵注入航空煤油，增压到与 a. 中相同的测试压力，待压力充分稳定后，记录此时进泵的读数。相同压力下泵体积读数之差经校正后即为细管模型的孔隙体积（V）。
c. 测定细管模型出口阀与回压调节器之间的体积，其与细管模型孔隙体积之和即为细管模型的总孔隙体积（V）。
d. 利用③ a. 的方法将细管模型清洗干净。
e. 细管模型孔隙度的计算见式（2-5-1）。

$$\phi_i = \frac{4V_{si}}{\pi LD^2} \times 100\% \qquad (2\text{-}5\text{-}1)$$

式中　ϕ_i——某实验压力和实验温度下的细管模型孔隙度，%；

V_{si}——某实验压力和实验温度下的细管模型孔隙体积，cm；

D——细管内径，cm；

L——细管进口阀至出口阀之间长度，cm。

⑤气体渗透率测定。

（2）饱和油。

细管模型饱和油按照以下方法执行。

①细管模型清洗干净后，注入氮气或航空煤油，并恒定到实验温度和压力。将回压设置到实验所需压力值（应高于地层原油的饱和压力值）；

②将地层原油样品恒温到实验温度4h以上，用驱替泵将样品增压至实验压力以上，充分搅拌使其成为单相；

③在实验压力和实验温度下，缓慢开启地层原油样品容器出口阀和细管模型入口阀，用地层原油样品驱替细管中的氮气或航空煤油。驱油速度为60~90cm³/h；

④当驱替2倍孔隙体积后，每隔0.1~0.2倍孔隙体积，在细管出口端测量产出的油、气体积，并取油、气样分析其组成。如产出样品的组分组成、气油比均与地层原油样品一致，停止驱替；

⑤驱替实验需在细管饱和油完毕后2h内进行，以防止原油在细管内发生油气分离。

（3）气体驱替。

气体驱替过程按照以下方法执行。

①将注入气样品恒定在实验温度下。

②用注入气充满并冲洗至细管模型入口阀的管线。将注入气压力调整到高于实验压力0.05~0.1MPa，记录该压力下泵的初读数。

③在实验温度、实验压力下，恒定注入速度，用注入气驱替细管模型中的地层原油样品。驱替速度一般为6~15cm³/h。

④在驱替过程中，细管模型注入压力与回压调节器设定的实验压力之间的驱替压差应小于0.5MPa，如果驱替压差过高，应降低注入速度。

⑤在驱替过程中，每注入0.1~0.15倍孔隙体积，测量一次产出油（称重法测量油）、气体体积，记录泵读数、注入压力和回压，并可测定产出油、气的组分组成及性质，并观察高压观察窗中流体的相态和颜色变化。在气体突破后，尽量加大数据采集密度。当累积进泵超过1.2倍孔隙体积或不再产油后，停止驱替。

（4）最低混相压力的确定。

最低混相压力的确定按照以下方法执行。

①一般首先在原始地层压力下实验，根据混相与否及其程度，采用逐次逼近最低混相压力的方法，确定其他驱替实验压力；

②在混相段和非混相段应至少各有三个以上的实验压力点；

③绘制细管实验注入1.2倍孔隙体积时驱油效率与驱替压力的关系曲线图，非混相段与混相段曲线的交点所对应的压力即为最低混相压力（MMP）。

（5）混相评价指标

细管实验中的混相驱替，应同时满足下列两个指标。

①注入1.2倍孔隙体积时的驱油效率，一般不应低于90%，而且实验压力大于最低混

相压力后,与最低混相压力下的驱油效率相比,驱油效率不应有明显的增加;

②在高压观察窗中可以观察到混相现象,即在驱替气体和原油之间不存在明显的界面。

4. 数据处理

(1)注入孔隙体积倍数。

注入孔隙体积倍数的计算见式(2-5-2):

$$PV_i = \frac{V_i}{V_{\text{sti}}} \quad (2\text{-}5\text{-}2)$$

式中　PV_i——第 i 时刻的注入孔隙体积倍数的数值;

V_i——第 i 时刻的累计注入体积(在实验温度和压力下)的数值,cm^3;

V_{sti}——在实验压力和实验温度下的细管模型总孔隙体积的数值,cm^3。

(2)气油比。

气油比的计算见式(2-5-3):

$$\text{GOR}_i = \frac{T_0 p_1 V_{\text{g}i}}{p_0 T_1 V_{\text{o}i}} \quad (2\text{-}5\text{-}3)$$

式中　GOR_i——第 i 时间间隔内采出样品气油比的数值,cm^3/cm^3;

T_0——常温下的绝对温度,293.15K;

p_1——实验时大气压力的数值,MPa;

$V_{\text{g}i}$——第 i 时间间隔内采出气体在室温、大气压力下体积的数值,cm^3;

p_0——常压的数值,0.101MPa;

T_1——室温的数值,K;

$V_{\text{o}i}$——第 i 时间间隔内采出脱气油体积(293.15K 时)的数值,cm^3。

(3)驱油效率。

驱油效率的计算见式(2-5-4):

$$E_{\text{D}i} = \frac{V_{\text{to}i} B_{\text{o}i}}{V_{\text{sti}}} \times 100\% \quad (2\text{-}5\text{-}4)$$

式中　$E_{\text{D}i}$——第 i 注入孔隙体积倍数时驱油效率的数值;

$V_{\text{to}i}$——第 i 注入孔隙体积倍数时的累计采出脱气油体积(293.15K)的数值,cm^3;

$B_{\text{o}i}$——在实验温度和实验压力下地层原油体积系数的数值。

二、升泡仪法测定最低混相压力

1. 实验原理

在充满原油的竖直流体通道内,气泡通过气体注入针从流体通道底部进入,利用摄像系统观察气泡在原油中的运动特征;最后根据运动特点和行程来确定油气 MMP。在气泡上升过程中,气泡消失的距离代表了油气两相间通过蒸发/凝析作用发生多次接触的程度。

通过蒸发/凝析作用进入气泡的烃组分的种类与数量主要取决于压力,油气接触时间是次要的。如果压力低于MMP,在实验条件下气泡上升过程中很难溶解于油相,气泡组分围绕两相区蠕动,注入气与原油不会混相。压力位于MMP,注入气泡上升并显著溶解于油相,油气发生多次接触混相;当压力高于MMP,两相区变得很小,导致注入的气泡与原油接触后瞬间溶解,油气发生一次接触混相。

该测定方法有几个前提:(1)液柱中油的体积相比气的体积可以看作是无穷大;(2)气—油体系双向传质;(3)测试过程是等温的。因此,在油柱中上升的气泡通过油气界面发生传质,油相中部分烃组分进入气泡,从而形成新的混合气并继续上升与新鲜的油相接触传质,直至油气界面消失成为单相,即油气混相。

升泡仪法优点是测定周期短(约24h),实验结果获得较简便,缺点是所测值不够精确,且只能测量正向接触的MMP,因此推广应用较少。

2. 实验仪器和装置

最低混相压力测定实验装置主要包括高温高压测试系统、观察系统、温度控制系统和压力控制系统,实验装置流程如图2-5-2所示。

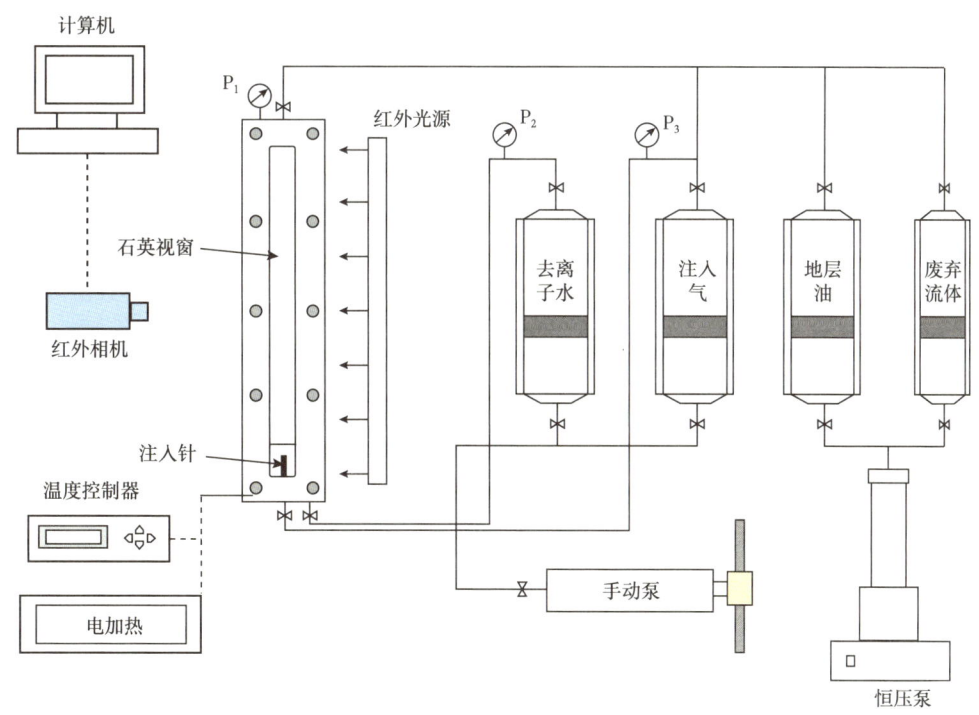

图2-5-2 升泡仪法混相压力测定流程图

(1)高温高压测试系统。

高温高压测试系统主要由石英视窗、气体注入针和承压模块构成。作为气—油体系混相能力评价的主要观察与承压模块,采用内部具有垂直流体通道的高压反应釜,前后采用高压平面石英玻璃进行密封并承压,实现气体在油柱上浮时气—油体系相间传质现象的全可视观察。该系统最高承压70MPa,最大工作温度200℃;内部流体通道深度为2mm、宽度为 4mm、实际可视长度 160mm。

（2）观察系统。

观察系统利用红外光学观测装置对气体上浮过程中的形态变化与气—油相间传质的行为进行观测。分辨率 1000×10^4，最大帧率 60fps；采用高强度红外面光源为相机提供视野背景，根据原油的颜色深度与吸光程度，利用光源调节器调节背景光强度以清晰地观察到上浮气体在原油中的轮廓与形态特征。

（3）温度控制系统。

实验过程中，每次注入气体后均需要置换通道内的原油流体。为了保证新注入原油流体温度的稳定性与一致性，采用了双传感器设置的恒温控制系统。其中一个温度传感器与流体接触，真实反映实验操作下流体温度；另一个温度传感器用于监控反应釜加热情况以保证温度的稳定性。在高压反应釜外围装有 6 个温度加热棒，保证高压釜整体加热均匀，利用程序控制反应釜温度，控温精度 0.01℃。

（4）压力控制系统。

高温高压测试系统中的流体通道体积不足 2 mL，极少量气体的注入也会导致整个体系的压力大幅度增加，为气—油体系最低混相压力的测定带来误差。因此回压调节器的压力控制精度应不低于 0.05MPa，死体积不大于流体通道体积的 5%。

3. 实验流程

气—油体系混相能力评价实验具体操作如下。

（1）将升泡仪恒定至实验温度，用一定量的乙醇与石油醚依次清洗高温高压测试系统，直至视野保持清晰为止。从高温高压测试系统底端注入去离子水使体系压力升至所需的实验压力；

（2）利用恒压泵，从高温高压测试系统顶端注入地层油，在保持地层油单相的情况下退泵，使流体通道由上至下逐渐充满地层油，直至水/油界面略高于底部的气体注入针；

（3）待温度与压力稳定后，利用恒压泵，使注入气的压力略高于实验体系压力，微开阀门，使注入气通过气体注射针端面并逐渐增大，在浮力的作用下，气体通过水/油界面进入油柱。在注入气脱离注射针时，利用计算机图像采集与处理软件拍摄并记录气泡在油柱中上浮时的形状变化、传质行为等信息；

（4）完成一次实验后，从高温高压测试系统底端注入去离子水，将流体通道内废弃的原油样品从顶端排出并注入新的原油样品。升高体系压力，开展下一个压力级的气—油体系混相能力评价实验。需要注意的是，当完成一次流体置换后，等待 10min 再开展下一组实验，以保证实验流体温度的一致性；

（5）在实验中，出现气泡通过水/油界面后立即消失在油柱的现象后，即可停止实验。

4. 判断方法

在一定的温压条件下，上升气泡的形态与气—油体系界面张力密切相关。当界面张力在 0.5~7.8mN/m 区间内，气泡底部呈尾状；当界面张力持续减小至 0.05mN/m 时，上升气泡与油相接触后立即消失。随着压力的升高，气泡上升的形态特征发生了明显的变化。在油藏温度下，注入气—地层油体系最低混相压力可以根据 MMP 或以上压力条件下油柱中气泡独特且易于识别的形态特征确定。近年来，基于以上规律发展了一些 MMP 定性评价方法，如气泡形状、气泡大小、颜色、气泡破裂等。

在实验过程中，主要通过视觉观测系列压力下上升气泡动态变化情况，确定气—油体系 MMP，分为以下三个阶段。

（1）体系压力远低于 MMP，油柱中上升气泡体积逐渐减小，一段时间后溶解消失于油相中。如图 2-5-3（a）所示，在整个上升过程中，可以观察到清晰的气泡轮廓与形状，其顶端类似球形而底端扁平，形状类似子弹。此时，气泡通过油气相间传质，在上升一段距离后，气泡可能逐渐变小并消失在油柱中（顶端）。气泡从视觉观察来看较为透明，这是由于此时气体和原油间的传质作用主要表现为气体溶解于油相。在实验操作中，不能以气泡的消失来确定混相形成，而应根据气泡消失在油柱中的方式来判断。

（2）体系压力等于或略高于 MMP，上升气泡进入油相后快速扩散至油柱中消失不见。如图 2-5-3（b）所示，气泡刚进入油柱时保持子弹状，随着气泡持续上升，气泡底端发生裂变，出现类似尾巴的形状，气泡快速向油柱中分散，这一过程表现为多次接触混相。在气泡上升初期，油气相间传质剧烈，气泡体积变化较小；当界面张力减小到某一程度，气体迅速、完全的分散到油相中去。此时，气泡一般消失在油柱中间偏上的位置，剧烈的相间传质使得气泡变得模糊。

（3）体系压力高于 MMP，上升气泡进入油相后立即扩散至油柱中消失不见。如图 2-5-3（c）所示，气泡通过水/油界面与原油接触，底部立即形成尾状。这是因为随着压力的升高，相图中油气两相区面积减小，发生了一次接触混相。此时，气泡消失在油柱的底端。

因此，通过判断上述因素（形态、上升高度、颜色等）随体系压力的变化情况确定注入气—地层油体系 MMP 的下限和上限，将其平均值作为 MMP。缩小实验压力区间可以增加 MMP 测定的准确性。

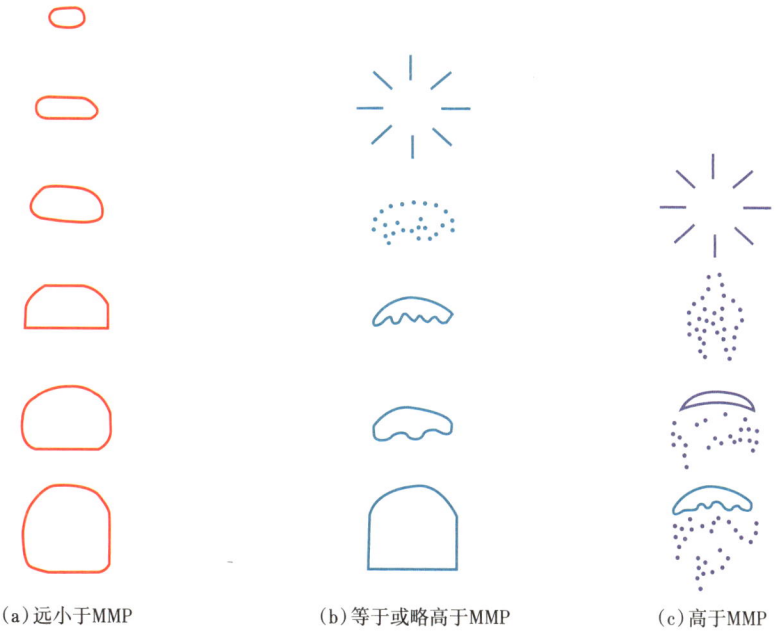

(a) 远小于MMP　　(b) 等于或略高于MMP　　(c) 高于MMP

图 2-5-3　不同压力下上升气泡形态特征变化

三、其他最低混相压力测定方法

近年来,众多研究者提出并不断发展了实验周期较短的 MMP 测试方法,例如界面张力消失法、核磁共振 /CT 法等,此外还有一些另辟蹊径的方法,例如声波法、上升高度法等。目前准确测量 MMP 的方法种类较多,每种方法都有不同的优点与短板。本书在对目前出现的测量 MMP 的新方法进行简单介绍,以期读者对诸多方法有一定的了解和对比。

1. 界面张力消失法(VIT)

界面张力消失法的原理是:当两流体趋近于混相时,两流体界面间的界面张力将会消失,从而使两流体在混相后可以以任意比例互溶。该实验装置的主要组成部分是一个透明窗口的高温高压 IFT 池。在 IFT 腔体顶部安装不锈钢注射器针头,用于形成悬垂油滴。采用 2 个中间容器和 2 个泵对试验流体进行存储和注入。采用光源和玻璃漫射器为悬垂油滴提供均匀照明,使用显微镜照相机观察并采集包围的动态油滴的连续数字图像[3],如图 2-5-4 所示。

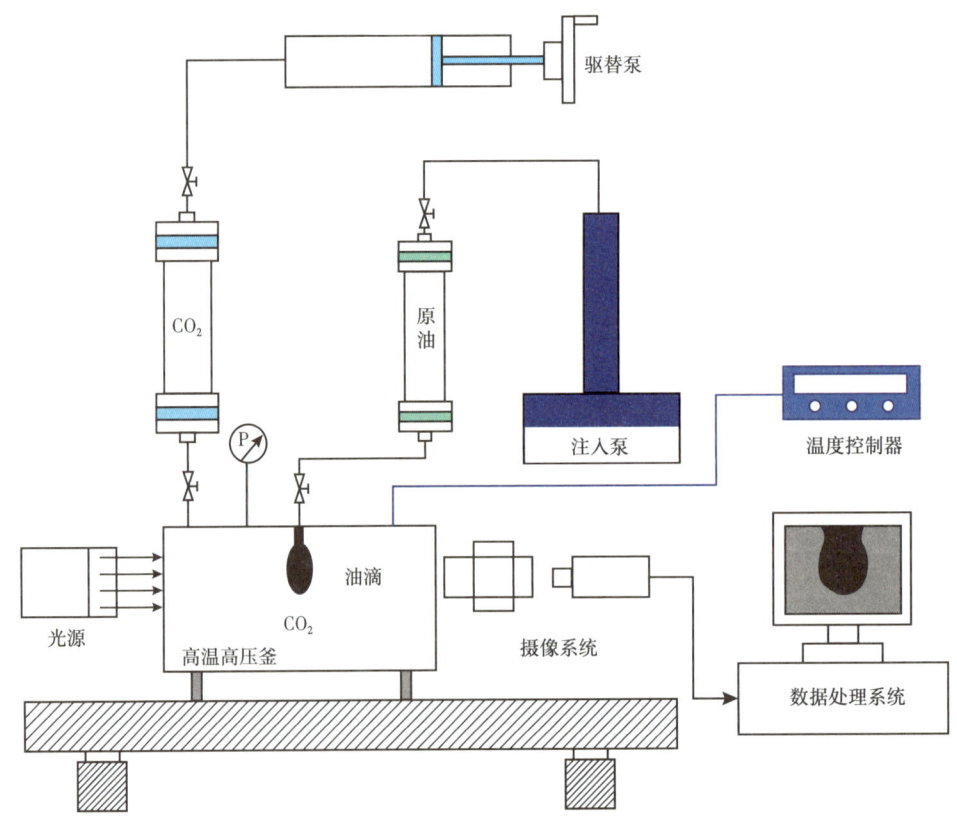

图 2-5-4 界面张力消失法测定 MMP 示意图

因此可以通过测量不同组分、不同压力时的界面张力,通过外推法,得到界面张力为 0 时对应的压力,即两流体间的 MMP。Zhang[4] 等(2016)基于界面张力消失法发展了新的测量技术标准来确定 VIT 技术中的 MMP:线性相关系数(LCC)准则和临界界面厚度

（CIT）准则。LCC 和 CIT 准则使 VIT 技术能够准确、客观地确定不同油气系统的 MMP。

界面张力消失法的缺点是受主观影响较大，对仪器精密程度要求高，测 MMP 时对油气混合物的依赖性较高，与驱替实验的预测值并非在任何情况下均接近，其准确性尚需探讨。

2. 核磁/CT 法

核磁/CT 法在石油领域的使用已经较为成熟，尤其是其具有不损坏岩心，可以准确表征微纳米孔隙流体分布的特点，其成像以及 CT 值可以精确反应不同流体分布方式，因此其在测量 MMP 领域也较有前景[5]。

由于不同流体对低场核磁具有不同反应，利用此原理可以进行 CO_2—原油的 MMP 测量，油中 H 原子在场外磁信号下会发生旋转，而 CO_2 分子不会，因此在撤销磁信号后，油中的 H 离子会存在弛豫时间，监测此弛豫时间便可对应的监测 CO_2—原油的混相过程，同时利用核磁成像可以更直观地观测混相状态，如图 2-5-5 所示。在同一温度下，随着压力的升高，CO_2 溶入油的量增大，导致液相的 H 质子密度和纵向弛豫时间减小。因此，在 CO_2—原油体系中，随着 CO_2 摩尔浓度的增大，核磁信号强度逐渐减小，在 CO_2 摩尔浓度远大于原油时，核磁信号强度将趋近于零[6]。达到混相时，CO_2 与油完全互溶，以任意比例混合而形成均一流体。此时，若 CO_2 与原油的摩尔百分比足够大，原油中 H 质子密度因降到足够低而难以采集到信号，油相的信号强度值降至与噪声相同的量级。该方法具有快速、便捷、实时、准确的特点，但实验成本较大。

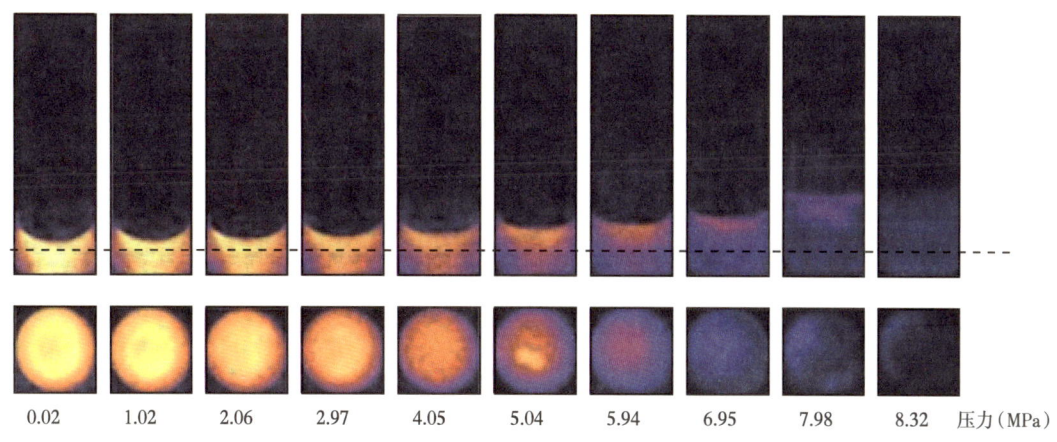

图 2-5-5　核磁成像下的 CO_2—油混相过程

3. 微流控法

以往的实验方法都是针对大孔隙或无多孔介质的 MMP 测量，随着非常规油藏的开发，致密油气/页岩油气的开发越来越多，且大多数研究指出孔隙结构对 MMP 存在较大影响，但现存研究方法均无法模拟微纳米级孔喉。微流控法可以实现这一需求。2015 年，Mohaddes[7] 等利用微流控芯片研究了 CO_2—原油在微米孔隙中的混相过程。该方法的核心是微流控芯片，其可以耐受高压 40MPa，高温 200℃。该方法利用原油固有的荧光特性，在荧光显微镜下观测混相过程，如图 2-5-6 所示。Sharbatian[8] 等（2018）在之前的基础上，进一步缩小了微流控芯片尺寸,在更小的孔隙中观测了混相过程,并得到了微纳米孔隙结构对混相压力的影响。该方法具有速度快、用量少、定量分析的特点,其可以在 30min 实现 MMP 的测量。

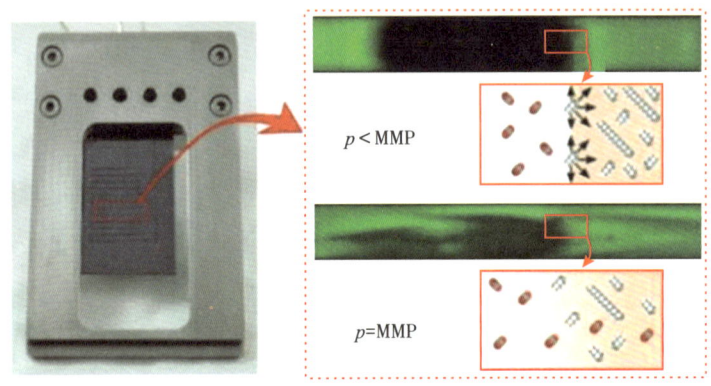

图 2-5-6　荧光法观测混相过程

4. 声波响应法

声波响应法是近几年新提出的一种新颖的测量 CO_2—油 MMP 的方法。Czarnota[9] 等(2017)提出利用声学监测分离器评价 CO_2—原油体系的 MMP。该方法实验装置示意图如图 2-5-7 所示,该装置的核心部件为一个上下联通的声监测两相分离器,即图中的 AMS。测量 MMP 的实验步骤如下:(1)将整个系统抽空,将气体样品注入 AMS 中,并热稳定至少 24h;(2)以恒定的流速缓慢注入油相与气相接触。从泵中获得油—气分界线不同位置的压力变化。两相的界面由来自流体界面的反射脉冲与位于换能器上方较高密度流体中的已知点的比较所产生的声波来确定。通过比较实验过程中声波反应的变化确定 MMP,实验结果如图 2-5-7 所示。该方法利用声波在不同介质中的传播速度不同,巧妙的判断油相和气相的界面位置,当达到混相状态时,即界面消失时,此状态对应的压力即为 MMP。该方法具有实验周期短,成本低,准确的特点。

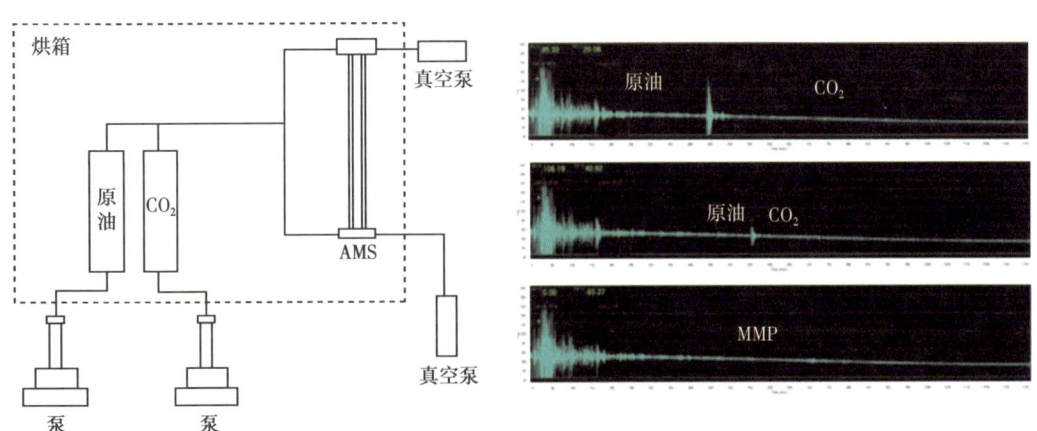

图 2-5-7　声波响应法测量 MMP 示意图及实验结果

四、细管法测定地层油—CO_2最低混相压力实验应用实例

1. 实验装置

本研究所用的细管实验装置流程图如图2-5-8所示,其中的关键部件细管模型的主要参数见表2-5-1。

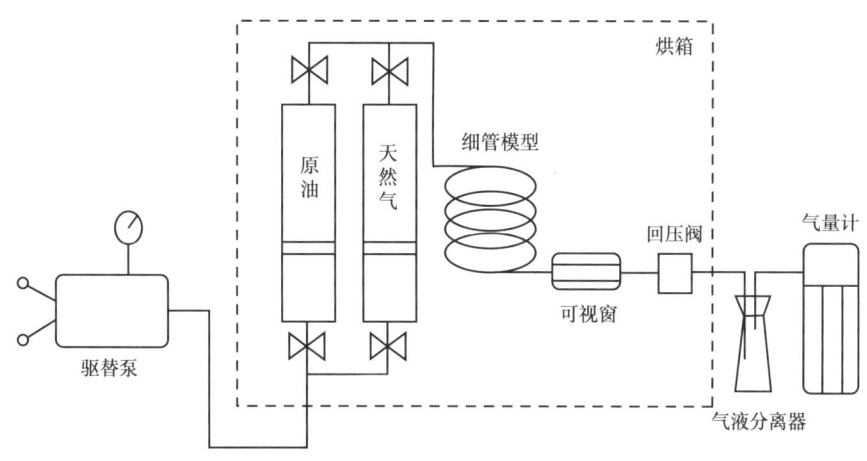

图2-5-8 细管实验流程图

表2-5-1 细管模型基本参数

主要参数	参数值
最高温度(℃)	150
最高压力(MPa)	70
长度(m)	20.0
内径(mm)	4.00
外径(mm)	6.00
填充物(石英砂)(目)	200~300
孔隙度(%)	30.0
气体渗透率(mD)	4834

2. 实验结果分析

采用复配的地层流体样品进行实验,油藏温度为62℃,地层压力为25.3MPa、30.0MPa、34.0MPa、38.0MPa、40.0MPa和42.0MPa,饱和压力为12.28MPa。细管驱替实验数据见表2-5-2,地层油细管驱替采出程度和气油比变化曲线如图2-5-9至图2-5-14所示。

表 2-5-2　地层油细管驱替实验数据（62℃）

CO_2 注入量（PV）	采出程度（%）	气油比（cm^3/cm^3）
压力 25.3MPa		
0	0	0
0.10	6.07	63
0.22	15.31	63
0.30	22.15	62
0.39	31.68	59
0.48	39.89	56
0.61	54.52	63
0.70	63.91	61
0.82	72.12	101
0.92	75.21	1688
1.00	76.66	3256
1.12	77.80	6207
1.20	77.80	
压力 30.0MPa		
0	0	0
0.11	4.33	62
0.19	11.68	61
0.29	21.22	53
0.39	30.98	52
0.52	43.87	59
0.61	53.83	51
0.71	61.90	64
0.82	72.86	183
0.94	81.22	1059
1.05	83.15	16534
1.16	83.15	
1.20	83.15	
压力 34.0MPa		
0	0	0
0.11	7.68	65
0.19	16.97	66

续表

CO₂注入量（PV）	采出程度（%）	气油比（cm³/cm³）
0.29	28.13	66
0.39	38.10	66
0.52	53.06	64
0.61	61.06	46
0.71	71.86	55
0.82	83.95	120
0.89	87.68	489
0.99	88.12	24343
1.09	88.12	
1.20	88.12	
压力 38.0MPa		
0	0	0
0.09	1.00	61
0.19	8.00	73
0.28	16.00	67
0.38	25.00	67
0.52	42.00	65
0.61	54.99	67
0.71	69.51	72
0.80	85.50	180
0.90	90.18	1421
1.02	90.18	9110
1.14	90.18	
1.20	90.18	
压力 40.0MPa		
0	0	0
0.10	3.00	65
0.19	11.00	71
0.29	18.00	69
0.38	25.00	72
0.48	36.00	70
0.62	58.96	63

续表

CO₂注入量（PV）	采出程度（%）	气油比（cm³/cm³）
0.71	70.64	72
0.81	83.29	71
0.91	89.65	578
1.02	90.22	9213
1.16	90.22	
1.20	90.22	
压力 42.0MPa		
0	0	0
0.09	8.73	67
0.19	20.18	70
0.28	31.71	69
0.42	49.54	69
0.52	62.26	73
0.61	75.00	73
0.71	88.19	72
0.82	91.05	6130
0.90	91.05	8919
1.03	91.05	
1.11	91.05	
1.20	91.05	

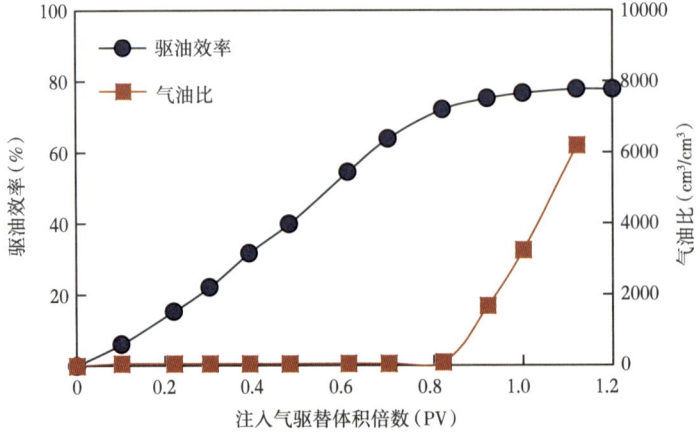

图 2-5-9　地层油细管驱替采出程度和气油比变化曲线（25.3MPa，62℃）

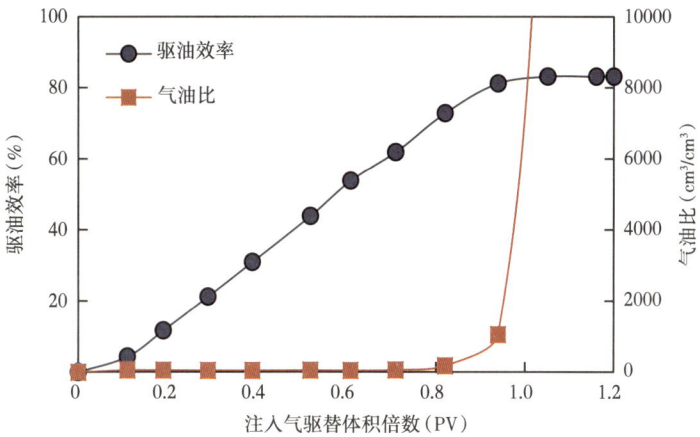

图 2-5-10　地层油细管驱替采出程度和气油比变化曲线（30MPa，62℃）

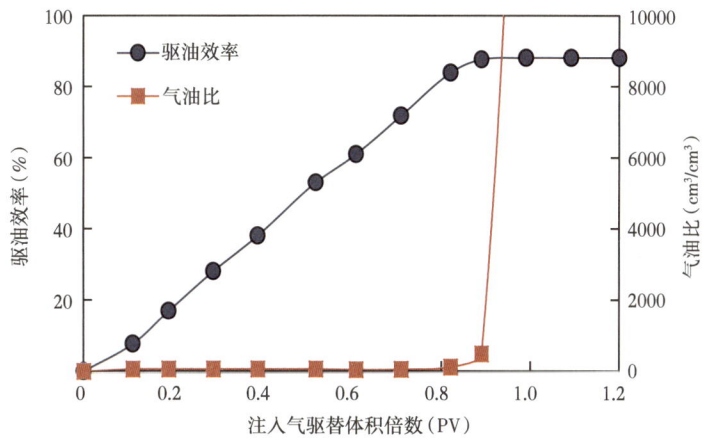

图 2-5-11　地层油细管驱替采出程度和气油比变化曲线（34MPa，62℃）

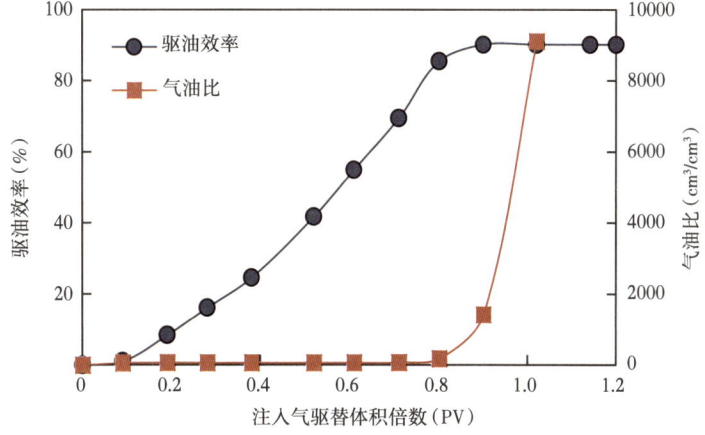

图 2-5-12　地层油细管驱替采出程度和气油比变化曲线（38MPa，62℃）

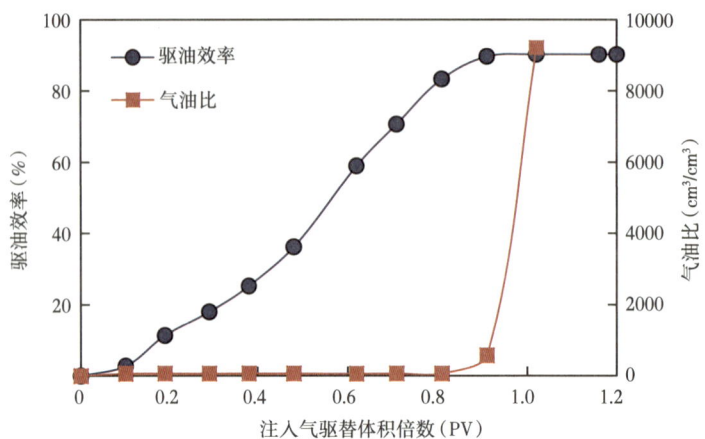

图 2-5-13　地层油细管驱替采出程度和气油比变化曲线（40MPa，62℃）

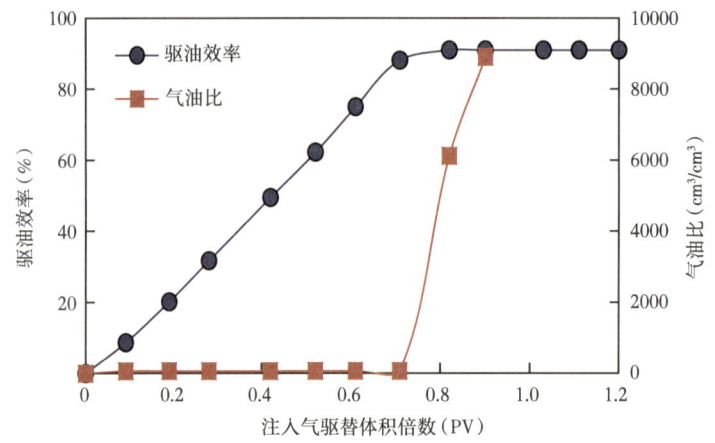

图 2-5-14　地层油细管驱替采出程度和气油比变化曲线（42MPa，62℃）

公认的判定细管实验为混相驱替的准则为：注入1.2倍孔隙体积时的原油采出程度大于90%，而且随着驱替压力的升高，驱油效率没有明显的增加；在观察窗中可以观察到混相流体（即在气和其之前的油墙间不存在明显的界面）。

确定最低混相压力的方法是在保证细管实验实现混相驱替和非混相驱替各有三次的情况下，绘制各次细管实验注入1.2倍孔隙体积时的采出程度与驱替压力的关系曲线图，非混相段与混相段曲线的交点所对应的压力即为MMP。

注CO_2细管驱替实验在温度为62℃条件下设置6个实验压力点，分别测定压力点下的细管驱油效率，实验结果见表2-5-3。如图2-5-15所示，细管实验测得的地层原油样品的CO_2驱最低混相压力为35.17MPa。

表 2-5-3　注CO_2细管驱替实验结果

实验温度（℃）	实验压力（MPa）	驱油效率（%）	评价
62.0	25.3	77.80	非混相
62.0	30.0	83.15	非混相

续表

实验温度（℃）	实验压力（MPa）	驱油效率（%）	评价
62.0	34.0	88.12	非混相
62.0	38.0	90.18	混相
62.0	40.0	90.22	混相
62.0	42.0	91.05	混相

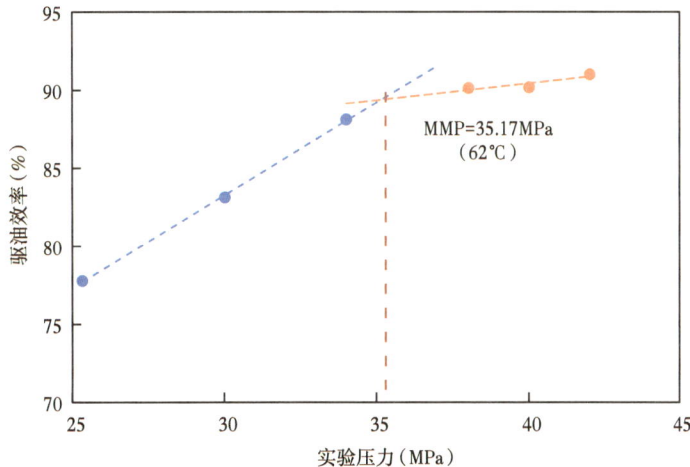

图 2-5-15　地层油细管实验 CO_2 驱替采出程度与驱替压力关系曲线

第三章　CO_2 驱油物理模拟研究实验技术

CO_2 驱油物理模拟对验证目标区块注 CO_2 开发的适用性具有重要意义,对后续开发方案设计具有重要支撑作用,同时也能够为油藏数值模拟提供关键的基础参数,相关的实验技术主要包含了 CO_2 驱油微观模拟实验、CO_2 驱油长岩心物理模拟实验、CO_2 驱油二维物理模拟实验、基于 CT 的 CO_2 驱油物理模拟实验、基于核磁的 CO_2 驱油物理模拟实验和基于声波监测的 CO_2 驱油物理模拟实验等。

第一节　CO_2 驱油微观模拟实验

一、实验概述

应用 CO_2 驱油微观模拟实验开展 CO_2 驱油过程模拟、剩余油等流体在孔隙结构内分布特点和 CO_2 驱油机理对比研究等,是 CO_2 驱油微观模拟研究实验技术的重要组成部分。其主要用于 CO_2 混相驱/非混相驱机理、驱替特征、剩余油分布特点、孔隙结构对渗流影响以及驱油效果对比等实验研究。为认识 CO_2 驱油机理,形成理论认识提供可视化数据,为合理地编制开发方案提供科学依据。

CO_2 驱油微观模拟实验通常使用玻璃刻蚀模型,也可以采用填砂、岩石等薄片模型,能够在高温高压条件下开展驱替和观察实验,获取孔隙结构内流动的图像信息,易于直观观察和分析,从孔隙尺度认识驱油机理。

二、实验装置

CO_2 驱油微观模拟实验装置需具备以下功能:观察釜体能够承受高温高压;渗流模型处于围压保护环境;配备有清晰的观察系统、快速的数据记录系统以及能实现微量控制的流体驱替系统。对 CO_2 驱油实验而言要求装置在密封节点采用耐 CO_2 腐蚀方式。

实验装置通常由动力模块、物理模型模块、信息采集模块、主控模块和辅助设备五部分组成。实验流程如图 3-1-1 所示。其中:QUZIX 泵、平流泵属于动力模块;玻璃微观模型、环压系统属于物理模型模块;显示、摄像设备属于信息采集模块;控制系统属于主控模块;六通阀、恒温系统、多通道阀组、中间容器、过滤器、传输电缆等属于辅助设备。

由于 CO_2 驱油的特点,要求实验装置满足以下 5 个条件。

(1)温压指标:模型耐压和耐温能力分别不低于 10MPa 和 50℃;

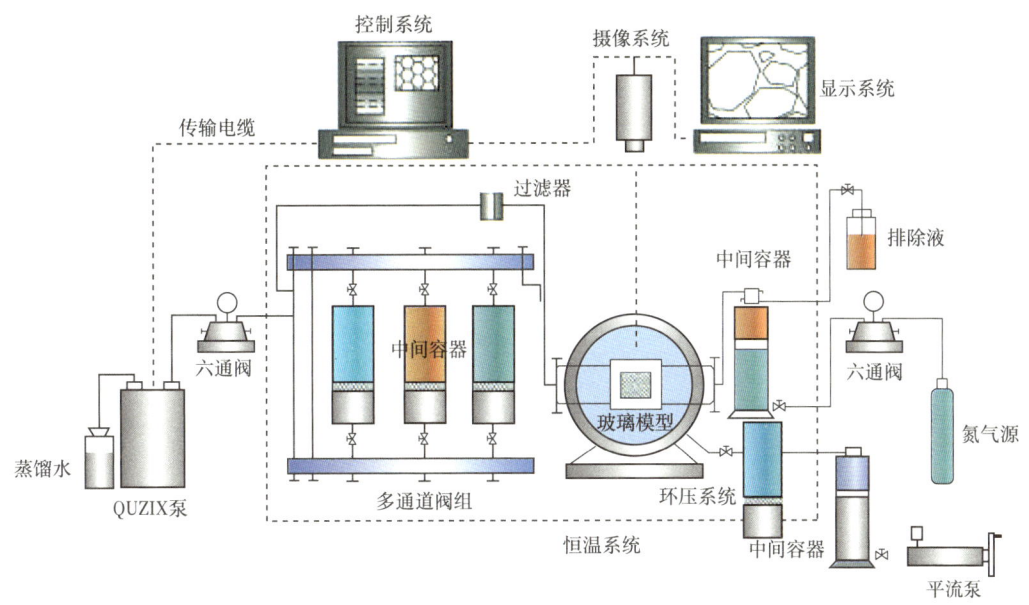

图 3-1-1 CO_2 驱油微观模拟实验装置流程图

（2）微观模型：有效观察范围不低于 20mm×20mm；喉道半径介于 0.01~0.1mm；

（3）放大性能：光学放大倍数 1~80 倍；物镜物距不低于 50mm；

（4）图像显示：观察频率不低于 100 帧 /s；

（5）驱替系统：流量控制精度不低于 0.001mL/min。

微观实验装置示例如图 3-1-2 所示。

三、微观模型类别

微观模型是微观实验的核心，因研究目的不同而选用不同种类的模型。通常微观模型分为孔隙级的玻璃刻蚀模型和岩心级的填砂模型，具有真实岩石性质的薄片模型是正处于发展阶段。

应用最为广泛的模型是玻璃模型，即在玻璃表面腐蚀、刻蚀出设计图样，再经过特殊的黏接处理制成的模型。

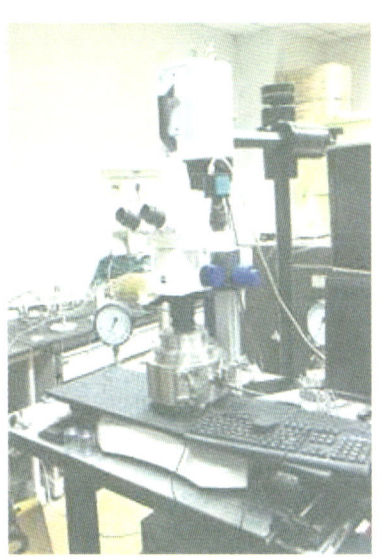

图 3-1-2 装置示例

玻璃模型具有自行设计图样的优点，能满足不同的研究目的，示例如图 3-1-3（a）所示。研究油藏岩石孔隙结构的影响，喉道直径控制在 1~10μm 范围内。研究流体作用过程及分布规律等，喉道直径通常在 10μm 以上，甚至可放大到毫米级别。近几年，在单纯的机理研究中，PDMS 材料模型应用逐渐增多，该材料通过键合作用封装，模型制作更为简便。

由于玻璃模型存在无法模拟真实岩石的孔隙结构、润湿性等局限性，因而具有一定相似性的填砂模型也在研究中应用，如图 3-1-3（b）所示。近年来，可视化真实岩石模型的制作技术也正逐步发展，如图 3-1-3（c）所示。

 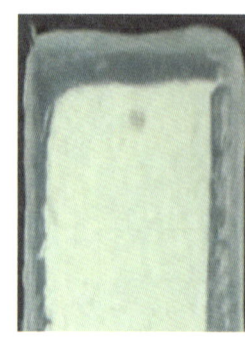 

(a)玻璃刻蚀模型　　　　　　(b)填砂模型　　　　　　(c)岩石薄片模型

图 3-1-3　常见的驱油用微观模型

四、实验步骤

1. 实验准备

CO_2驱油微观模拟实验与常规岩心驱油实验在实验设计上有一定相似性，根据油藏参数及研究目的进行模型的选择及实验条件的确定。

（1）结合油藏实际温压条件和研究目的，确定实验的温压条件；
（2）根据油藏孔隙特点，选择微观模型；
（3）根据实验设计，准备实验油样、水样、气样；
（4）确定驱替方式，饱和油后水驱，在剩余油分布状态实施 CO_2 驱。

2. 实验步骤

通常微观驱油实验包括模型清洗、润湿性处理、饱和水、饱和油以及驱替等步骤，设计驱替速度需要考虑模型的孔隙直径、孔隙面积和孔喉直径等因素，通常孔隙直径越大，驱替速度可以加快。以下步骤以低渗模型、孔喉直径 100μm 为例。

（1）模型清洗及润湿性处理。

用微量泵以 0.01mL/min 的流量将二丙醇或酒精注入清洗模型大约 18h。如果实验对模型孔隙表面有润湿性要求，则需要用亲油、亲水试剂进行注入处理表面。

（2）饱和水。

模型清洗后，用配好的水样以 1mL/min 的流量驱替二丙醇或酒精。如果要求严格区分流体种类，需要提前对水样染色、过滤。

（3）饱和油及调整到实验的温压条件。

饱和油也是造束缚水的过程，以 0.05mL/min 的流量慢速饱和，并逐渐升压升温至设计值。

（4）驱替。

根据实验设计实施驱替过程。

五、应用举例

1. 实验方案

从影响 CO_2 驱油效果的条件因素分析，深入对微观机理的认识。本小节采用玻璃刻蚀模型进行实验及分析，玻璃模型是最为常见的微观研究模型，特点是可视效果清晰。

为了便于界面特性相关参数的获取，设计了 4 种尺寸与形状均相对规则的孔隙网络模型，如图 3-1-4 所示的（a）、（b）、（c）、（d）四个模型，图 3-1-5 为制作完成的模型。其中模型（a）、（b）为非均质模型，二者的区别在于孔喉比不同，（a）模型中各级别孔隙的孔喉比保持一致，而（b）模型中孔喉比有所差异。（c）、（d）模型为均质模型，只是（c）模型中各流动通道的孔隙形状有所差异，而（d）模型中孔隙形状完全相同。

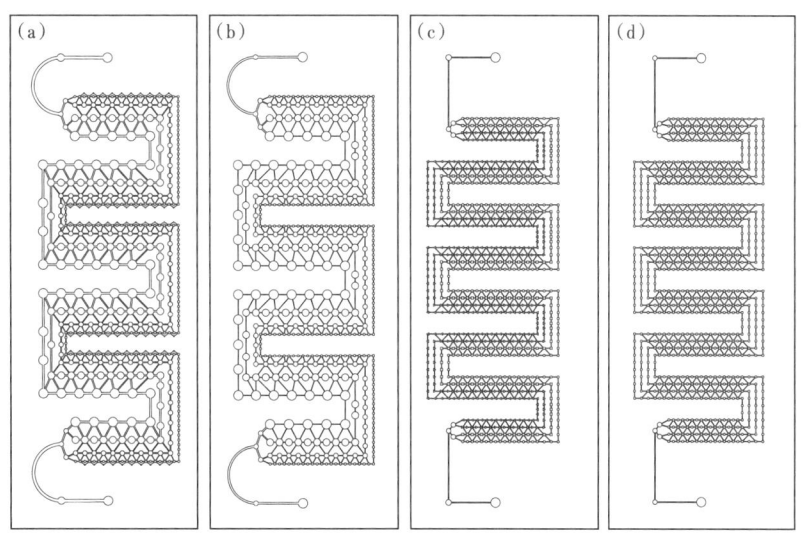

图 3-1-4　微观孔隙模型设计图

图 3-1-5　制作完成的玻璃微观模型

实验所用流体主要为 CO_2 和轻质油样品。实验研究目的是压力对 CO_2 驱采出程度的影响以及压力对 CO_2—原油界面性质的影响。

（1）研究压力对 CO_2 驱采出程度影响的实验方法。

先向玻璃模型中饱和原油，然后在 50℃ 条件下，分别在不同的驱替压力下，采用 CO_2 驱替玻璃模型中的原油，观察不同驱替压力下 CO_2 与原油接触时油—CO_2 界面及驱油特性的变化规律。同时结合 50℃ 时该油—CO_2 体系的界面张力测试结果，分析界面张力的变化与界面及驱油特性变化的内在联系。

（2）研究压力对 CO_2—原油界面性质影响的实验方法。

先向玻璃模型中饱和原油，然后在50℃、较低压力下，采用 CO_2 驱替玻璃模型中的原油到一定程度，使 CO_2 在玻璃模型中形成连续相。关闭模型的出口端，继续向模型中注入 CO_2 提高玻璃模型的压力，连续记录模型内原油—CO_2 体系界面特性的变化，直至原油—CO_2 体系的界面消失。结合界面张力的测试数据分析多孔介质中界面特性的变化规律与釜中测试的界面特性存在的差异。

2. 实验结果及分析

（1）压力对 CO_2 驱采出程度的结果分析。

实验选用图3-1-4（a）模型，针对同样的轻质油，在50℃条件下共进行了5组微观 CO_2 驱替实验，实验压力分别为4.25MPa、6.00MPa、8.10MPa、9.05MPa 和 10.02MPa，实验结果如图3-1-6至图3-1-8所示，图中孔隙内的红色为油相、CO_2 驱替孔隙内油相并占据该空间后呈现透明。由图3-1-6至图3-1-8可见，低压下（4.25MPa、6.00MPa、8.10MPa），原油与 CO_2 间的界面明显；中压下（9.05MPa），原油与 CO_2 间出现一个浅色液体段塞，段塞与原油及段塞与 CO_2 间均存在界面；高压下（10.02 MPa），原油与 CO_2 间出现一个连续过渡的带，界面消失。

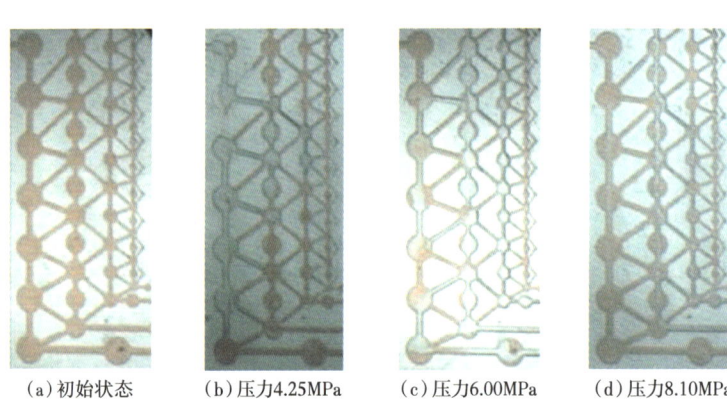

(a) 初始状态　　(b) 压力4.25MPa　　(c) 压力6.00MPa　　(d) 压力8.10MPa

图3-1-6　初始状态、低压状态（4.25MPa、6.00MPa、8.10MPa）油—CO_2 体系界面特性

（2）压力对 CO_2—原油界面性质影响的结果分析。

采用相同的轻质油，在50℃，从6MPa逐步升压连续记录不同压力条件下油—CO_2 体系的界面特性，实验结果如图3-1-9至图3-1-11所示。由图3-1-9至图3-1-11可见，低压下（6.12MPa、7.00MPa、8.00MPa），原油与 CO_2 间的界面明显；中压下（9.00MPa、9.2MPa、9.4MPa），原油的颜色明显变淡，原油容易被以油膜形式剥离；高压下（9.5MPa、9.6MPa、9.7MPa），原油与 CO_2 间的界面消失，呈糊状漂浮在 CO_2 中。

（3）CO_2 驱替效果分析。

在水驱后进行非混相条件下的 CO_2 驱替，水驱后的 CO_2 驱油过程如图3-1-12所示。前期驱动水影响 CO_2 的运移，驱油效果差，图3-1-12（a）和图3-1-12（b）。CO_2 驱替前缘达到后，驱油效果显现，起到剥离油膜作用，吸附在壁面的剩余油逐渐随 CO_2 进入孔道，图3-1-12（c）之后。除驱替作用外，非混相条件下，CO_2 与原油也显示了组分交换现象，图3-1-12（d）之后，部分孔隙的吸附油膜颜色变淡。

对比最终剩余油形态，见图3-1-12（f）。可知：非混相条件下，水驱后的CO_2驱油仍非常有效。

（a）早期　　　　　　　　（b）后期

图3-1-7　油—CO_2体系界面特性（9.05MPa）

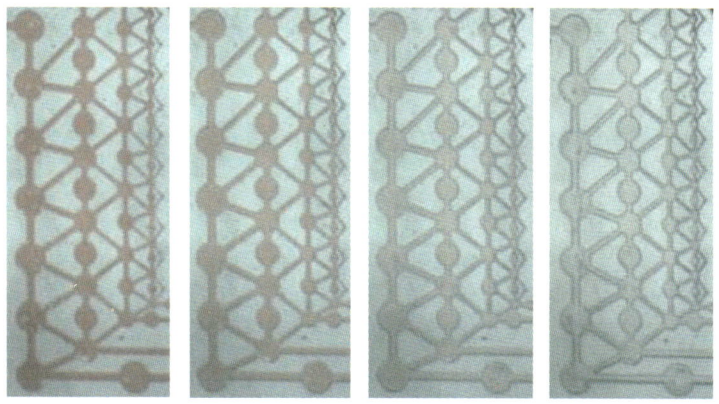

图3-1-8　油—CO_2体系界面特性（10.02MPa）

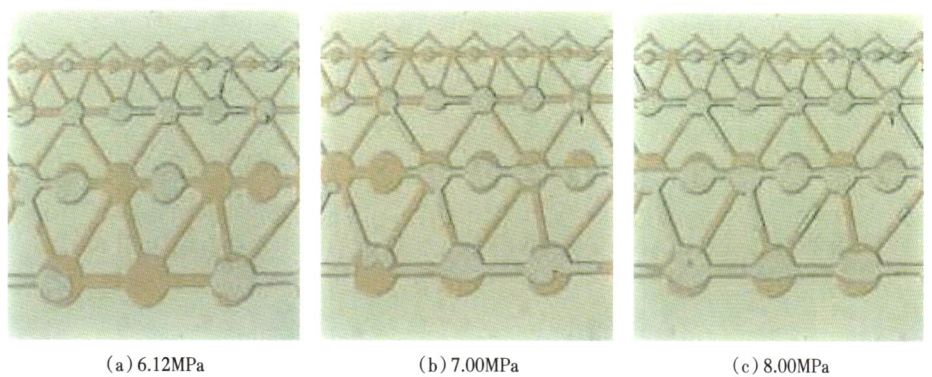

（a）6.12MPa　　　　　　（b）7.00MPa　　　　　　（c）8.00MPa

图3-1-9　油—CO_2体系界面特性（6.12~8.00MPa）

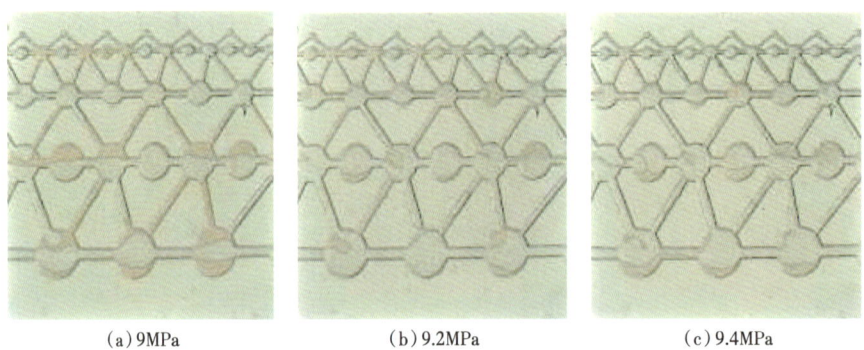

图 3-1-10　油—CO_2 体系界面特性（9~9.4MPa）

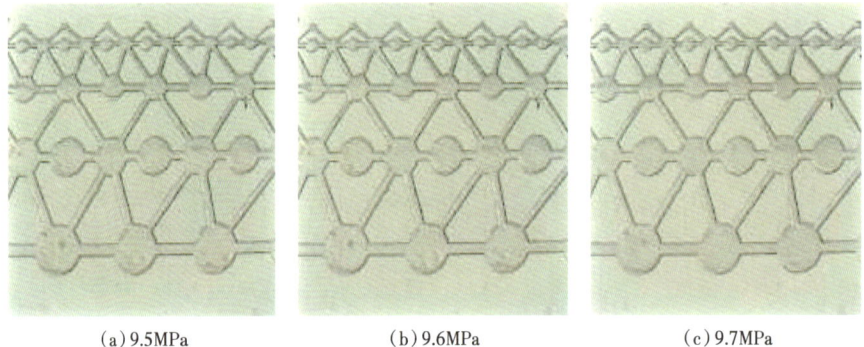

图 3-1-11　油—CO_2 体系界面特性（9.5~9.7MPa）

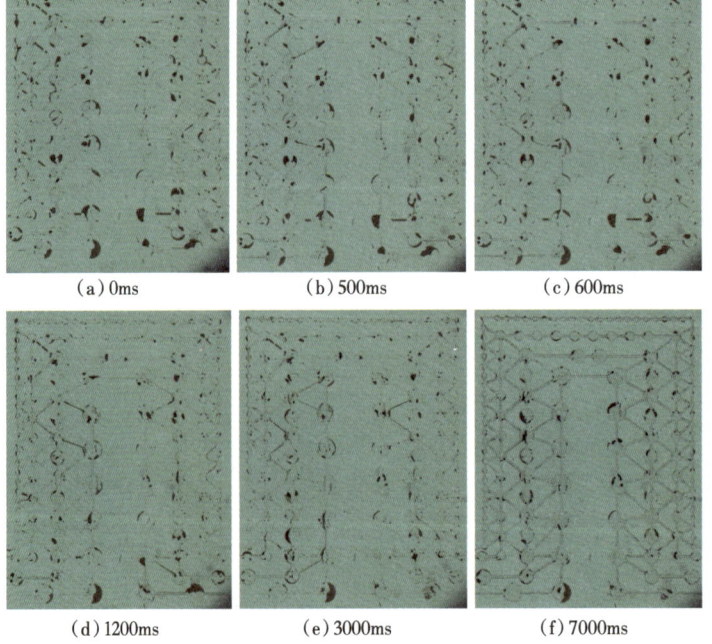

图 3-1-12　CO_2 驱油过程

第二节　CO_2驱油长岩心物理模拟实验

一、实验概述

应用CO_2驱油长岩心物理模拟实验开展CO_2驱油效率和注气方式研究是CO_2驱油物理模拟研究实验技术的重要组成部分。其主要用于CO_2混相驱/非混相驱机理、驱油效率、驱替特征、CO_2驱过程中流体运动规律、流度控制、注气技术政策优化的实验研究。为进一步开展油藏数值模拟提供基础数据，从而为合理地编制开发方案提供科学依据[10-11]。

由于CO_2驱油长岩心物理模拟实验能够使用实际地层岩心，同时能够在高温高压条件下开展驱替实验，故更接近于油田现场的实际情况。相比于短岩心CO_2驱油实验，其所采用的岩心较长，岩心孔隙体积较大，实验误差相对较小，能够更加真实准确地模拟流体在地层中的流动情况，在实验过程中还可以实时监测长岩心不同位置的压力大小，对驱替过程中的压力分布有更好的认识。

需要指出的是，长岩心驱替实验是在一维模型中进行的。该研究关注的是在同一模型条件下，采用不同驱替方式得到的原油采出程度之间的差异及其动态特征和影响因素。而原油采出程度的绝对值并不能代表现场作业时的实际采收率[12]。对实际油藏来说，要综合考虑油藏地质条件、渗流特性、波及体积、水气资源、生产能力及注入能力、驱油效率、注气方式、注气周期、注气量、注气速度、井网分布以及采油工艺和地面工程设施等诸多因素，才能制定出合理的注气开发方案。

二、实验装置

高温高压双筒长岩心驱替装置是开展CO_2驱油长岩心物理模拟实验的关键实验设备[13]。该设备能够静态地模拟油藏岩石孔隙结构，同时根据相似准则确定实验的各项参数，动态地模拟油藏的形成过程和气驱油过程。通过该设备能够实现CO_2驱混相条件（MMP/MMC）测试，评价CO_2不同注入方式条件下的气驱驱替效率和驱替特征。进而研究改善CO_2驱混相能力技术和方法、CO_2驱扩大波及体积技术和方法以及气驱采油过程中的渗流及传质规律。并且该装置在传统长岩心注气驱替装置的基础上对岩心密封装置进行了改进，其中对岩心密封筒进行了创新性改造，发明了弹簧式、铅质卡环式和铅质熔化式测压密封装置，这些改进具有岩心密封性能好、使用寿命长、操作简便等优点，解决了高温高压条件下岩心密封有效期短的难题，使其能够满足更复杂的油藏条件和更严苛的实验要求，为岩心注气实验成功率的提高提供了可靠的保证。

高温高压双筒长岩心驱替装置如图3-2-1所示，其实验压力范围：真空至100MPa，传压介质为蒸馏水，采用无汞活塞式增压方式给实验流体加压。加热装置温度范围：室温至180℃，能够实现绝大多数油藏条件的模拟。双长岩心筒可串联/并联使用，模拟层内及层间非均质性。单个岩心筒可容纳最长1m、直径2.5/3.8cm的岩心，同时能够实现四向调位，轴向360°/水平±90°调节，模拟不同油藏倾角。岩心筒内部沿岩心轴线方向分布有7个测压点，能够实现对压力的实时监测及对驱替前缘的跟踪，出口端具有高分辨率CCD（视频采集）实时观测记录流体混相和流动状态。具备无人值守功能，能够实现围压自动调节、回压跟踪、产出流体自动分离、密闭计量以及各种参数、曲线和图像的自动采集。

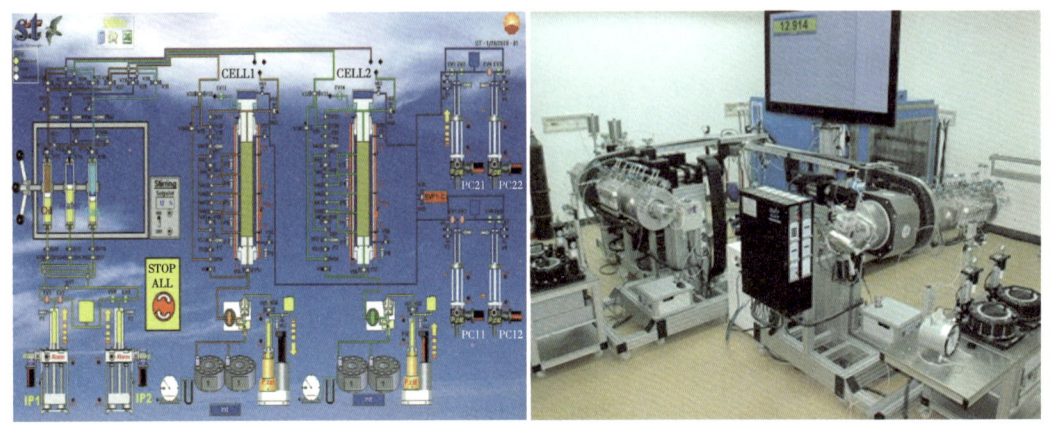

图 3-2-1　高温高压双筒长岩心驱替装置

三、长岩心样品制备

受取心技术限制，难以获取完整的 1m 或更长的天然岩心用于驱替试验，因此，通常将若干块经过磨切、清洗和烘干后的天然短岩心利用相关仪器测定其基本参数（质量、长度、直径、气测孔隙度、渗透率等），按其渗透率采用调和平均法的排列方式拼接成为长岩心组，并使用滤纸放置于每块短岩心之间连接处，以消除岩心拼接处的末端效应。将封装好的长岩心组装入高温高压夹持器，将整个系统恒温至实验温度，用溶剂清洗特低渗透率长岩心组两周以上，待长岩心组清洗干净后，用干燥压缩空气将溶剂吹干净，抽真空 48h 以上。至此，长岩心模型制备完毕。除使用真实岩心外，也可以采用野外露头岩石通过粘接、压制、线切割等方式制作长岩心开展相关实验。

四、实验步骤

（1）饱和水。通过回压阀将长岩心出口端的回压设置到给定压力，保持该压力抽真空后用驱替泵注入地层水样品饱和长岩心组，待系统压力充分稳定平衡后，计量注入的地层水体积，经校正后即可得到给定温度和压力下的长岩心模型的有效孔隙体积（PV）。

（2）饱和原油，建立束缚水。用矿物油驱替长岩心组中的地层水，直到不出水为止，使岩心里的水呈束缚状态，计量驱出的地层水体积，经校正后即得到长岩心模型的烃类孔隙体积（HCPV）和束缚水饱和度，并老化一段时间。最后在给定实验温度和压力条件下用地层油样品驱替长岩心组中的矿物油，直到长岩心出口端的原油气油比与进口端原油气油比稳定一致时，表明地层原油在特低渗长岩心中达到初始平衡状态，地层原油饱和完成。

（3）设定长岩心模型出口端压力，用 CO_2 驱替长岩心中的地层原油，驱替方式为恒速或恒压，持续注入 CO_2 直到不再产油时停止，这时驱油效率达到极限。驱替过程中长岩心出口端压力始终保持恒定，每注入一定量的 CO_2，收集计量产出油、气、水量，记录泵读数、注入压力、各测压点压力、环压和回压的变化。

五、应用举例

1. 实验方案

以吉林油田黑 79 北小井距试验区为例，根据上述实验步骤开展一维低渗透率双层非均质长岩心水驱后 CO_2 驱物理模拟实验，确定 CO_2 提高驱油效率最大幅度及压力与驱油效率的关系。根据原始地层压力、混相压力及目前地层压力，设计 3 组不同压力下水驱后 CO_2 连续驱长岩心实验方案，见表 3-2-1。

表 3-2-1　不同压力下水驱后 CO_2 连续驱长岩心实验方案

方案编号	实验温度 T（℃）	实验压力 p（MPa）	备注
1	96.7	20	近混相
2		24	原始地层压力，混相
3		28	目前地层压力，混相

2. 实验材料

模拟黑 79 北小井距试验区储层非均质性，设计制备了单根 1m 双层低渗透率长岩心模型，物性参数见表 3-2-2，模型如图 3-2-2 所示。

表 3-2-2　低渗透非均质长岩心模型参数

长度 L（cm）	100
直径 D（cm）	3.8
渗透率 K_1/K_2（mD）	1.5/10
孔隙度 ϕ（%）	11.8/16.2
材质	野外露头
制作方法	粘接、压制、线切割

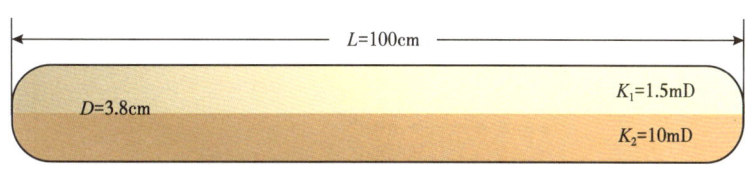

图 3-2-2　低渗透非均质长岩心模型

最终测定岩心模型在 96.7℃ 及三个不同实验压力下的有效孔隙体积（PV）分别为 154.73cm^3、152.29cm^3 和 150.70cm^3，烃类孔隙体积（HCPV）分别为 82.76cm^3、84.87cm^3 和 86.91 cm^3，束缚水饱和度分别为 46.51%、44.27% 和 42.33%，详细参数见表 3-2-3。

表 3-2-3 长岩心模型基础参数

序号	实验压力 p （MPa）	有效孔隙体积 V_p （cm³）	烃类孔隙体积 V_{hcp} （cm³）	含油饱和度 S_o （%）	束缚水饱和度 S_{wi} （%）
1	20	154.73	82.76	53.49	46.51
2	24	152.29	84.87	55.73	44.27
3	28	150.70	86.91	57.67	42.33

3. 实验结果

（1）方案一。

实验压力 20MPa，实验温度 96.7℃，CO_2 非混相驱。

驱替过程中的驱油效率、产液含水率、气油比、驱替压差等参数的变化曲线如图 3-2-3 和图 3-2-4 所示。

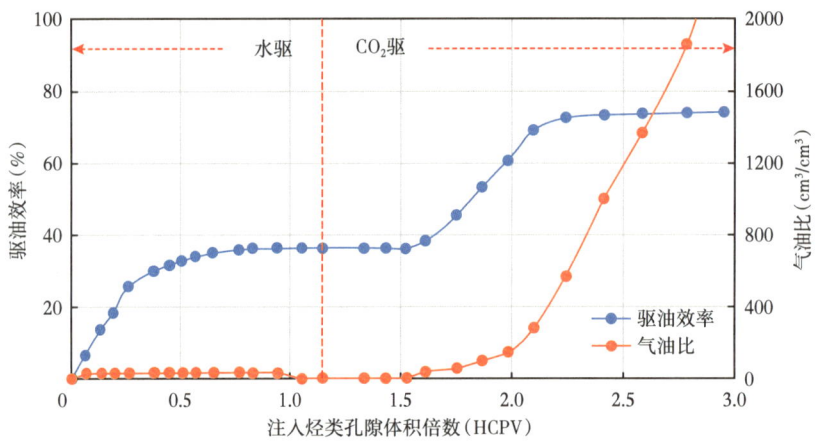

图 3-2-3 注入量与驱油效率、气油比关系曲线（20MPa）

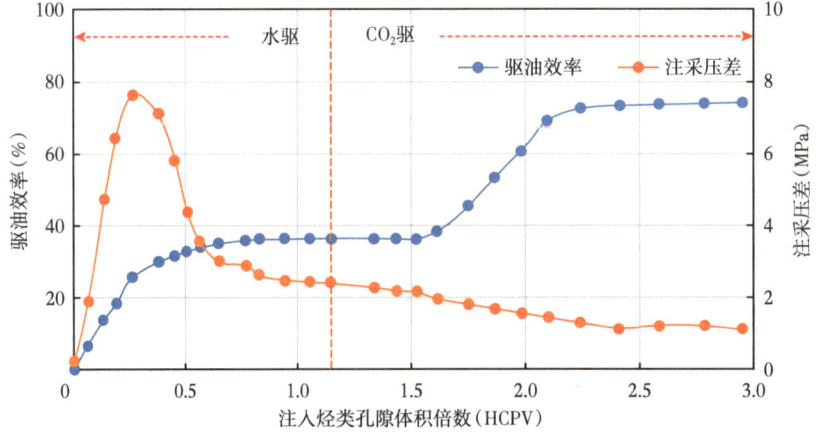

图 3-2-4 注入量与驱油效率、注采压差关系曲线（20MPa）

水驱过程中，当注入量达到烃类总孔隙体积 0.38 倍时注入水突破，此时驱油效率为 29.9%，产出液含水率为 37.5%，随后含水率快速上升，当注入量达到 0.65HCPV 时，产出液含水率超过 90%，产油速度急速降低，产液含水率由 37.5% 上升至 100%，驱油效率仅提高了 6.4%，注水总量达到 1.15HCPV 时不再产油，停止实验，最终水驱效率为 36.3%；水驱过程中注采压差最大值出现在注入量 0.27HCPV 时刻，最大压差为 7.59 MPa。

CO_2 驱过程中，当注入总量达到 1.75 HCPV 时 CO_2 突破，此时驱油效率为 45.4%，此后气油比急速上升，当注入总量达到 2.95 HCPV 时，气油比已经超过 2000 cm^3/cm^3，不再产油停止实验，CO_2 突破后驱油效率提高了 28.7%，最终驱油效率达到 74.1%，较水驱提高了 37.8%。

（2）方案二。

实验压力 24MPa，实验温度 96.7℃，CO_2 混相驱。

驱替过程中的驱油效率、产液含水率、气油比、驱替压差等参数的变化曲线如图 3-2-5 和图 3-2-6 所示。

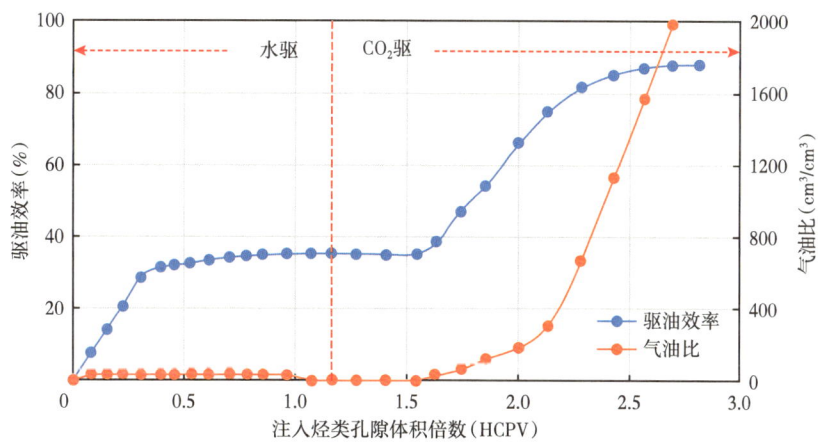

图 3-2-5　注入量与驱油效率、气油比关系曲线（24MPa）

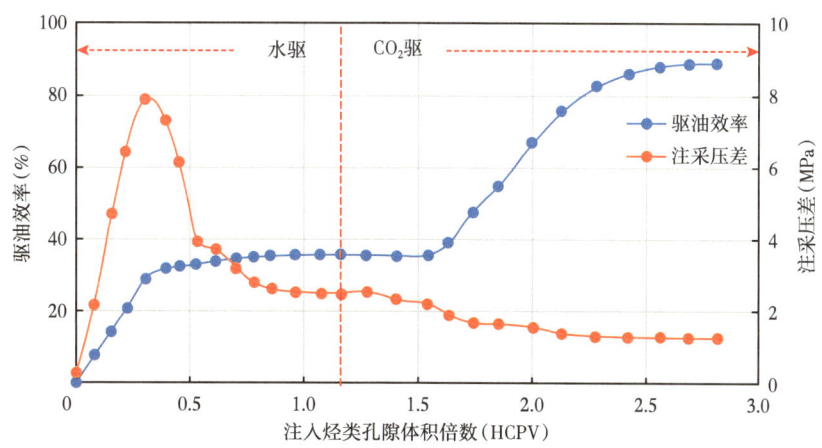

图 3-2-6　注入量与驱油效率、注采压差关系曲线（24MPa）

水驱过程中，当注入量达到烃类总孔隙体积0.39倍时注入水突破，此时驱油效率为31.4%，产出液含水率为40.6%，随后含水率快速上升，当注入量达到0.70HCPV时，产出液含水率超过90%，产油速度急速降低，产液含水率由40.6%上升至100%驱油效率仅提高了3.8%，注水总量达到1.16HCPV时不再产油，停止实验，最终水驱效率为52.9%；水驱过程中注采压差最大值出现在注入量0.30 HCPV时刻，最大压差为7.86MPa。

CO_2驱过程中，当注入总量达到1.74HCPV时CO_2突破，此时驱油效率为47.3%，此后气油比急速上升，当注入总量达到2.97HCPV时，气油比已经超过2000cm³/cm³，不再产油停止实验，CO_2突破后驱油效率提高了40.8%，最终驱油效率达到88.1%，较水驱提高了52.9%。

（3）方案三。

实验压力28MPa，实验温度96.7℃，CO_2混相驱。

驱替过程中的驱油效率、产液含水率、气油比、驱替压差等参数的变化曲线如图3-2-7和图3-2-8所示。

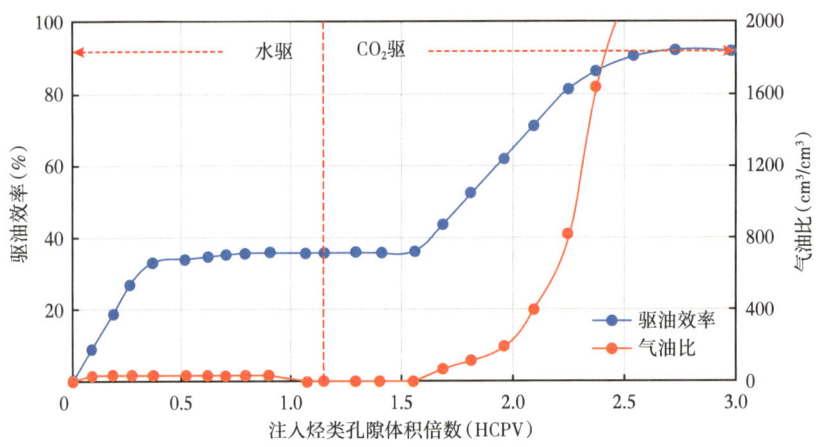

图3-2-7 注入量与驱油效率、气油比关系曲线（28MPa）

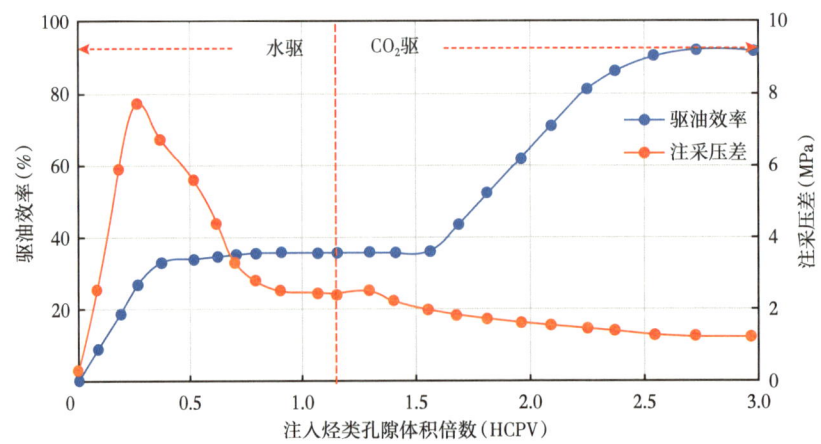

图3-2-8 注入量与驱油效率、注采压差关系曲线（28MPa）

水驱过程中,当注入量达到烃类总孔隙体积 0.37 倍时注入水突破,此时驱油效率为 33.2%,产出液含水率为 28.8%,随后含水率快速上升,当注入量达到 0.79HCPV 时,产出液含水率超过 90%,产油速度急速降低,产液含水率由 28.8% 上升至 100% 驱油效率仅提高了 0.4%,注水总量达到 1.15HCPV 时不再产油,停止实验,最终水驱效率为 35.7%;水驱过程中注采压差最大值出现在注入量 0.27HCPV 时刻,最大压差为 7.73MPa。

CO_2 驱过程中,当注入总量达到 1.68HCPV 时 CO_2 突破,此时驱油效率为 43.6%,此后气油比急速上升,当注入总量达到 2.97HCPV 时,气油比已经超过 2000cm^3/cm^3,不再产油停止实验,CO_2 突破后驱油效率提高了 48.4%,最终驱油效率达到 92.0%,较水驱提高了 56.2%。

4. 实验认识

结合前期实验中长一维模型低压非混相驱实验结果,对比 15MPa、20MPa、24MPa、28MPa 压力条件下水驱后 CO_2 驱实验数据,汇总见表 3-2-4,如图 3-2-9 和图 3-2-10 所示。通过数据对比分析,得到以下 3 点认识。

(1)受模型非均质的影响,注入水对相对低渗层的波及能力弱,导致水驱整体驱油效率较差,水驱效率仅为 36% 左右,均质岩心水驱效率一般在 50% 以上;

(2)无论混相与否,CO_2 驱都可以在水驱基础上大幅度提高驱油效率;

(3)CO_2 非混相驱提高驱油效率幅度显著低于混相驱,高于混相压力后再提高体系压力,提高驱油效率幅度明显变小。

表 3-2-4 不同压力下水驱后 CO_2 驱参数对比

压力 p (MPa)	驱油效率 E(%) 水	驱油效率 E(%) CO_2	总驱油效率 E_R(%)	水驱最大压差 Δp (MPa)	备注
15	47.8	15.7	63.4	3.81	长一维
20	36.3	37.8	74.1	7.59	长岩心
24	35.2	52.9	88.1	7.86	
28	35.7	56.2	92.0	7.73	

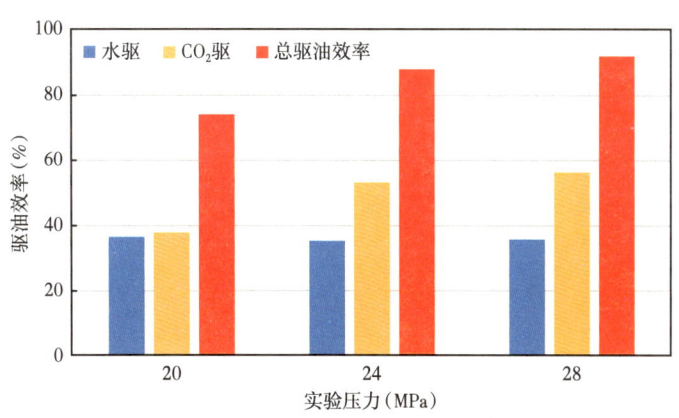

图 3-2-9 不同压力 3 组实验不同驱替阶段驱油效率对比

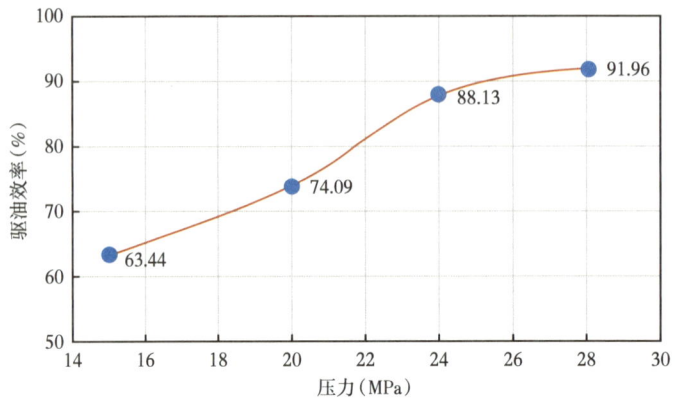

图 3-2-10　不同压力实验总体驱油效率对比

第三节　CO_2 驱油二维物理模拟实验

一、实验概述

物理模拟实验是 CO_2 驱油提高石油采收率基础且通用的研究手段，明确 CO_2 驱油机理、混相条件、渗流和传质规律以及注气方式等，为 CO_2 驱油藏开发设计及开发方案编制提供了参考依据。

目前，在宏观的二维尺度，针对 CO_2 驱油机理相关研究的实验主要为 CO_2 面积驱油二维可视化物理模拟实验和 CO_2 重力驱油二维可视化物理模拟实验[14]。两种实验通过开展不同开发方式下的 CO_2 驱油实验（改变流体物性、注采位置、非均质特征、注采速度、温压条件等），对比驱油过程中 CO_2 波及面积、剩余油分布特征等关键参数，评价不同开发方式条件下的驱替效率和驱替特征，分析 CO_2 驱油的驱油机理[15]。本小节将通过介绍 CO_2 驱油二维可视化物理模拟实验的实验装置、实验原理、模型制备、实验流程以及具体应用举例，进而对宏观二维 CO_2 驱油机理进行介绍。

二、实验装置

CO_2 驱油二维可视化物理模拟实验的实验装置主要由 ISCO 泵、中间容器、二维可视化物理模型、高速相机、回压调节器、计量瓶、气体流量计、数字压力表、截止阀、三通、恒温空气浴、真空泵、气瓶、六通阀等组成，其实验装置连接如图 3-3-1 所示，模型实物照片如图 3-3-2 所示。该套实验流程最高能够模拟地层压力 20MPa、地层温度 100℃的地层条件。

三、实验原理

二维可视化物理模型 CO_2 驱油实验即利用 CO_2 作为驱替介质对人工制作的用于模拟地层的填砂芯模型进行驱替实验[16]。其中，CO_2 面积驱实验是模拟研究在同一水平面上 CO_2 驱替地层原油的波及特征；CO_2 重力驱实验则是模拟研究针对顶部注气重力

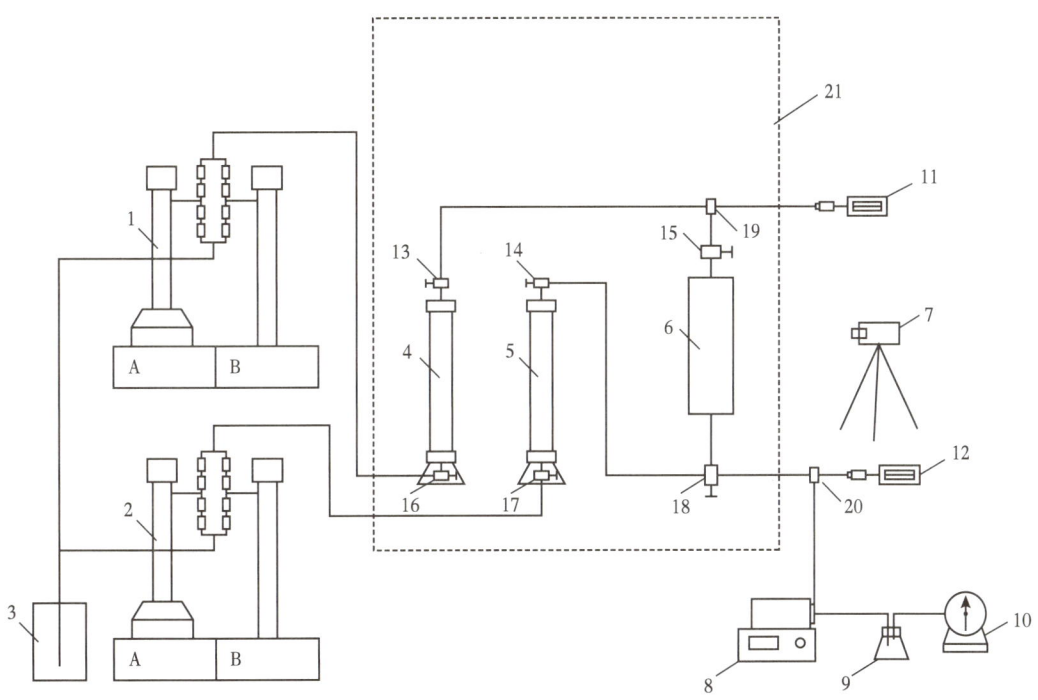

1，2—ISCO泵；3—蒸馏水；4—注入气中间容器；5—地层油/地层水中间容器；6—二维可视化模型；7—高速相机；8—回压调节器；9—计量瓶；10—气体流量计；11，12—数字压力表；13，14，15，16，17，18—截止阀；19，20—三通；21—恒温空气浴。

图 3-3-1　二维可视化物理模型实验装置连接图

辅助泄油开发方式下气顶的形成特征以及油气界面的运移规律。通过改变模型的非均质特征以及开发特征（流体物性、注采方式、注入速度、注入位置、段塞比、温压条件等），通过高速相机全程跟踪监测整个驱替过程中驱替前缘、油气混相带、油气空间分布、CO_2 波及体积等的变化，同时对比不同情况下的注采速度、压力、压差、产液量、气油比等关键参数，进而对注 CO_2 驱油实验的驱油效果影响及机理进行分析。

注 CO_2 驱油二维物理模拟实验的优点是：（1）实验流程较为简单，故驱替相对较为容易，实验所需时间相对较短；（2）实验采用二维模型，可以通过改变注采的位置以及地层岩石的非均质特征（低—超低渗透率、裂缝、隔夹层等）等因素进行模拟；（3）实验所采用可视化的方式，驱替过程中的油气分布清晰可见，可以

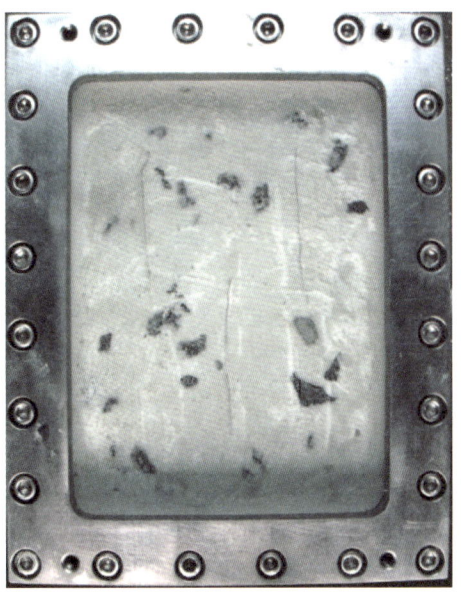

图 3-3-2　二维可视化物理模型实物照片

全程对驱替过程中的驱替前缘、油气混相带、油气空间分布、CO_2波及体积等变化进行实时跟踪监测。但其缺点是:(1)填砂模型前期制作较为困难,模型的制作周期较长;(2)由于采用可视化的方式,故实验所用的填砂模型对温度压力的耐受程度较低,不能模拟过高温压的地层条件。

四、二维可视化物理模型制备

以实际油藏地层基质参数为参考,根据相似准则设计二维可视化物理模型,模型最大尺寸 20cm×15cm×2cm,同时针对储层非均质特征以及油田注采井的空间分布位置进行模拟,为明确气驱过程中油气界面动态变化规律和渗流机理提供依据。

根据实验设计方案,对二维可视化物理模型进行制备,如图 3-3-3 所示。制备流程主要为以下 3 步。

(1)模型正面安装高透明耐压玻璃并注环氧树脂固封;
(2)调配石英砂和环氧树脂并在搅拌均匀后填入不锈钢框架中均匀加压填平;
(3)注环氧树脂密封模型后盖板加固螺钉密封模型背面,模型制备完成。

   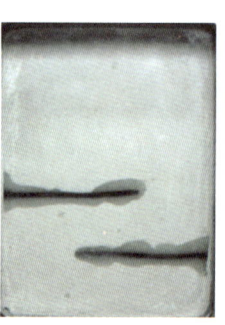

(1)将模型正面组装完成　　(2)在模型中填入搅拌后的石英砂作砂芯　　(3)将填砂均匀压实填平　　(4)组装模型背面,模型制备完成

图 3-3-3　隔夹层二维可视化物理模型制备过程

五、实验步骤

二维可视化物理模型油 CO_2 驱油实验分为以下 9 个步骤。
(1)调试设备,对二维可视化物理模型进行试压、试温;
(2)如果不是第一次实验,则利用甲醇对模型进行驱替,清洗模型中的水;
(3)如果不是第一次实验,则利用石油醚对模型进行驱替,清洗模型中的油;
(4)利用 N_2 将模型中的甲醇和石油醚吹干;
(5)根据实验方案连接实验流程,将整个流程进行抽真空操作;
(6)饱和水,记录模型孔隙体积(PV);
(7)饱和油,造束缚水,记录烃类孔隙体积(HCPV),并老化一段时间;
(8)进行注 CO_2 驱油二维可视化物理模拟实验并设定相机的拍照间隔,同时每隔一段时间收集并计量产出液量和气量、记录注采压力和压差的变化,实验至不再产油为止;
(9)重复步骤(1)~(8)进行下一组实验。

六、应用举例

1. 注CO_2面积驱油二维可视化物理模拟实验

（1）实验方案。

为深入研究吉林非均质储层下注CO_2面积驱波及规律，以目的区块实际生产开发所选择的注采方式组合为基础，在有效地模拟目标区块实际温压条件下CO_2与原油混相特征下，通过在靠近隔夹层位置的高渗透层和低渗透层顶部统注、远离隔夹层位置的高渗透层底部单采的方式，利用二维可视化含隔夹层的双层强非均质模型驱替实验，研究渗透率对CO_2面积驱波及效率和波及特征的影响，深入认识在隔夹层较发育的非均质油藏储层条件下，CO_2面积驱油的波及特征和运移规律，为试验区进一步提高采收率提供依据。

（2）实验材料。

①实验模型。

根据吉林油田某区块的地质特征，基于相似准则，设计并制备了二维可视化含隔夹层的双层强非均质模型，如图3-3-4所示。该模型填砂芯平均孔隙度为13.2%，主要由120~500目石英砂和玻璃微珠制成，并在模型高度的2/3处建立隔夹层。隔夹层长度为10cm，厚度为4mm。上部以隔夹层为边界，模拟低渗透层，厚度为5cm，渗透率为1mD；下部模拟高渗透层，厚度为10cm，渗透率为10mD，满足了储层渗透率对比的条件，反映了储层垂向非均质性。此外，还可以在模型周围设置注入井和生产井。通过系统调节、阀门控制和管道连接，可形成多种注采方式组合，并可开展不同注采方式下的实验研究。实验温度50℃，回压8.5MPa，驱替压力9.5MPa。在实验条件下，模拟油可与CO_2混相，其黏度为2.08mPa·s，相当于混相条件下（温度96.7℃，压力23.9MPa）目标区块地层油的黏度。

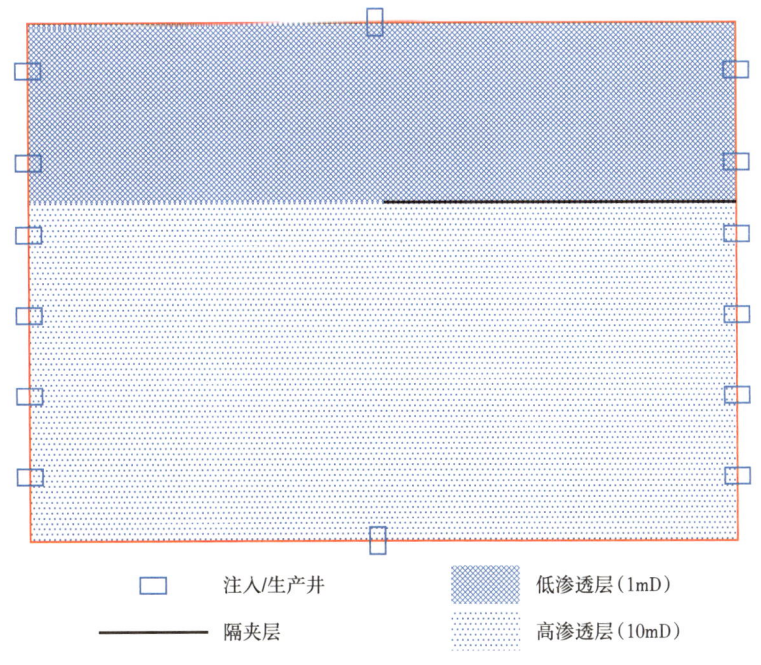

图3-3-4 隔夹层双层非均质模型设计图

②实验流体。

实验气体是纯度为 99.99% 的 CO_2。实验油样由航空煤油和目标区块一定含量的 C_2~C_5 组分的地面无气原油制成,密度为 0.78g/cm³。

(3)实验结果。

如图 3-3-5 至和图 3-3-7 所示,在驱替初期阶段——气突破前,受储层吸气能力作用影响,高渗透层油气界面快速变化,原油动用程度较好。低渗透层油气运移速度及界面变化较慢。该过程采油速度较高,采收率呈快速增长趋势变化。当产油速率增至最高值 1.38cm³/min 且气油比从 0 变化时,高渗透层发生气突破,此时高渗透层已超一半的油层被有效地驱替完全,仅在底部非驱替范围内存在一定面积的剩余油分布。相比之下,低渗透层存在大量剩余油滞留。但在混相驱的优势下,非隔夹层遮挡作用下的低渗透层左侧的底部油层,可与高渗透层 CO_2 接触进行互溶传质形成混相带,并进一步被 CO_2 运移至高渗透层产出。气突破后,驱替范围内的剩余油量较少,整体驱替动力减弱,驱替方式发生变化,以混相传质为主。高、低渗透层的剩余油均与 CO_2 充分接触进行互溶传质,形成混相特征明显且分布范围逐渐扩大的混相带。该过程产油速率及气油比呈波动下降趋势发展,采收率缓慢增长。随着气体的不断注入,驱替压差逐渐增强,最终高渗透层空间内混相带被 CO_2 迅速携带产出,低渗透层油气运移界面也发生变化。产油速率迅速增长后降低,气油比呈波动增长趋势发展,采收率一时猛增后呈缓慢增长趋势变化,直至实验结束,最终采收率为 49.84%。

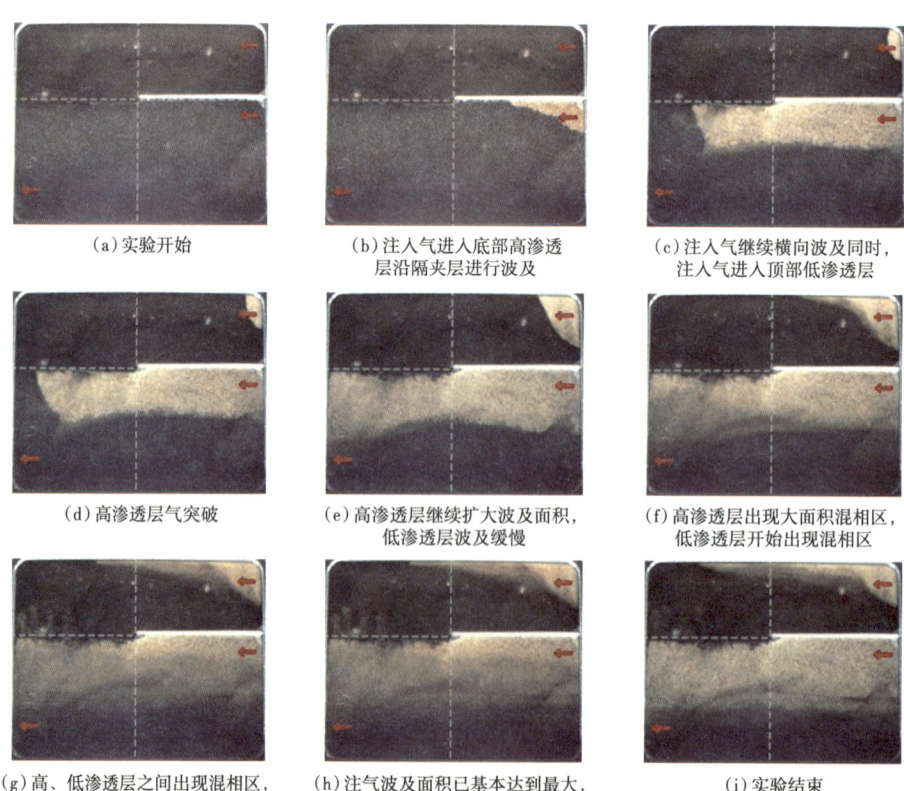

(a)实验开始　　(b)注入气进入底部高渗透层沿隔夹层进行波及　　(c)注入气继续横向波及同时,注入气进入顶部低渗透层

(d)高渗透层气突破　　(e)高渗透层继续扩大波及面积,低渗透层波及缓慢　　(f)高渗透层出现大面积混相区,低渗透层开始出现混相区

(g)高、低渗透层之间出现混相区,混相面积进一步增大　　(h)注气波及面积已基本达到最大,油气过渡带已不再发生改变　　(i)实验结束

图 3-3-5　实验过程不同阶段油气运移照片

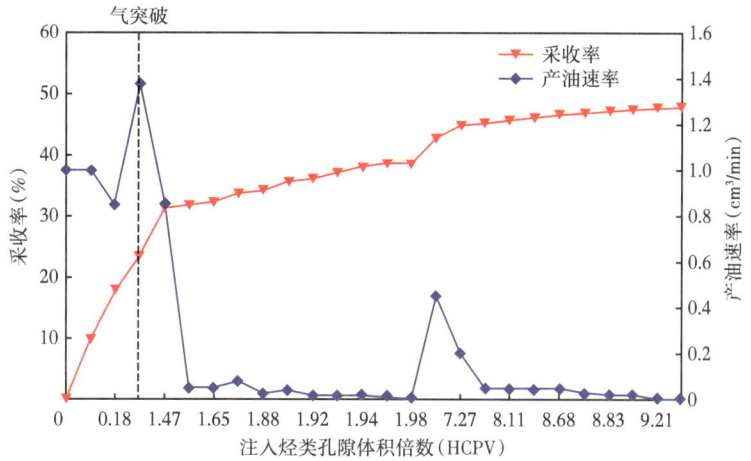

图 3-3-6　累计注入烃类孔隙体积倍数（HCPV）与采收率及产油速率的关系

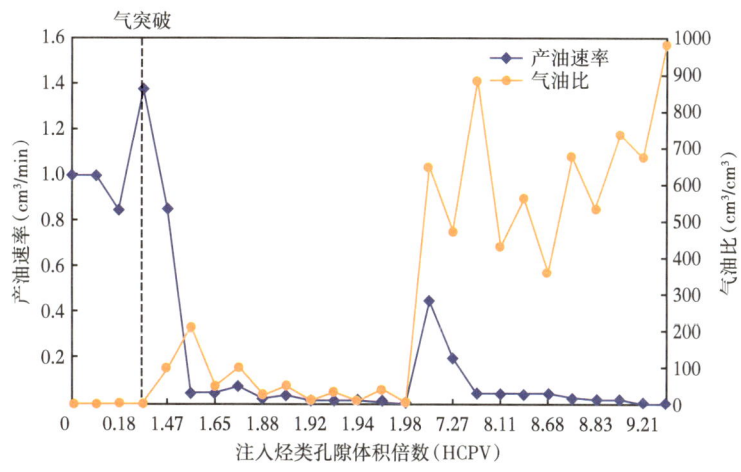

图 3-3-7　累计注入烃类孔隙体积倍数（HCPV）与气油比及产油速率的关系

（4）实验认识。

①在储层厚度、渗透率、注采方式等内外控制因素的综合影响下，高渗透层的吸气能力远大于低渗透层。这直接影响了两层的波及面积和剩余油分布；

②储层吸气能力是影响油气界面运移变化的关键因素，混相传质和驱油动力是影响混相带形成和分布特征的主要因素；

③CO_2混相驱的整个驱替过程可分为无气快速采油、低气油比稳定采油和高气油比缓慢采油三个阶段。从CO_2注入到天然气突破阶段为无气快速采油阶段，以驱替为主。低气油比稳定产油阶段发生在产气突破至产量提高前，受驱替和混相传质共同影响。采油速度提高后，高气油比慢产阶段以CO_2携油作用为主；

④注采位置是影响CO_2面积驱注入气波及程度的主控因素，合理的注采位置匹配可有效促进气顶形成，克服层间矛盾，延缓气窜，充分发挥混相作用。

2. 注 CO_2 重力驱油二维可视化物理模拟实验

（1）实验方案。

为深入研究新疆隔夹层发育碎屑岩储层下注 CO_2 重力驱波及规律，以目的区块实际生产开发所选择的注采方式组合为基础，在有效地模拟目标区块实际温压条件下，通过在模型顶部中间位置注气、下部隔夹层的底部水平井采出的方式，利用二维可视化双隔夹层模型，开展不同驱替压力和注气速度下的注 CO_2 重力驱实验，深入认识在隔夹层发育的碎屑岩油藏条件下，CO_2 重力驱的波及特征和油气界面的运移规律，为试验区进一步提高采收率提供依据。

（2）实验材料。

①实验模型

根据某实际油藏物性及隔夹层发育特征，设计了隔夹层二维物理模型，如图 3-3-8 所示。模型详细设计参数见表 3-3-1。

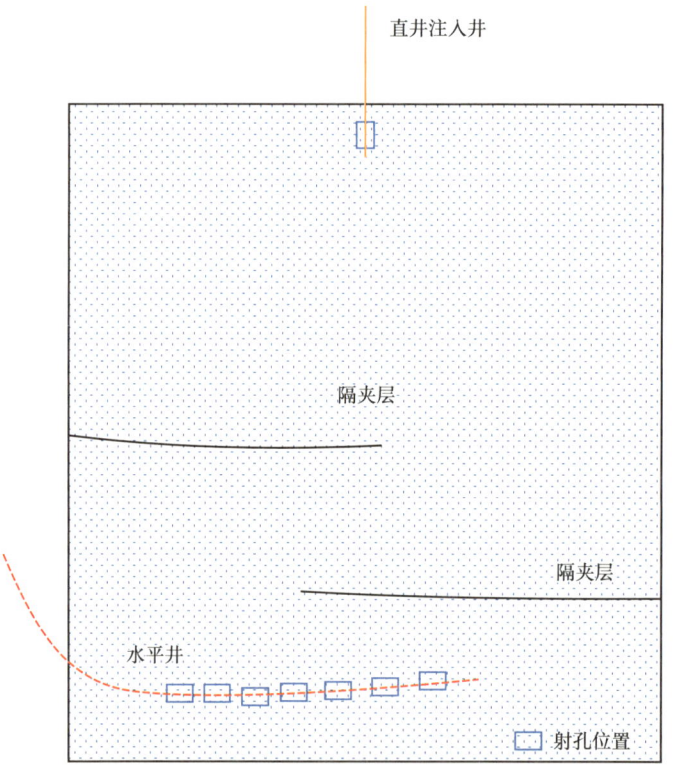

图 3-3-8 隔夹层二维物理模型设计图

表 3-3-1 模型设计参数

参数	数值
基质渗透率（mD）	200
井型	直井、水平井
射孔方式	公制 3mm 管线割缝

续表

参数	数值
模型尺寸（mm）	150×200×20
隔夹层数量	2

实验流体与注 CO_2 面积驱油二维可视化物理模拟实验相同。

（3）实验结果。

如图 3-3-9 和图 3-3-10 所示，在驱替初期阶段—气突破前，受重力分异和混相传质作用影响，油气界面维持水平稳定向下推进，原油动用程度较好。该阶段产油速度波动幅度较大，整体上维持在 $1.8cm^3/min$，采收率呈快速增长趋势变化。当 HCPV 达到 0.92 时，且气油比从 0 开始变化时，发生气突破，此时模型中大部分的油已被有效地驱替完全，仅在底部存在一定面积的油气混相带和未混相区域的剩余油分布。该阶段混相驱的优势下，模型中的油被 CO_2 混相携带产出，驱替效率高，波及范围内仅有小面积的剩余油区域。但模型的隔夹层遮挡作用明显，破坏了油气界面和混相带的稳定性、改变前缘运移方向、降低采油速度，剩余油主要分布在隔夹层上部。气突破后，驱替范围内的剩余油继续与 CO_2 混相互溶，从而被产出。该阶段的产油速率开始逐渐下降趋于 0，采收率经过短暂增长后维持稳定。最终至实验结束时，模型内仅在隔夹层上部存在小部分的剩余油，最终采收率为 93.87%。

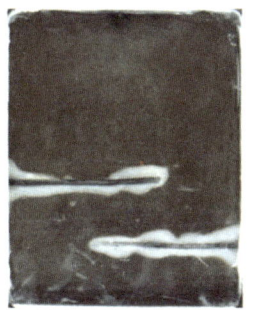
(a)实验开始

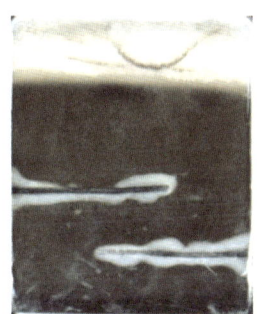
(b)注入气进入模型稳定向下波及

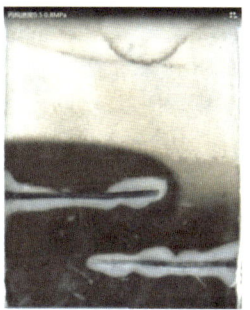
(c)左侧大面积油被隔夹层阻挡，注入气从右侧继续向下波及

(d)注入气沿两隔夹层间的通道波及，并携带部分被阻挡的油

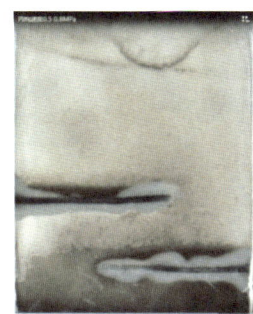
(e)注入气波及水平井位置，发生气突破

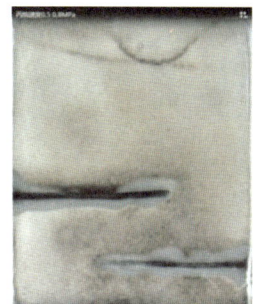
(f)模型内仅有少部分剩余油，实验结束

图 3-3-9　实验过程不同阶段油气运移照片

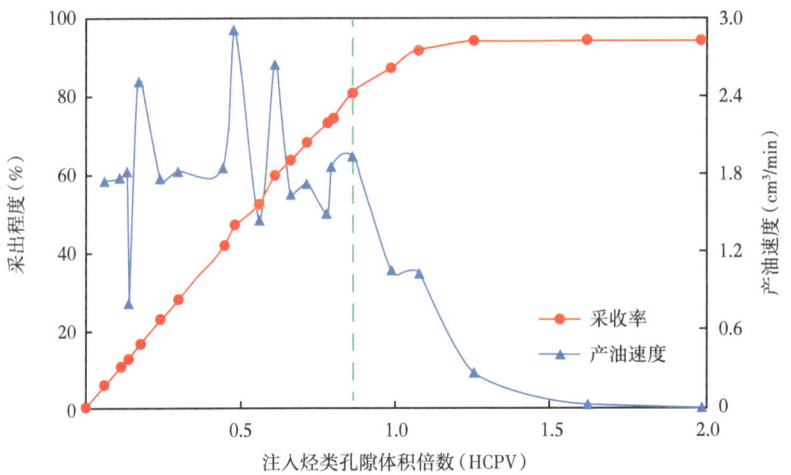

图 3-3-10　隔夹层模型烃气混相驱采出程度及分时采油速度曲线

（4）实验认识。

驱替压力和在混相条件下的注气速度对注 CO_2 重力驱油二维可视化物理模拟实验的影响，如图 3-3-11 所示。

①驱替压力越高，油气界面间歇式运移现象减弱、前缘稳定性提高、气体突破越晚、采收率提高，混相重力驱采收率大于 90%；

②注气速度是重力驱油气界面稳定运移的关键因素，合理的注气速度可以在一定程度上克服非均质的影响、控制气窜，实现全油藏整体波及。注气速度越低，前缘运移越慢、混相带越宽、气体突破越晚。非混相驱存在最佳速度临界值；混相驱提高速度，突破后携油能力未减弱，采收率仍很高。

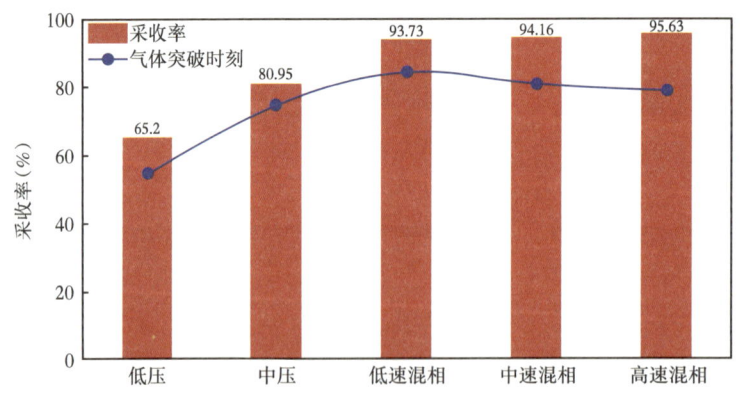

图 3-3-11　不同压力、速度的烃气重力驱采收率对比

第四节　基于 CT 的 CO_2 驱油物理模拟实验

一、实验概述

常规实验装置仅能测量进出口端流体情况，通过采集夹持器两端的数据计算宏观参数

评价驱油效果，然而岩心内部流体流动过程是个"黑匣子"，对流体动用特征认识不清制约了深入分析岩石内部流体饱和度分布和运移机制。CT扫描技术通过对岩心中流体赋予不同CT值，可实时对驱替和渗流过程进行成像[17-18]。通过开展CO_2驱油在线CT实验研究，采用自主研发的CT软件进行数据处理，获得不同时刻岩心内流体饱和度沿程分布信息及驱替前缘波及区域[19-20]，实现流体波及区域的可视化对比，从而可对注CO_2驱提高采收率机理进行解释。

此外，通过开展页岩油CO_2驱在线CT扫描物理模拟实验，实验过程中岩心一直放置在夹持器内，即整个实验是在岩心全封闭情况下开展的，可避免由于岩心取出时应力改变、放置位置发生改变等引起的测试误差。本小节将通过介绍注CO_2驱油CT扫描可视化物理模拟实验的实验装置、实验原理、实验流程以及具体应用举例，进而对宏观和微观CT扫描注CO_2驱油机理进行介绍。

二、实验装置

本书采用自主研发的在线CT扫描岩心驱替实验系统，如图3-4-1和图3-4-2所示，扫描设备为美国通用电气公司的LIGHTSPEED 8层螺旋CT扫描仪，每个球管最大发射功率为53.2kW。采用中国石油勘探开发研究院自主研发的CT图像分析软件（CCTAS）进行数据处理。采用特制岩心夹持器，外壳由聚醚醚酮（PEEK）材料制成，使得X射线能穿透岩心并可减小射线硬化效应导致的扫描误差，可对空气驱替过程进行在线CT扫描。采用QUZI5200泵作为注入泵，采用ISCO泵精确控制围压。系统中其他实验装置还包括Quzix 5200恒压计量泵、Isco恒压围压泵、回压泵、中间容器等。

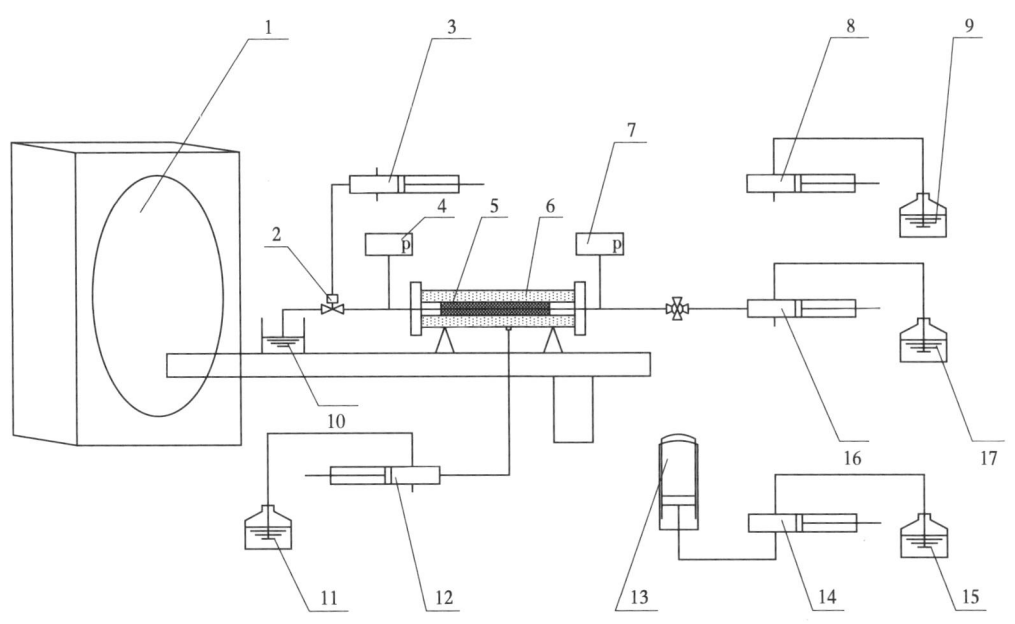

1—CT扫描仪；2—回压阀；3—回压泵；4—出口压力表；5—实验岩心；6—特殊岩心夹持器；7—入口压力表；8—油泵；9—实验用油；10—出口液收集；11—围压液；12—围压泵；13—中间容器；14—注气用泵；15—蒸馏水；16—水泵；17—实验用液。

图3-4-1 页岩在线CT扫描实验系统示意图

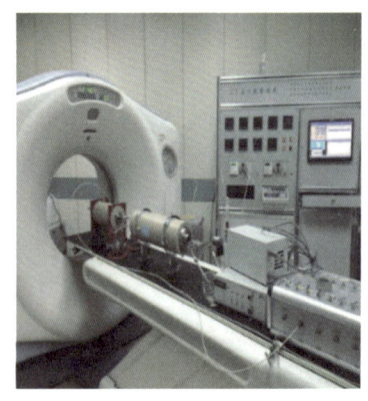 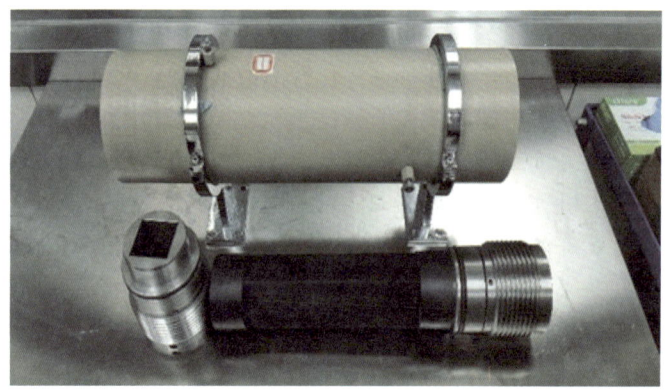

图 3-4-2　宏观 CT 扫描实验模拟装置及特制方柱岩心夹持器

三、实验原理

CT 扫描技术通过对岩心中流体赋予不同 CT 值，可实时对驱替过程进行成像，经过 CT 可视化软件处理，从而实现流体波及区域可视化对比。

基本原理为对于图像给出的每一个像素 X 射线衰减系数（μ）的数值，通常换算成 CT 值（CTN）来表示[21-22]，CT 值与 X 射线衰减系数的关系见式（3-4-1）。

$$\mathrm{CTN} = \frac{\mu_\text{物} - \mu_\text{水}}{\mu_\text{水}} \times 1000 \tag{3-4-1}$$

式中　$\mu_\text{物}$——被测物体的 X 射线衰减系数；

$\mu_\text{水}$——水的 X 射线衰减系数，一般为 1。

水的 CTN 为 0，而由于 X 射线在空气中几乎没有衰减，其衰减系数为 0，所以空气的 CTN 为 -1000。

对于岩石的一个断层面，图像给出的 CT 数为各体积元的平均值，干岩石断层面的 CT 值和岩石孔隙度计算见式（3-4-2）和式（3-4-3）：

$$CT_\text{dry} = (1-\phi)CT_\text{grain} + \phi CT_\text{air} \tag{3-4-2}$$

$$\phi = \frac{CT_\text{waterwet} - CT_\text{dry}}{CT_\text{water} - CT_\text{air}} \tag{3-4-3}$$

式中　CT_dry——干岩石断层面的 CT 值；

CT_grain——岩石断层面的 CT 值；

CT_air——空气的 CT 值；

CT_water——水的 CT 值；

CT_waterwet——岩心干扫的 CT 值；

ϕ——岩石孔隙度。

驱替过程中某一时刻岩石断层面的 CT 值计算见式（3-4-4）：

$$CT_x = (1-\phi)CT_{\text{grain}} + \phi\left(S_g CT_{\text{water}} + S_o CT_{\text{oil}}\right) \quad (3\text{-}4\text{-}4)$$

根据 $S_o + S_g = 1$ 及式（3-4-1）至式（3-4-4）可计算出含油、含气饱和度：

$$S_o = \frac{CT_{\text{waterwet}} - CT_x}{CT_{\text{waterwet}} - CT_{\text{dry}}} \frac{CT_{\text{water}} - CT_{\text{air}}}{CT_{\text{water}} - CT_{\text{oil}}} \quad (3\text{-}4\text{-}5)$$

$$S_g = 1 - \frac{CT_{\text{waterwet}} - CT_x}{CT_{\text{waterwet}} - CT_{\text{dry}}} \frac{CT_{\text{water}} - CT_{\text{air}}}{CT_{\text{water}} - CT_{\text{oil}}} \quad (3\text{-}4\text{-}6)$$

式中　CT_x——x 时刻岩石断层面的 CT 值；

　　　CT_{oil}——油的 CT 值；

　　　S_g——含气饱和度；

　　　S_o——含油饱和度。

CT 值含油饱和度分布表征参数定义如下：

均值计算见式（3-4-7）：

$$\overline{CT} = \frac{\sum CT}{n} \quad (3\text{-}4\text{-}7)$$

变异系数算见式（3-4-8）：

$$C_r = \frac{\sigma}{\overline{CT}} \quad (3\text{-}4\text{-}8)$$

标准偏差算见式（3-4-9）：

$$\sigma = \sqrt{\frac{\sum\left(CT_i - \overline{CT}\right)^2}{n-1}} \quad (3\text{-}4\text{-}9)$$

峰度算见式（3-4-10）：

$$K_{\text{ur}} = \left[\frac{n(n+1)}{(n-1)(n-2)(n-3)}\sum_{i=1}^{n}\left(\frac{CT_i - \overline{CT}}{s}\right)^4\right] - \frac{3(n-1)^2}{(n-1)(n-3)} \quad (3\text{-}4\text{-}10)$$

歪度算见式（3-4-11）：

$$SK = \frac{n}{(n-1)(n-2)}\sum_{i=1}^{n}\left(\frac{CT_i - \overline{CT}}{s}\right)^3 \quad (3\text{-}4\text{-}11)$$

四、实验步骤

（1）岩样干扫。

将岩心用有机溶剂洗油洗盐后烘干，进行干岩心 CT 扫描。将岩心装入夹持器中，施加 18MPa 围压。调整夹持器位置使其能够得到最佳的扫描结果，固定夹持器。设定岩心的扫描参数设定的扫描参数对岩样扫描，预热球管后准确选取岩心扫描区域，同时记录位置坐标，保证二次扫描时在同一位置进行，并记录扫描参数。

（2）岩样湿扫。

采用研究区块原油与白油配制成地层条件下的模拟油，用该模拟油作为实验用油。升高温度至实验温度，对页岩岩心进行抽真空、加压饱和油及老化处理，按照干扫的参数设定对饱和油的岩心（即湿岩心）进行 CT 扫描。

（3）衰竭开发模拟。

将回压设定为相关衰竭压力进行衰竭开发，记录衰竭阶段出油量，计算衰竭阶段采出程度。

（4）注气驱开发模拟。

衰竭开发后转气驱，采用高压驱替泵将 CO_2 注入岩样中，每 5min 对岩心进行 1 次在线 CT 扫描测试，记录相关实验数据，不再产油时结束实验。

（5）CT 图像处理。

将 CT 扫描图像中的干扫模型、湿扫模型和某一状态中间模型导入 CT 专用图像处理软件，选取区域设置参数，得到该状态下 CT 饱和度图像，选取区域设置参数，得到 CO_2 驱替全过程的饱和度图像。

（6）更换岩样，分别设置不同实验条件，重复步骤（1）~（5）。

五、应用举例

1. 实验方案

吉木萨尔油藏受到储层物性差、孔喉细小、渗流阻力大、压力传导能力差的限制，存在单井产量低、补充能量难、开发效益差三大难关，使用常规水驱开发方式补充吉木萨尔油藏能量非常困难[23]。致密油藏常用的开发方式主要为衰竭式开发，但是在吉木萨尔凹陷芦草沟组油藏实际衰竭生产过程中，衰竭开发初期产量高但是压力和产量递减快[24]。吞吐采油的机理是通过渗吸吞吐介质，温和补充地层能量，提高采收率，有利于吉木萨尔凹陷芦草沟组油藏的高效开发。

为深入研究准噶尔盆地吉木萨尔凹陷二叠系芦草沟组页岩样品注 CO_2 开发的岩心含油饱和度沿程分布状况和原油动用过程，根据原始地层压力、混相压力及目前地层压力，选取准噶尔盆地吉木萨尔凹陷二叠系芦草沟组页岩样品开展页岩油衰竭开发模拟实验和 CO_2 吞吐开发在线 CT 扫描实验，以氮气吞吐开发实验作为对照。

2. 实验材料

（1）实验模型。

为了更真实模拟吉木萨尔油藏吞吐过程，使用横截面为 4.5cm×4.5cm 正方形的方柱岩心作为实验样品如图3-4-3所示，尺寸比常规直径2.5cm的圆柱岩心大，孔隙体积大，计量时能够有效减少实验误差。准备纯度99.99%的N_2和CO_2气体作为两种吞吐介质。

（2）实验流体。

实验气体是纯度为99.99%的CO_2。采用研究区块原油与白油配制成地层条件下黏度10.4mPa·s的模拟油，用该模拟油作为实验用油。

图3-4-3 上"甜点"岩心样品

3. 实验结果

（1）页岩油衰竭开发实验结果。

进行了含溶解气的原油模拟，溶解气类型为甲烷。根据资料储层气油比为$17m^3/t$，用先前配制的黏度10.4mPa·s的死油配制活油，进行活油和死油致密岩心衰竭开采模拟实验。实验过程分别为饱和活油和死油至15MPa，为了保证衰竭过程中活油不脱气，设置出口端的回压为5MPa，即模拟油藏压力从15MPa降低至5MPa的衰竭开采过程，计量采出油量，计算采出程度结果如图3-4-4所示。

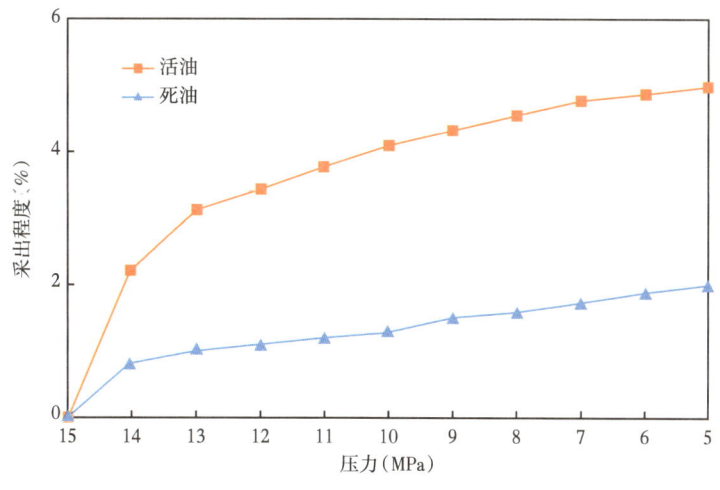

图3-4-4 活油与死油衰竭采出程度随压力变化曲线

死油衰竭开采模拟，压力由15MPa降至5MPa，衰竭采出程度2%；活油衰竭开采模拟，压力由15MPa降至5MPa，衰竭采出程度4.97%。因此对吉木萨尔油藏单纯依靠岩石和流体的弹性能开采的程度低，溶解气对采收率的贡献比例大，吞吐实验中使用带有溶解气的活油作为模拟油效果更好。

（2）页岩油注CO_2吞吐效果。

饱和过程饱和油量为22.8mL，可以近似看作岩心孔隙体积（PV数），N_2与CO_2吞吐实验采出油量计量结果及计算的采出程度见表3-4-1，如图3-4-5和图3-4-6所示。

表 3-4-1　N_2 和 CO_2 吞吐实验结果

轮次	氮气			CO_2		
	采油量（mL）	采出程度（%）	注入孔隙体积倍数（PV）	采油量（mL）	采出程度（%）	注入孔隙体积倍数（PV）
衰竭	1.26	5.54	0	1.32	5.79	0
1	2.45	16.30	0.12	4.36	24.90	0.16
2	1.58	23.23	0.34	3.72	41.20	0.54
3	1.16	28.31	0.48	3.31	55.70	0.97
4	1.33	34.13	0.59	1.77	63.45	1.25
5	0.62	36.84	0.71	1.14	68.45	1.43
6	0.14	37.45	0.76	0.63	71.23	1.46
7	0.27	38.65	0.78	0.25	72.35	1.47
8	0.02	38.74	0.80	0.17	73.09	1.47
9	0.01	38.80	0.80	0.11	73.57	1.48

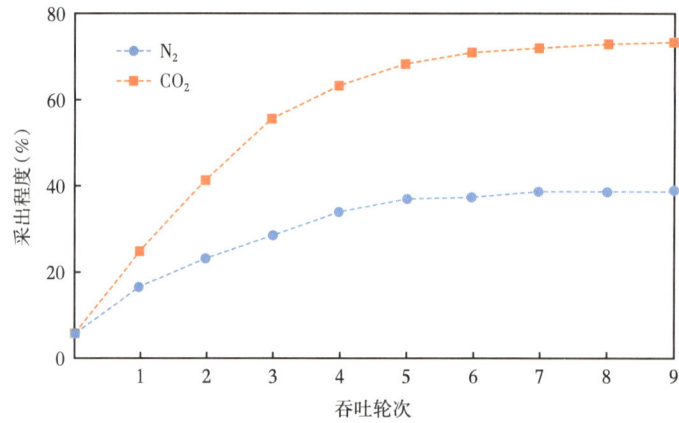

图 3-4-5　N_2 和 CO_2 吞吐采出程度变化曲线图

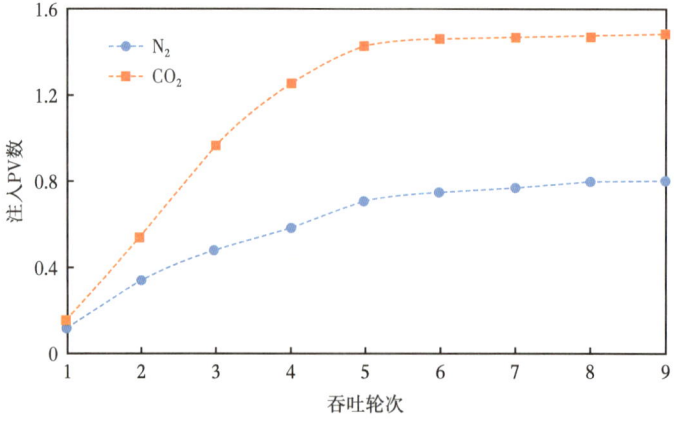

图 3-4-6　N_2 和 CO_2 吞吐注入量变化曲线

从实验结果可以看出，相同实验条件下 N_2 和 CO_2 分别吞吐九轮，采出程度均先逐渐增加，然后基本保持不变。各轮次 CO_2 吞吐采出程度均高于 N_2 吞吐。CO_2 吞吐九轮采出程度为 73.5%，N_2 吞吐九轮采出程度为 38.8%，CO_2 吞吐效果远好于 N_2。注入量与采出程度变化有明显的相似性，CO_2 吞吐注入量高于 N_2 吞吐。经过处理的 CT 饱和度图像如图 3-4-7 所示，红色代表岩心中的油，蓝绿色代表气体吞吐介质，发现吞吐过程岩心排油基本呈近似活塞式，相同吞吐轮次 CO_2 吞吐波及范围大于 N_2 吞吐，同时已波及的部分 CO_2 排油效果好于 N_2 吞吐。

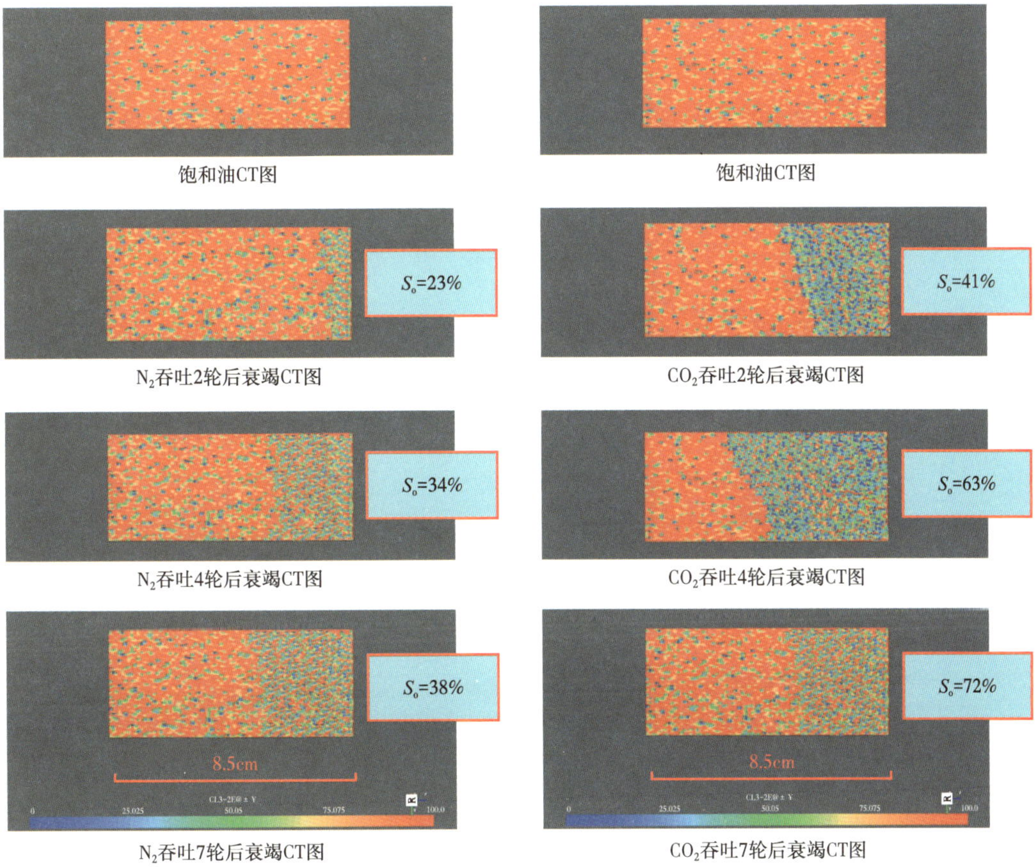

图 3-4-7　N_2 和 CO_2 吞吐不同状态下 CT 饱和度图

（3）页岩油注 CO_2 吞吐轮次优化。

根据注入时机为衰竭至 7MPa 开始吞吐、注入压力 15MPa、闷井 12h 的多轮次 CO_2 吞吐对照组进行吞吐轮次优化。该组实验已经在上一章对比 CO_2 和 N_2 吞吐完成过，结果如图 3-4-8 和图 3-4-9 所示。

可以看出，随着吞吐轮次的增加，注气量上升，采出程度逐渐增加，换油率迅速下降，第五轮换油率仅为 3.5%。第五轮之后采出程度和注入量增幅迅速降低，第五轮之后换油率基本为 0，提高采出程度效果有限。在五轮之前，采出程度和换油率较高，五轮之后效果变差。吞吐过程 CT 饱和度图如图 3-4-10 所示。

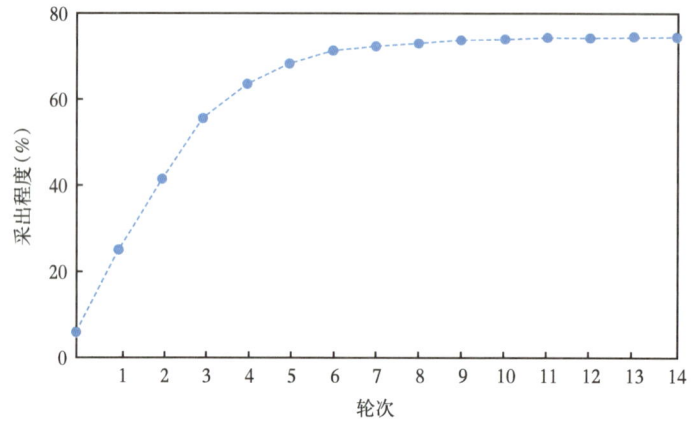

图 3-4-8　吞吐采出程度变化曲线

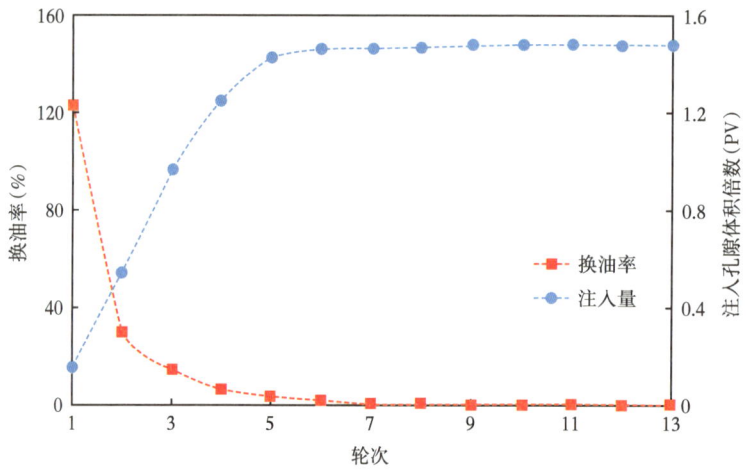

图 3-4-9　吞吐换油率和注入量变化曲线

从 CT 饱和度图也可以明显看出，随着吞吐轮次增加，吞吐介质排油效果逐渐变差。吞吐前五轮吞吐介质排油效果明显，五轮之后饱和度图变化很小。因此根据实验结果，吞吐五轮为最佳吞吐轮次。

4. 实验认识

（1）建立了室内大岩心吞吐 CT 扫描实验模拟系统，评价了使用活油作为模拟油的效果更好。根据 CT 图像和计量结果比较 CO_2 和 N_2 的吞吐效果并对原因进行了理论分析，总结 CO_2 气体作为吉木萨尔油藏吞吐介质吞吐效果优于 N_2。

（2）N_2 基本不溶于油，仅能发挥补充弹性能量的作用，注入的 N_2 主要均匀进入岩心的大、中等孔隙中进行憋压。焖井结束后，衰竭阶段压力下降，随着 N_2 的排出，在弹性能的作用下排出孔隙中的油。

（3）CO_2 能在油中溶解，注入量大于 N_2 注入量，一可以让孔隙中的油产生体积上的膨胀，增加弹性能；二降低油的黏度，有利于油的流动；三对原油有萃取作用，抽提原油中轻质组分；四形成溶解气驱。

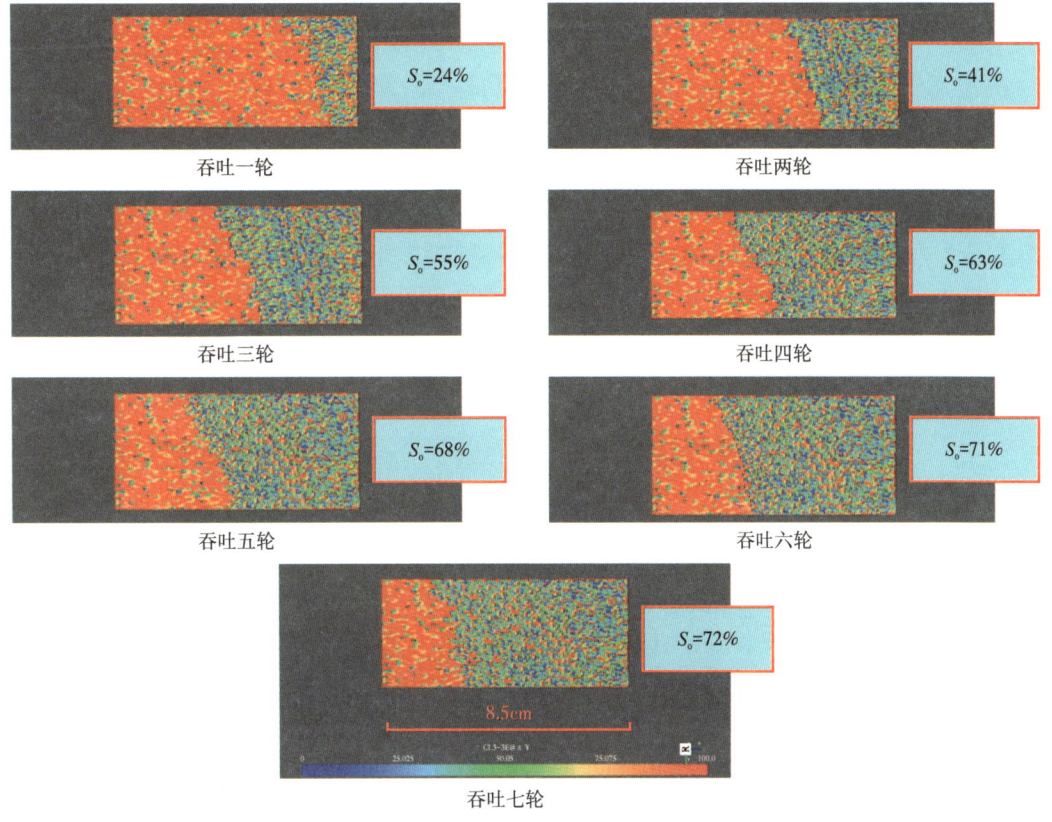

图 3-4-10 多轮次吞吐 CT 饱和度图

（4）实验压力均在 CO_2 混相压力之下进行，所以不考虑 CO_2 混相的作用，猜测在储层条件下进行 CO_2 吞吐发生混相的情况下，吞吐效果将会更好。随着吞吐轮次的增加，注气量上升，采出程度逐渐增加，换油率迅速下降，第五轮之后采出程度和注入量增幅迅速降低，换油率基本为 0，提高采出程度效果有限。即在五轮之前，采出程度和换油率较高，五轮之后效果变差，预测最佳吞吐轮次为 5 轮。

第五节 基于核磁共振的 CO_2 驱油物理模拟实验

一、实验概述

基于核磁共振技术开展 CO_2 驱油物理模拟实验是研究 CO_2 驱油过程的又一重要方法。它将核磁共振与岩心驱替装置的优势相结合，可以在对岩心进行物理模拟实验的过程中进行在线核磁共振测试，具有高效、快速、无损的特点。通过核磁测试，能够获取 CO_2 驱替过程中岩石内流体的 T_2、T_1—T_2、MRI 等多种核磁图谱。这些图谱能够反映不同大小孔隙内油、水的信号量变化，通过分析实现岩心内流体的饱和度计算和流体类型识别等，实现微观条件下 CO_2 驱替过程的动态精细表征，结合注采关键参数为开发方案设计、优化、CO_2 驱动态跟踪、调整提供依据[25]。

二、实验装置

高温高压核磁共振在线物理模拟实验平台是基于核磁的 CO_2 驱油物理模拟实验的核心设备。常规的核磁共振在线物理实验一般在常温、低压下进行,与实际油藏条件相差较远,但实验需要对 CO_2 混相及非混相驱开展研究,需要保证在一定的温度和压力下进行,且 CO_2 等气体在高温高压条件下对氟胶筒腐蚀严重,无法保证单次实验的完整性,同时 CO_2 驱较水驱更易建立优势通道,驱替过程中各项参数难以采集,无法满足地层条件下 CO_2 驱油物理模拟实验研究的需要。为了实现满足 CO_2 驱的实验需求,攻克了高温高压等关键技术,自主研发了高温高压核磁共振在线物理模拟实验平台,实验装置如图 3-5-1 所示。

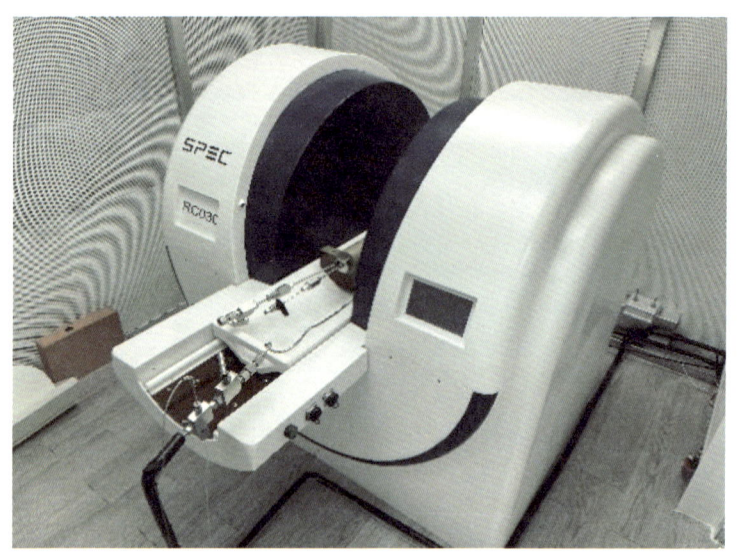

图 3-5-1 高温高压在线驱替核磁共振分析装置

高温高压在线驱替核磁共振分析装置共由磁体单元及样品移动台、梯度单元、探头/线圈单元、核磁共振谱仪单元、计算机—软件单元、磁共振电磁屏蔽间、驱替单元、围压循环单元、温度控制单元以及专用夹持器组成。

该装置的磁体单元及样品移动台采用"U"形开放式结构,岩心可垂直放置或水平放置,方便驱替实验过程中夹持器的安装与操作。配备激光定位系统,能够高效将线圈及样品放置于磁体中间部位,减小实验误差。磁体单元由永磁磁体组成,磁场强度 0.3Tesla,磁体净空间 300mm,最大样品检测区域为 150mm 的球形区域,能够满足不同大小样品以及五点井网模型、水平井模型的核磁测试。夹持器采用 S2 玻璃纤维及 PEEK 高强度复合材料,耐压达到 100MPa,同时优化了夹持器、线圈以及磁体的空间设计,减小散热对磁体温度的影响,最高实验温度 150℃。改善了夹持器和线圈单元之间的固定方式,进一步减小实验过程中人为操作对实验数据产生的干扰。设备具有多种核磁共振高级分析功能(T_2、T_1—T_2、D—T_2 二维功能、分层 T_2 功能、MRI 及一维快速投影分析油水分布功能),实现 CO_2 驱在线监测。

三、实验原理

1. T_1、T_2 弛豫时间

弛豫是核磁共振测试中的一个重要现象,弛豫是磁化矢量在收到射频场的激发下发生核磁共振时偏离平衡态后又恢复平衡态的过程。弛豫时间分为纵向弛豫时间 T_1 和横向弛豫时间 T_2,但纵向弛豫时间测试时间较长,考虑到测试效率以及气驱前缘变化较快的因素,在气驱前缘动态监测过程中选择测量横向弛豫时间 T_2。岩石的横向弛豫时间由三部分构成[26],表达式如下:

$$\frac{1}{T_2} = \frac{1}{T_{2B}} + \frac{1}{T_{2S}} + \frac{1}{T_{2D}} \qquad (3\text{-}5\text{-}1)$$

式中　T_2——是横向弛豫时间,ms;
　　　T_{2B}——是体相弛豫时间,ms;
　　　T_{2S}——表面弛豫时间,ms;
　　　T_{2D}——扩散弛豫时间,ms。

对岩心进行核磁测试时,T_2 主要与表面弛豫 T_{2S} 相关,故单个孔道内的原子核弛豫时间可以表示为[27]:

$$\frac{1}{T_2} \approx \frac{1}{T_{2S}} = \rho_2 \frac{S}{V} \qquad (3\text{-}5\text{-}2)$$

式中　ρ_2——岩石表面弛豫强度参数,$\mu m \cdot ms^{-1}$,取决于孔隙表面性质及矿物成分;
　　　$\dfrac{S}{V}$——单个孔隙的比表面,μm^{-1},与孔隙半径成反比。

通过上式可以看出,T_2 弛豫时间的分布反映了多孔介质内部比表面的分布,而比表面越大所对应的孔隙越小,T_2 弛豫时间越短[28]。由于油和水都有核磁信号,在 T_2 谱上,油的信号和水的信号会重叠,导致无法区分油水,因而通常使用没有核磁信号的氟油或氘水将其中某一相信号隐去。通过接收线圈可以探测到核磁共振回波串信号,通过对回波串进行反演,即可得到 T_2 弛豫时间分布。核磁共振信号强度与被测样品中所含氢核数目成正比。

基于 T_2 图谱能够对岩心关键物性参数的精确表征,具体计算方式如下。

(1)剩余油饱和度。

剩余油饱和度计算见式(3-5-3):

$$S_{or} = \frac{\sum\limits_{T_{2,\min}}^{T_{2,\max}} A_{i,a} - \sum\limits_{T_{2,\min}}^{T_{2,\max}} A_{i,b}}{\sum\limits_{T_{2,\min}}^{T_{2,\max}} A_{i,w} - \sum\limits_{T_{2,\min}}^{T_{2,\max}} A_{i,b}} \times 100\% \qquad (3\text{-}5\text{-}3)$$

式中　S_{or}——岩心剩余油饱和度;
　　　$A_{i,w}$——饱和水核磁 T_2 谱曲线上 i 时间点所对应的信号幅度值;

$A_{i,a}$——驱油后核磁 T_2 谱曲线上 i 时间点所对应的信号幅度值；

$A_{i,b}$——背景信号核磁 T_2 谱曲线上 i 时间点所对应的信号幅度值。

（2）采出程度。

采出程度计算见式（3-5-4）：

$$E_R = \frac{\sum_{T_{2,\min}}^{T_{2,\max}} A_{i,o} - \sum_{T_{2,\min}}^{T_{2,\max}} A_{i,a}}{\sum_{T_{2,\min}}^{T_{2,\max}} A_{i,o} - \sum_{T_{2,\min}}^{T_{2,\max}} A_{i,b}} \times 100\% = 1 - S_{or} \quad (3-5-4)$$

式中 E_R——岩心采出程度；

$A_{i,o}$——饱和油核磁 T_2 谱曲线上某个时间点所对应的信号幅度值。

2. MRI 成像

核磁共振成像（MRI）是利用多孔介质中流体内的氢核来进行成像，因而成像图片反映的是多孔介质的孔隙中流体的多少，与 X 射线反应的骨架是相反的。基于此特性，在驱替实验中，由于只有原油是有信号的，因而可以检测不同注入介质驱替原油的效果。进一步，还可以检测不同驱替量下剩余油的动态变化[29-30]。

四、应用举例

1. 基于在线核磁的 CO_2 驱气驱前缘实验

（1）实验方案。

针对吉林黑 79 北小井距特低渗透油藏试验区青一段，研究其 CO_2 混相驱驱替过程中不同孔隙在不同阶段下的驱替情况和气驱前缘变化。

（2）实验材料。

研究区块为吉林黑 79 北小井距特低渗透油藏试验区青一段，其原始地层平均压力 23.9MPa，地层平均温度 96.7℃。地层原油密度 0.7757g/cm³，黏度 2.08mPa·s，与 CO_2 之间的最低混相压力为 22.14MPa，故在地层条件下能够实现 CO_2 混相驱替。

研究所使用的岩心来自上述区块，岩心参数见表 3-5-1。

表 3-5-1 岩心基本参数

序号	长度 L（cm）	孔隙度 ϕ（%）	渗透率 K（mD）	驱替方式
6	5.938	13.3	4.14	连续 CO_2 混相驱

基于实验的可持续性及安全性考量，此次在线核磁共振驱替的实验温度设置为 50℃，实验压力设置为 11MPa。核磁实验所采用的原油样品由上述区块的地面脱气油、航空煤油及 C_2—C_5 成分以一定比例进行了混合配制。通过对配制好的样品与油藏原始地层油 PVT 报告参数进行对比分析，其各自在对应实验条件下的密度、黏度相同，CO_2 和原油样品之间的最低混相压力为 9.5MPa，在实验条件下 CO_2 与原油之间能够达到混相，符合实验要求。

两实验 CO_2 注入气样品纯度为 99.95%，注入水为根据目标区块实际地层水离子浓度进行配制的模拟地层水。模拟地层水的离子组成见表 3-5-2。

表 3-5-2　模拟地层水离子组成

离子浓度（mg/L）						总矿化度（mg/L）	水型
$Na^+ + K^+$	Mg^+	Ca^+	Cl^-	SO_4^{2-}	HCO_3^-	8894.5	$NaHCO_3$
3045.5	15.8	19.2	3183.0	411.1	2219.9		

（3）实验流程。

在线核磁驱替实验步骤如下：

①将岩心洗油烘干，并测量岩心的干重。

②饱和模拟地层水。将岩心放入在线核磁仪器中抽真空，于实验条件下饱和由普通蒸馏水配制的模拟地层水，饱和完毕后测量岩心的 T_2 及分层 T_2 核磁信号，取出测量其湿重后再次烘干。

③建立束缚水。将岩心再次放入仪器中抽真空，于实验条件下饱和由重水配制的模拟地层水，饱和完毕后进行饱和油并老化一段时间。饱和完毕后测量岩心的 T_2 及分层 T_2 核磁信号。

④CO_2 连续驱替。在驱替开始时，测量岩心的 T_2 谱、分层 T_2 谱以及 MRI，获取实验初始的核磁信号量。

⑤以 0.03mL/min 的速度开展驱替实验，在气驱过程不断测试岩心的 T_2 信号，实时在线监测岩心信号量变化，当 T_2 谱的总信号量每降低 3%，则对岩心此状态的分层 T_2、MRI 进行测试，对气驱前缘进行捕捉。并及时记录每次测试时的注采压力、注采液量、注采速度等关键注采参数。

⑥当采出端大量产气且 T_2 核磁信号基本不再变化时结束实验，并测试最终的 T_2 谱、分层 T_2 谱以及 MRI。

（4）实验结果。

对实验过程中所测的核磁图谱进行绘制，分析 CO_2 混相驱替气驱前缘的变化特征。

①分层 T_2 谱。

通过图 3-5-2 可以看出，在 CO_2 混相驱替阶段，对于同一位置的分层 T_2 谱，表现为代表大孔的右峰信号量首先降低，而代表小孔的左峰信号量降低幅度较小，这表示混相驱替会更容易动用大孔隙中的原油，而小孔隙中的原油虽然也有动用但相对较为困难。在气突破后，即 CO_2 传质携带阶段，两个峰信号量整体降低，这表示在此阶段 CO_2 能够同时将各类孔隙中的剩余油快速携带采出。在信号大小的变化上 CO_2 在驱替过程中会在气驱前缘形成原油的富集，此时前缘位置的信号量会短暂升高。

② MRI 成像分析

由于除烃类气等有核磁信号外，不同的注入气介质如 CO_2、N_2、减氧空气等均没有核磁信号，故在用氘水（无核磁信号）建立束缚水后的饱和岩心气驱过程中，其 T_2 谱、MRI 及一维投影只会反映油相信号的变化。

当 T_2 谱显示的驱油效率变化大于 3% 时进行 MRI 测试，通过气驱过程中的 MRI（图 3-5-3）我们可以看出，随着气驱注入孔隙体积倍数的不断增加，MRI 所反映出的信号量也不断发生变化，其中红色代表强核磁信号，蓝色则代表无核磁信号。CO_2 混相驱替过程中，沿岩心中央整体呈现柱塞状的驱替形态，但仍旧有部分剩余油赋存在岩石孔隙当中。混相驱的驱替阶段并不能完全将岩心中的原油驱替出来，气突破后，岩心各个位置的信号进一步降低，CO_2 对原油的携带作用也对采收率的提高存在一定的贡献。

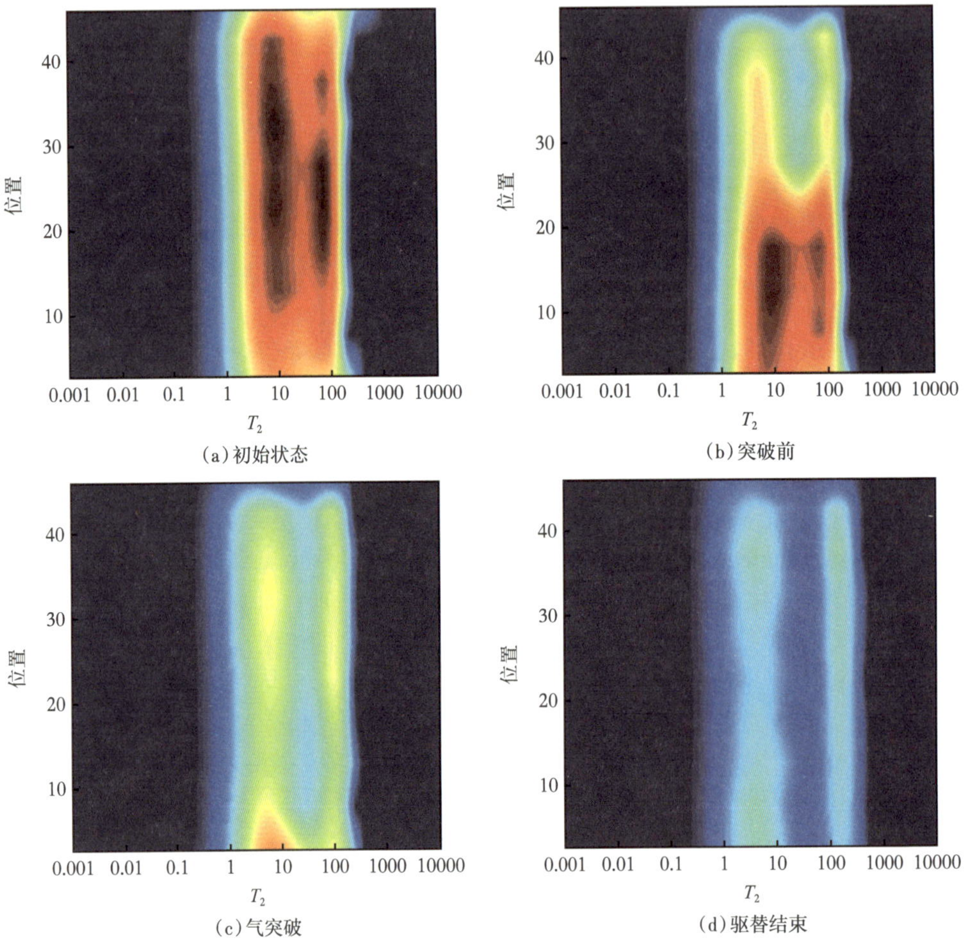

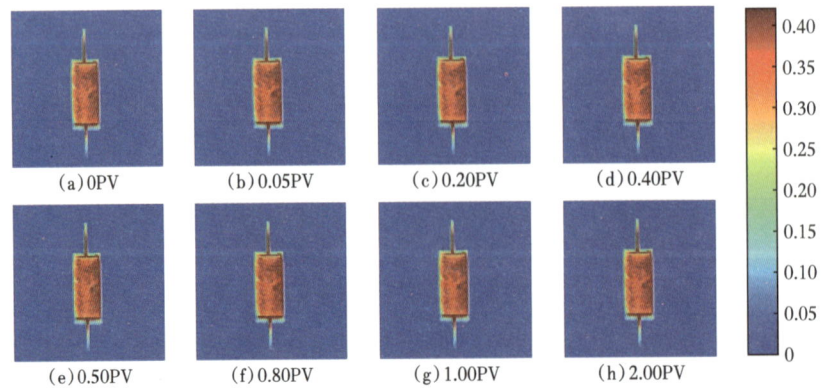

位置
40
30
20
10
0.001 0.01 0.1 1 10 100 1000 10000
T_2
(a)初始状态
(b)突破前
(c)气突破
(d)驱替结束

图 3-5-2　CO_2 混相驱不同位置不同弛豫时间 T_2 信号强度

(a)0PV
(b)0.05PV
(c)0.20PV
(d)0.40PV
(e)0.50PV
(f)0.80PV
(g)1.00PV
(h)2.00PV
0.40
0.35
0.30
0.25
0.20
0.15
0.10
0.05
0

图 3-5-3　CO_2 混相驱 MRI

2. 表面活性剂 +CO_2 驱替提高采收率机理实验

（1）实验方案。

针对长庆鄂尔多斯盆地延长组夹层型页岩油储层，将两组平行岩样分别开展表面活性剂 +CO_2 驱替和 CO_2 驱替两种不同介质驱替下的物理模拟实验，通过建立一维和二维核磁共振评价方法，揭示表面活性剂 +CO_2 驱替提高采收率机理，为长7夹层型页岩油储层的有效开发提供理论依据。

（2）实验材料。

研究采用的岩样取自长庆鄂尔多斯盆地夹层型页岩油储层平行样，其基本参数见表 3-5-3。为了模拟油藏实际开采下的状态，本书使用原油饱和岩样，原油取自鄂尔多斯盆地长庆油田延长组页岩油储层，在常温常压下，测得原油密度为 0.78g/cm³，黏度为 2.5mPa·s；此外，本实验在 65℃ 的油藏温度下展开；所用 CO_2 为 99.95% 以上纯度；研究所用的表面活性剂是一种针对页岩储层研制的高效非润湿性调控驱油体系，通过分子设计手段，研制了烷基醇聚氧丙烯型阴非表面活性剂，优化了 PO 基团及烷基链长，精准调控界面吸附，实现润湿调控高效剥离油膜。产品外观半透明乳状，整体颜色偏白色，密度 0.95~1.05g/cm³，直径 30~50nm，室温 25℃ 下黏度 6.3mPa·s。

表 3-5-3 长7页岩储层岩样基本参数

编号	渗透率 K（mD）	孔隙度 ϕ（%）	长度 L（cm）	直径 D（cm）	驱替介质
1	0.068	9.27	3.264	2.526	二氧化碳
1′	0.068	9.27	4.109	2.529	表面活性剂 + 二氧化碳

（3）实验流程。

①烘干。

将2块岩样置于干燥箱中，在 100℃ 的温度下烘干 24h。

②测孔渗。

氮气测岩样渗透率，氦气测岩样孔隙度。

③饱和煤油。

将岩心抽真空饱和煤油，饱和完毕后测量岩心的 T_2 及二维核磁信号，之后洗油后再次烘干。

④建立束缚水。

将岩心抽真空饱和由重水配制的模拟地层水，饱和完毕后进行饱和油并老化一段时间，为了模拟油藏实际情况，使用原油饱和岩样。饱和完毕后测量岩心的 T_2 及二维核磁信号。

⑤驱替。

将饱和原油后的岩样在进口压力 20 MPa、出口压力 19 MPa、围压 24 MPa 下进行 CO_2 驱替；此外，为了模拟实际油藏温度下的驱替情况，实验在 65℃ 的恒温的条件下展开。平行样 1′号岩样在 CO_2 驱替前用表面活性剂浸泡 0.5h，对照组 1 号岩样直接进行 CO_2 驱替，然后测量岩样在 CO_2 不同驱替流量下的核磁共振 T_2 谱、T_1—T_2 二维核磁共振图谱。

（4）实验结果。

①一维核磁共振定量分析微观动用特征。

研究表明：弛豫时间与孔喉大小有正相关关系。弛豫时间越大，孔喉尺度越大；弛豫时间越小，孔喉尺度越小。将核磁共振图谱中的小于10ms、10~100ms和大于100ms分别定义为基质的小孔喉、中孔喉和大孔喉。图3-5-4为平行岩样不同介质驱替下的一维核磁共振T_2图谱，表为驱替结果。从图中可以看出，随着驱替流量的不断增大，核磁共振图谱逐渐下降，1'号岩样在驱替流量为5PV时下降幅度大于1号岩样，当驱替流量从1PV变为5PV时，表面活性剂+CO_2驱替比CO_2驱替更早达到平衡状态。

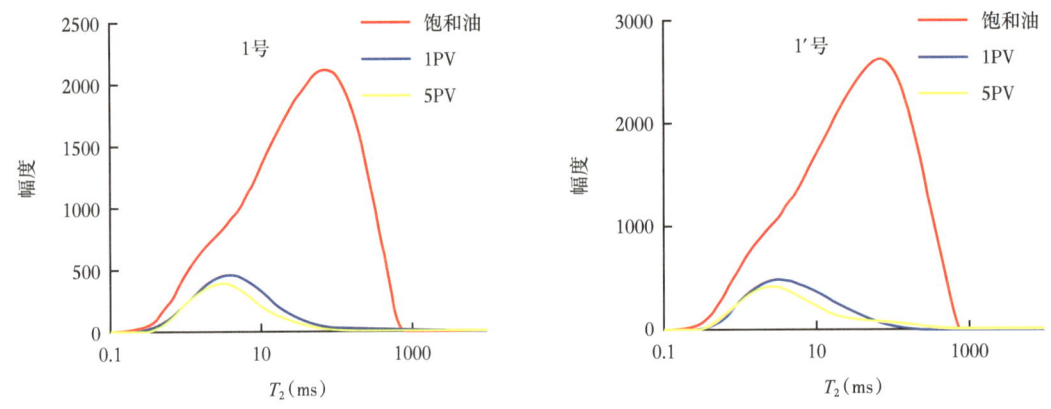

图3-5-4 岩样不同介质驱替核磁共振图谱

由图3-5-5、图3-5-6和表3-5-4可以看出，两种不同的驱替介质下，中孔与大孔贡献主要驱油效率，小孔的驱油效率贡献较小。当驱替倍数为5PV时，表面活性剂+CO_2驱替比纯CO_2驱替驱油效率高0.42%，小孔绝对驱油效率贡献高1.51%；当驱替倍数达到1PV时，表面活性剂+CO_2驱替比纯CO_2驱替驱油效率高0.81%，小孔绝对驱油效率贡献高1.74%；由此可见，表面活性剂+CO_2驱替在各个阶段的驱油效率均高于CO_2驱替，并且在驱替流量为小PV时更明显；表面活性剂对于小孔的驱油效率提升作用效果更明显。

②二维核磁共振定量分析赋存特征。

关于游离油与吸附油流体赋存截止值的需选取，一般有三种方式。一是对比分析岩样在实验室的条件下饱和水以及离心后核磁共振T_2图谱，但同时这种方式具有有限的数据、较高的成本、较长的周期等缺点，同时又难以适用于实际测井之中；二是根据核磁共振岩心实验数据建立地区T_2截止值的平均值，由于实验室各种因素的影响跟现场核磁共振测井所得的数据有所不同；三是在岩心资料较少的情况下，利用地区经验值，可以选用33ms作为T_2截止值。选用33ms作为截止值，划分标准见表3-5-5。

图3-5-7为1号平行样在不同介质驱替下核磁共振T_1—T_2谱，信号量越接近暖色，表明流体赋存越多。从图中可以看到，当驱替倍数由1PV增加至5PV，不同赋存状态流体信号逐渐减弱；在岩样饱和油尚未驱替时游离油信号最强，表明游离油赋存占比最大；在不同倍数驱替后，吸附油信号最强，表明驱替后吸附油赋存占比最大。

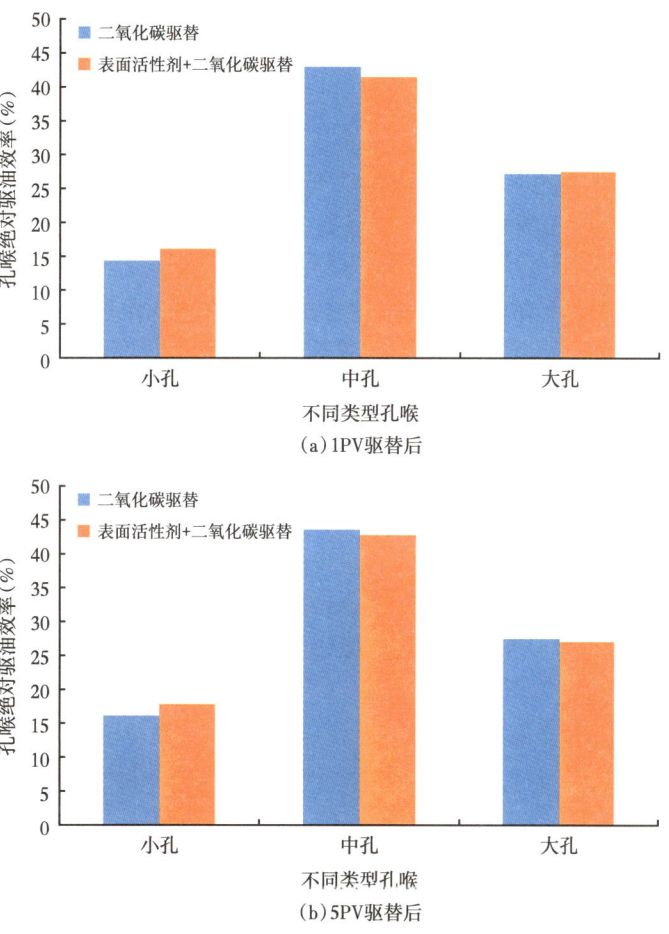

图 3-5-5 岩样不同介质驱替后孔喉驱油贡献

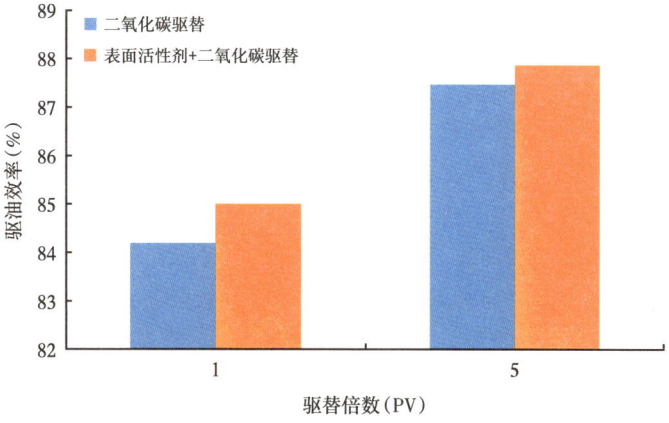

图 3-5-6 不同介质驱替下岩样驱油效率

表 3-5-4　不同岩样在不同介质下驱替核磁共振结果

编号	驱替方式	不同孔隙驱替占比含量（%）							
		1PV				5PV			
		小孔	中孔	大孔	采出程度	小孔	中孔	大孔	采出程度
1	CO_2 驱替	14.45	42.39	27.38	84.21	16.32	43.61	27.51	87.44
1'	表面活性剂 +CO_2 驱替	16.19	41.42	27.41	85.02	17.83	42.87	27.16	87.86

表 3-5-5　不同赋存状态下核磁共振 T_1—T_2 谱信号的划分标准

范围	赋存状态
$T_2 > 33$ms，$T_1 > 33$ms	游离油
$T_2 < 33$ms，$T_1 < 100$ms	吸附油
$T_2 < 1$ms，$T_1 > 10$ms	有机质

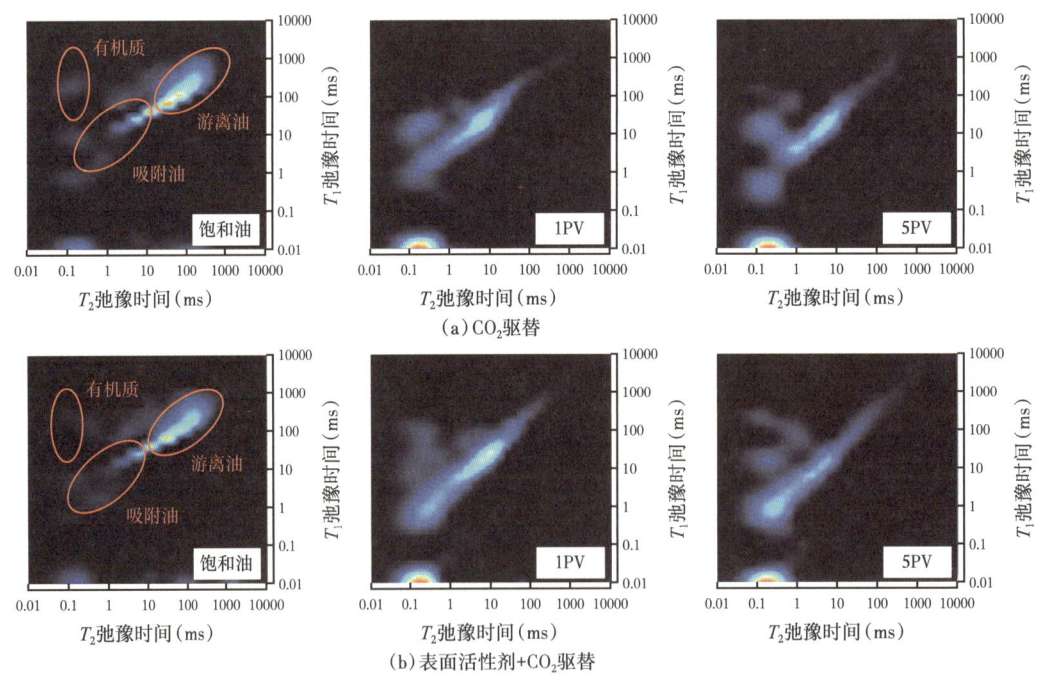

图 3-5-7　1 号平行样驱替二维核磁共振谱

第六节　基于声波监测的 CO_2 驱油物理模拟实验

一、实验概述

针对低渗透率、非均质、裂缝等多种复杂类型油藏开展高温高压条件下基于声波监测的CO_2驱油物理模拟实验研究,能够在室内最大限度地模拟实际油田现场情况,静态地模拟油藏岩石孔隙结构,根据相似准则确定实验的各项参数,动态地模拟油藏的形成过程及不同井网条件下气驱油过程,主要获取压差场图、饱和度场图和驱替效率等参数,评价不同注入方式条件下的驱替效率和驱替特征,可实现不同井网和驱替方式的设计,明确气驱过程中气驱前缘动态变化规律和微观渗流机理。

二、实验装置

1. 高温高压三维物理模拟系统

高温高压三维物理模拟系统是进行基于声波监测的CO_2驱油物理模拟实验的核心设备。目前已经自主研发了高温高压大模型物理模拟实验装置,实验装置如图3-6-1所示。

该装置能够实现以下6大功能:(1)模拟油藏真实温度、压力环境(50MPa、180℃);(2)岩石物理模型尺度更大,50cm×50cm×40cm;(3)模拟低渗、非均质、裂缝等多种复杂类型油藏;(4)在线高压取样及油气组成分析;(5)气驱前缘运移及油气界面定量表征;(6)剩余油及压力分布动态跟踪。

该设备由模型系统、动力系统、计量分析系统以及辅助系统组成,具有如下技术指标:最高工作压力50MPa、压力采集精度0.1级;高压舱内径ϕ820mm;模型尺度最大500mm×500mm×400mm;高压舱内设有控温电加热装置,最高温度180℃,控温精度±0.5℃;驱替泵最高压力12000psi;流速范围0.0001~25mL/min;回压压力精度0.1%fs;色谱仪操作温度室温以上4~450℃,升温速度120℃/min。其关键技术指标覆盖绝大部分气

图3-6-1 注气提高采收率多尺度物理模拟平台

驱油藏条件,适用于多种复杂类型油藏多种气源不同注采方式的机理研究。

2. 超声装置

超声装置由岩心模型、超声发射部分、超声接收部分以及中央控制部分组成研究采用的超声波测试点阵,采集频率高(采集速度达到10^{-6}s级),精度高,采集的数据场图能充分监测渗流过程,为表征气驱前缘、认识剩余油规律及评价驱油效果提供支持。

(1)岩心模型。

岩心物理模型由砂岩制成,在发射探头与岩心上表面、岩心下表面与接收探头之间涂抹耦合剂,以保证探头与岩心表面之间没有空气间隙,使超声信号尽可能多的进入被测对象岩心模型,增大超声信号的透射率。

(2)超声发射部分。

超声发射部分主要包括高压信号发生器、多路开关以及分布于岩心上表面的若干个超声发射探头,该单元的作用是产生合适的超声信号并穿过岩心模型使分布于岩心下表面的若干个超声接收探头能够接收到波形信号。

(3)超声接收部分。

超声接收部分主要包括多路开关、数据采集部分以及分布于岩心下表面的若干个超声

接收探头,该单元的作用是接收穿过岩心的超声信号,并将整个驱替实验过程的数据保存下来。

(4)中央控制部分。

中央控制部分主要包括底层硬件(选用 NI 的 PXIe 模块化硬件平台)和上位机软件(使用 LabVIEW 图形化软件开发平台)两部分,该单元的作用是控制整个实验进程,对超声发射部分、超声接收部分以及整个平台的硬件设备进行控制,保证整个平台的正常工作,实现实验过程的自动化控制[31]。

三、实验原理

传统的电阻率法利用岩心中不同流体具有不同电阻率,通过插入到岩心内部的探头测量流体平均电阻率的变化来反映含油饱和度的变化[31]。由于气体本身不导电,所以电阻率法不适用于气驱过程中流体饱和度的监测,故创新发展了基于声波监测的 CO_2 驱油物理模拟实验技术。

1. 超声波在不同介质中的传播速度

超声波在不同的介质中传播时,通常存在纵波、横波和表面波三种形式,当超声波在液体介质和气体介质中传播时,只有纵波存在,而当超声波在固体介质中传播时,还存在横波和表面波。超声波穿过岩心的岩石骨架和孔隙内的不同流体(油、气、水),纵波、横波和表面波都存在,由于纵波的速度最大,导致纵波最先被接收探头接收,故主要利用超声纵波来进行研究。

当声波穿透厚度为 d 的某单一介质时,声波所经历的时间计算式如下:

$$t = \frac{d}{v} \quad (3\text{-}6\text{-}1)$$

式中 t——声波所经历的时间,ms;

　　　d——岩心厚度,m;

　　　v——超声在传播介质中的声速,m/ms。

声波在不同介质中具有不同的声速,对于本书,实验对象为岩心(由砂岩制成),实验条件为高温高压条件(模拟地层环境),在进行超临界 CO_2 驱替实验时,超声波将穿过气(CO_2)、液(油和水)、固(岩石骨架)多种介质,由于超声波在不同介质中的传播速度不同,所以当岩心孔隙内某一位置的油、水、CO_2 饱和度发生变化时,超声波透射过岩心的时间即首波时间就会发生变化。所以,通过测量超声波穿透时间 t,可以反映这一位置油、水、CO_2 饱和度的变化[31-32]。

2. 超声波在介质中的衰减

超声波在介质中传播时,会出现随着传播距离的增加,其能量(强度或振幅)逐渐减弱的现象,这种现象被称为超声波的衰减。超声波的衰减主要有吸收衰减、散射衰减和扩散衰减等形式,引起这些衰减的原因都各不相同。超声波的吸收衰减和散射衰减都取决于介质的性质,而扩散衰减只取决于声源的特性[33]。本专题主要研究的是超声波与不同介质之间的关系,所以无须考虑扩散衰减。而对于本课题的岩心驱替实验,主要考虑吸收衰减的影响。

3. 超声投射法

超声波在不同的流体中具有不同的传播速度和不同的吸收衰减（图3-6-2），故利用超声波的这两个特性，通过测量超声波透射岩心的首波时间和首波幅值，就可以得到超声波在岩心中的平均声速和声幅衰减情况，进而得到驱替过程中岩心孔隙内的驱替前缘变化和各相流体的动态分布。

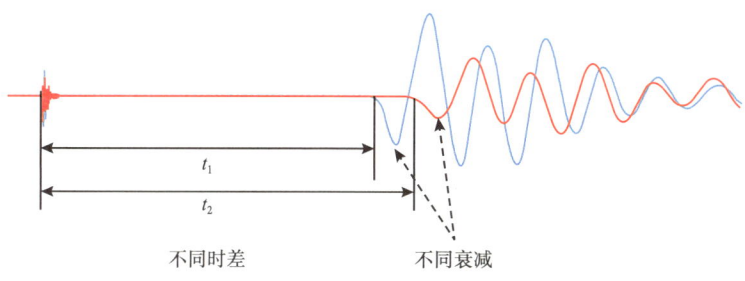

图3-6-2 声波时差和衰减特性

图3-6-3为超声透射法的示意图，通过测量不同时刻不同位置超声波透射过岩心后的首波时间和首波幅值来反映岩心孔隙内各相流体（油、气、水）的动态分布。

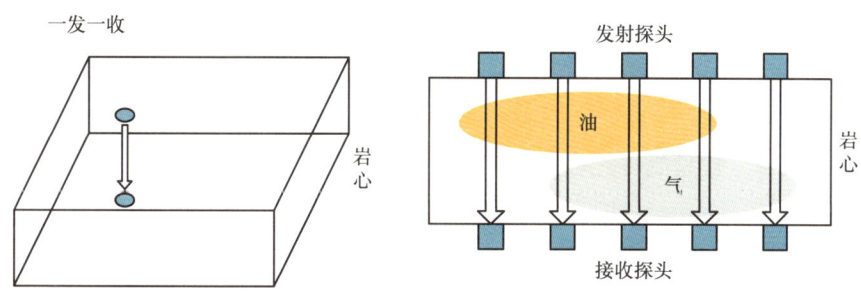

图3-6-3 超声投射法示意图

首波时间是指超声波透射过岩心所用的时间，如图3-6-4所示，原始波形经过滤波后的第一个波的起振点对应的时间即为首波时间。首波时间的变化反映了岩心孔隙内各相流体饱和度的变化。

首波幅值是指超声波透射过岩心后第一个波的幅值，如图3-6-4所示，原始波形经过滤波后的第一个波的波谷幅值即为首波幅值，首波幅值为负值。首波幅值的变化也反映了岩心孔隙内各相流体饱和度的变化。

四、大岩石模型制备

通过对大岩石模型的制备，能够以实际矿场地层基质参数为参考，根据相似准则设计大岩石模型，模型最大尺寸50cm×50cm×40cm，同时对储层非均质特征以及油田不同井型进行精确模拟，为明确气驱过程中气驱前缘动态变化规律和微观渗流机理提供基础。

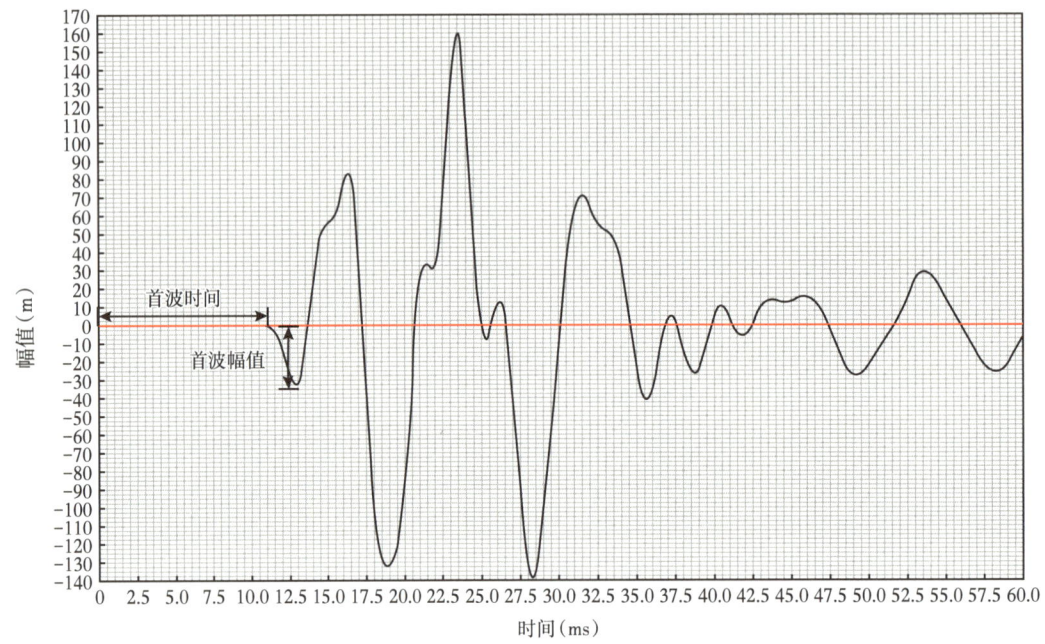

图 3-6-4　首波时间和首波幅值

1. 岩心切割及烧制

露头岩心整体切割形成二维大岩石模型基质，可通过高温烧制形成高渗带和微裂缝对真实岩心进行模拟，模型制备过程如图 3-6-5 所示。

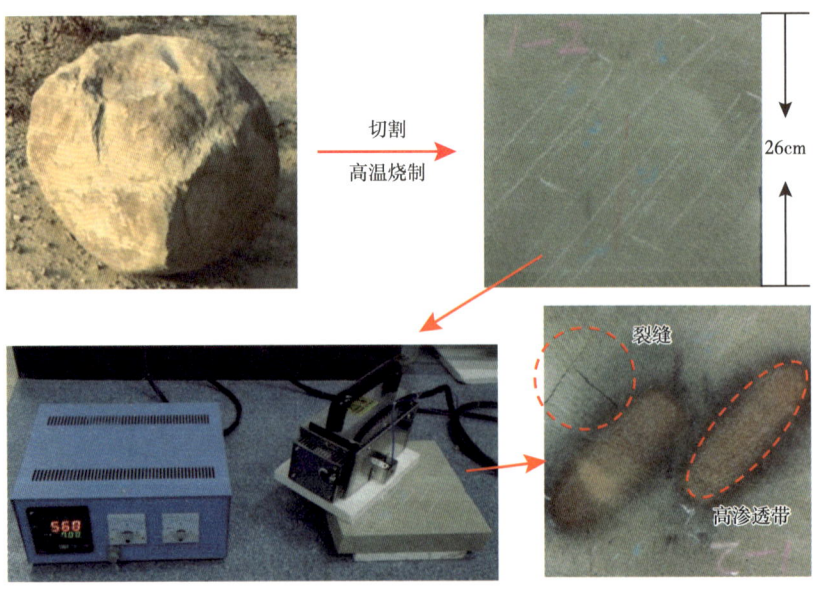

图 3-6-5　二维大岩石模型制备过程

环境扫描电镜放大100倍后可观测在岩心表面形成了宽度为5~10μm的微裂缝，如图3-6-6所示。

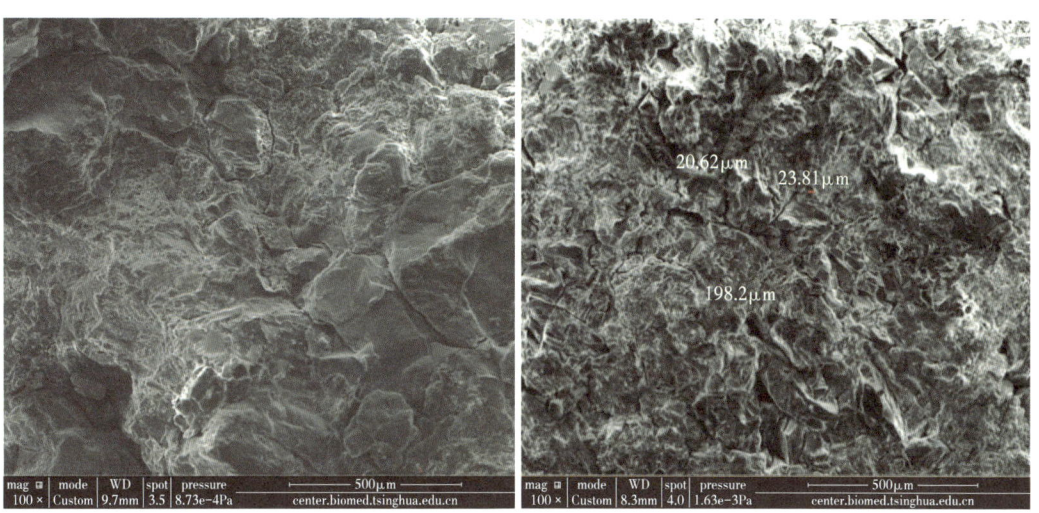

图3-6-6　二维大岩石模型经高温烧制后形成微裂缝

2. 模型封装

模型封装分为以下3个步骤。
（1）在模型上钻孔并连接管线；
（2）粘接饱和度测试声波传感震动测点并连接测试电缆；
（3）环氧树脂封装模型。封装过程如图3-6-7至图3-6-9所示。

图3-6-7　粘接饱和度测试声波测点

图3-6-8　环氧树脂胶结封装

五、应用举例

1. 实验方案

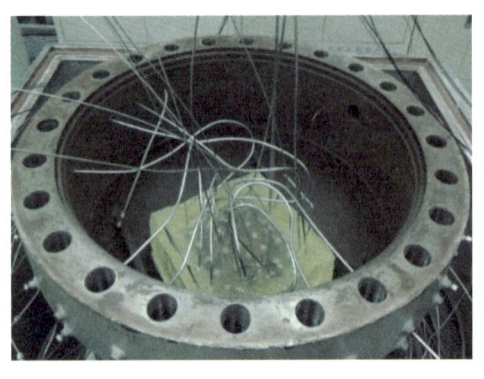

图 3-6-9　模型封装完毕

以长庆油田特低—超低渗透油藏为例,针对长庆油田特低—超低渗透油藏的流体及储层特点,在选定的姬源油田黄三区块地层温度、压力条件下,利用二维低渗透非均质平板大岩石模型驱替实验探索渗透率、裂缝、高渗带对水驱和CO_2驱波及效率影响,深入认识特低—超低渗透裂缝和高渗透带油藏水驱后储层CO_2混相驱及非混相驱波及特征和运移规律,为试验区提高进一步提高采收率提供依据。根据黄3试验区的实际需求,沿裂缝和高渗透带方向对角注采,模拟五点法四分之一井网,设计以下2个实验方案。

方案1:水驱后转CO_2混相驱;

方案2:水驱后转CO_2非混相驱,再转水气交替注入。

2. 实验材料

(1)实验模型。

根据上述岩石制备方法制备二维大岩石模型,其基础参数见表3-6-1。

表 3-6-1　二维大岩石模型基础参数

长度 L(cm)	26
宽度 W(cm)	26
高度 H(cm)	4.5
基质渗透率 K_m(mD)	1.96
裂缝渗透率 K_f(mD)	150~200
高渗带渗透率 K_{hp}(mD)	16.0

(2)实验流体。

本书所用的地层原油样品按照地层流体饱和压力,将地面脱气油和实验室配制气样进行重组配制成塬30-101井地层流体样品。CO_2注入气样品为工业级,购自北京兆格气体厂,纯度为99.95%。地层水样品来源井为塬28-102和注入水样品来源井为塬300-100。

3. 实验流程

(1)饱和水。

将系统升温至84℃,同时对模型抽真空,时间不低于24h,用0.2cm³/min的速度饱和水。

(2)造束缚水。

保持系统的温度和压力,用0.2cm³/min的速度饱和油。饱和油完毕后,计量饱和油总量,并计算岩心含油饱和度。模型体积3042cm³,孔隙体积412.8cm³,孔隙度13.57%,2

组实验二维模型束缚水饱和度数据见表 3-6-2。

表 3-6-2 二维模型束缚水饱和度

方案编号	束缚水饱和度 S_{wi}（%）
1	41.86
2	40.59

（3）水驱。

用 0.2cm³/min 的速度进行水驱，可随时调整注入速度以保持驱替压差小于 1MPa，至产液含水率 98% 时停止水驱；水驱初始阶段间隔 30min 产出油/气/水读数一次，随着油量的减少可适当增加取样间隔时间；注入压力间隔 5min 读数一次，利用装置压力、声波跟踪系统实时监测、记录实验过程。

（4）水驱后转 CO_2 驱。

连接气驱流程，并将 CO_2 气罐压力升至夹持器水驱末期入口压力，以防止窜流发生；用 0.2 cm³/min 的速度进行气驱，可随时调整注入速度以保持驱替压差小于 1MPa，至产出液中不再含油为止；气驱初始阶段间隔 15min 产出油/气/水读数一次，随着油量的减少可适当增加取样间隔时间；注入压力间隔 5min 读数一次，利用装置压力、声波跟踪系统实时监测、记录实验过程。

（5）水/CO_2 交替注入（WAG）。

按照注入量转换水驱和气驱流程，进行 3 个轮次的水气交替注入，最后 CO_2 驱至不产油结束实验。

4. 实验结果

（1）水驱后转 CO_2 混相驱。

驱替过程中的累积采出程度、产出液含水率、气油比、驱替压差变化曲线如图 3-6-10 和图 3-6-11 所示。

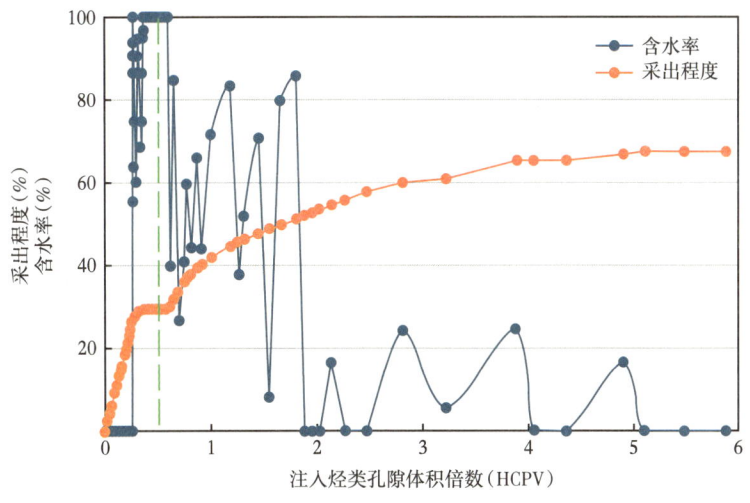

图 3-6-10 采出程度、含水率随注入量变化曲线（水驱后转 CO_2 混相驱）

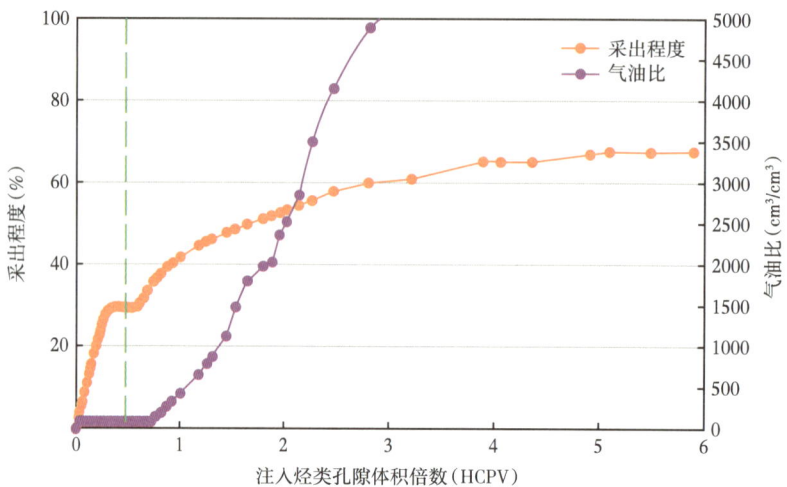

图 3-6-11　采出程度、气油比随注入量变化曲线（水驱后转 CO_2 混相驱）

水驱采收率为 29.8%，后续 CO_2 驱在水驱基础上大幅度提高原油采收率 40%，采收率达到 69.8%。

水驱和 CO_2 驱过程的油水界面及气液界面如图 3-6-12 和图 3-6-13 所示。

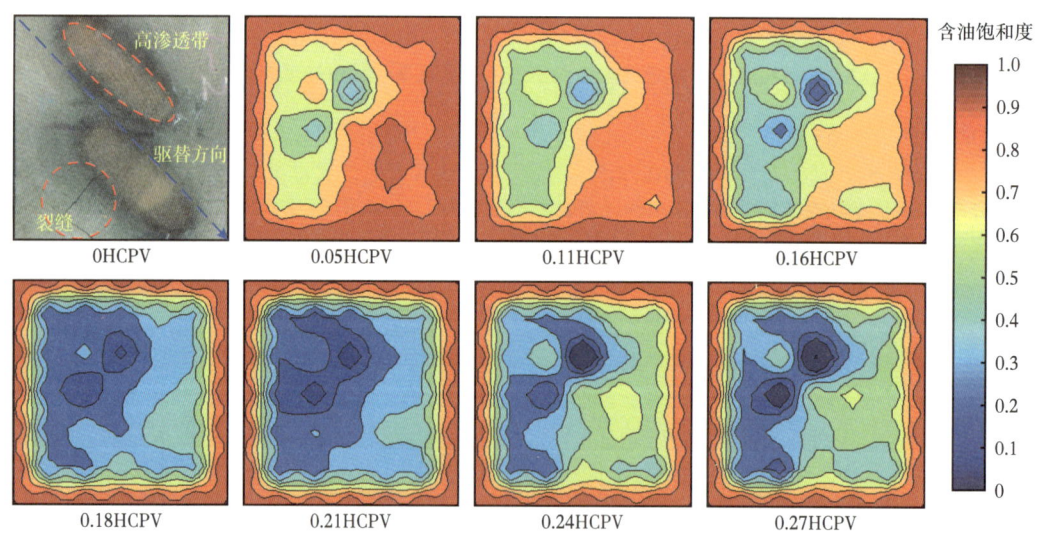

图 3-6-12　水驱波及过程

注入水首先沿裂缝发育部位运移，随后进入高渗透区，低渗透区运移缓慢。

水驱后混相驱过程中，注气突破前 CO_2 驱替前缘运移相对水驱更加均匀，一定程度上消除了裂缝和高渗透带的影响；注入气突破后在裂缝和高渗透带的影响下有气串现象，但仍能产油。

（2）水驱转 CO_2 非混相驱再转 WAG。

驱替过程中的累计采出程度、产出液含水率、气油比、驱替压差变化曲线见图 3-6-14 和图 3-6-15。

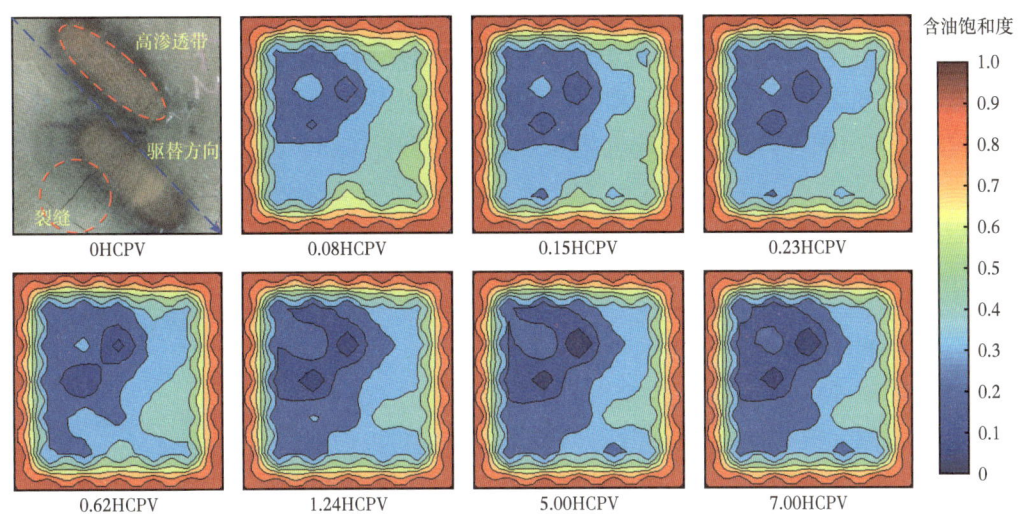

图 3-6-13　CO_2 驱波及过程

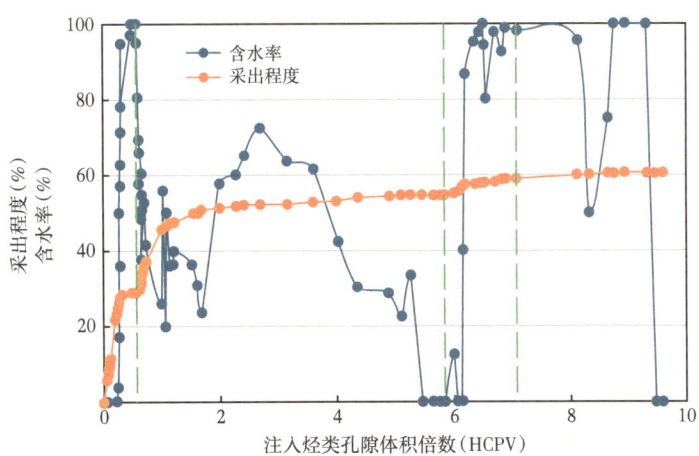

图 3-6-14　采出程度、含水率随注入量变化曲线（水驱转 CO_2 非混相驱再转 WAG）

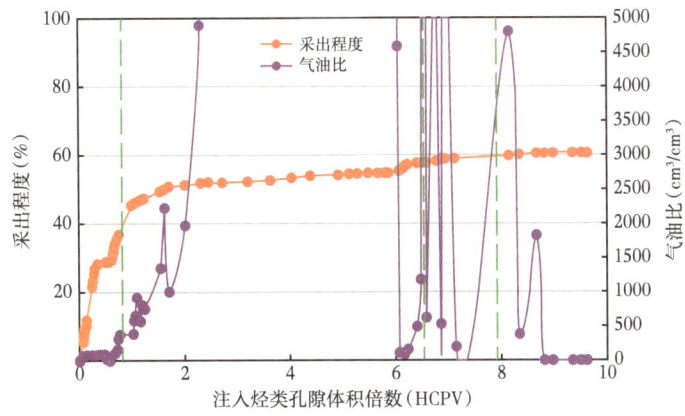

图 3-6-15　采出程度、气油比随注入量变化曲线（水驱转 CO_2 非混相驱再转 WAG）

对比第一组实验，水驱采出程度小幅降低，为28.91%。但由于CO_2非混相驱气窜严重，CO_2驱阶段仅比水驱提高采收率25.7%，CO_2驱后的采收率为54.61%。针对非混相驱，受到裂缝和高渗透带的影响，即使采用水气交替注入的方式也无法大幅提高采收率，WAG阶段仅提高采收率5.24%，最终采收率仅为60.41%。

5. 实验认识

（1）CO_2驱油效果。

混相驱前缘明显比水驱均匀，有效驱动了基质剩余油；CO_2非混相驱气窜严重，突破后采油速度逐渐降低；高PV驱替，高气油比仍能持续产油，最终大幅提高采收率。

（2）CO_2驱主控因素。

（1）裂缝和高渗透带发育：严重影响CO_2驱波及体积；

②地层油组分中C_2—C_{15}含量为57.53%，有利于CO_2与地层油实现混相；

③受储层非均质性的影响，水驱后剩余油分布不均，CO_2更加容易发生气窜。

第四章　CO_2埋存机理研究实验技术

近年来针对CO_2埋存机理的研究得到了广泛重视，相关实验技术快速发展。CO_2埋存机理实验技术基本形成了单一机理的实验测试方法及配套装置，测试参数已经可以涵盖溶解、束缚、构造、矿化封存等CO_2封存的主要机理，基本可满足埋存潜力评价及方案设计的需求。CO_2埋存机理研究实验技术主要包含CO_2溶解量测试实验、CO_2溶蚀反应速率与岩石孔喉结构影响实验、CO_2束缚量评价实验、CO_2埋存对岩石力学性质影响实验和CO_2埋存固碳量研究实验等。

第一节　CO_2溶解量测试实验

一、实验概述

CO_2溶解量是在储层温度压力条件下注入CO_2与地层流体达到气液溶解平衡时溶解于液相中的二氧化碳量。目前，国内外常用的CO_2在高温高压条件下溶解度评价实验方法包括静态法、循环法、泡点露点法、流动法和原位光谱法等[34-37]。

静态法是将系统处于密闭状态且抽真空后将液体混合物充入平衡釜，将平衡釜放置于恒温水浴中并搅拌，一段时间保持平衡釜的温度恒定，使釜内气液两相实现平衡。记录最初时刻和平衡时刻气体的体积和压力，并计算气体在液相中溶解的摩尔数，从而得到气体的溶解度[38]。循环法是向含有试样的平衡釜中通入溶质气体，利用循环泵使液相或者气、液两相在恒温下循环，获得气液平衡时的温度和压力，对此时的气相进行色谱分析来计算气体的溶解度[39-40]。泡露点法是通过加（减）压，使高压釜中确定量的液体和气体混合形成单相，在保持恒温的状态下逐渐减（加）压，测试泡点或露点。将不同比例组成下液体（气体）混合物的泡点（露点）联结，得到液相线（气相线）[40-41]。流动法是利用物质的流动来达到气液两相平衡，即在预加热器中将气体和液体充分进行混合加热，使其处于恒温状态，进入反应釜后开始气液分离，气体组分从釜顶取出，液相组分从釜底取出，待冷凝后各自进行取样分析[40-42]。原位光谱法是将放有适量溶质的反应釜的温度调至待测温度后通入CO_2，借助磁力搅拌器使溶质与CO_2充分接触。溶质将在不断升高的压力下逐渐溶解，与CO_2形成混合物。在确定的压力条件下，定时对混合物的吸光度进行测定，直至吸光度固定不变，溶质与CO_2实现溶解平衡。

不同溶解度测试方法具有各自的优缺点。静态法操作简单，但需耗费大量的时间来实现平衡状态；循环法为了减小误差必须保证气相在进行色谱分析之前不受设备内部冷凝或者过热等现象的影响；泡点露点法操作难度大，难以判断反应釜内混合物是否达到泡点（露点）；流动法难以连续精确的计量，须配备输送气料的压缩机和输送液料的泵，实验成本较高;原位光谱法具有精度高、取样简易及保持系统平衡的优点,但目前尚未清楚超临界CO_2的密度变化是否会影响光谱的吸收。

在测量CO_2溶解度的众多方法中,静态法因其操作简便,所需的样品量少,而被广泛应用。

二、实验装置

实验所需的主要材料包括:纯水,分析纯(大于99.7%)的$NaCl$、Na_2SO_4、$NaHCO_3$、$CaCl_2$、$MgCl_2 \cdot 6H_2O$,N_2(N_2钢瓶,99.99%),CO_2(CO_2钢瓶,99.99%),实验用油等。实验用油的准备和配制按GB/T 26981—2020《油气藏流体物性分析方法》的规定执行,测试实验用油的基础物性参数,包括密度、体积系数、不同压力下的黏度等。实验用水的准备和配制按GB/T 28912—2012《岩石中两相流体相对渗透率测定方法》的规定执行。

实验装置示意图如图4-1-1所示,包括高温高压活塞容器、高压驱替泵、气液分离装置、气量计、回压阀、加热装置等,各装置的技术指标见表4-1-1。

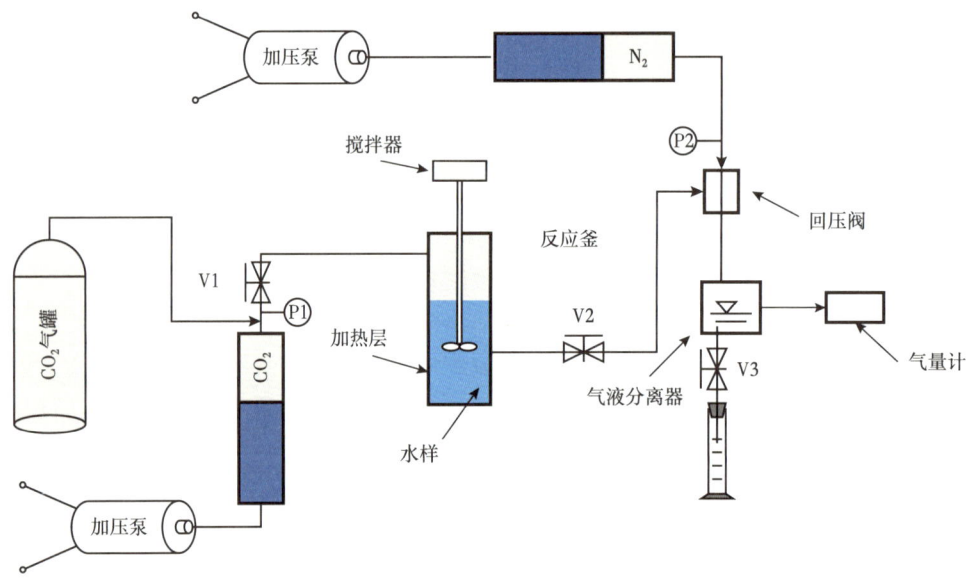

图4-1-1 溶解度实验装置示意图

表4-1-1 实验装置技术指标

设备名称	量程	精度/容积	工作范围
高温高压活塞容器	0~70MPa	500mL	0~150℃
气量计	10MPa	0.01MPa	0~150℃
高压驱替泵	0~70MPa	0.1MPa	室温
电子天平	0~210g	0.001g	室温
回压阀	0~70MPa	0.01MPa	0~150℃

三、实验步骤

1. 概述

将 CO_2 注入含有地层流体的高温高压活塞容器中,使 CO_2 与地层流体在实验温度和压力条件下达到气液平衡,通过加压泵从活塞容器中排出一定量的饱 CO_2 流体进入气液分离器,利用回压阀来控制样品的排出,从而减小实验误差。使用气液分离器分离气体和液体后分别进行测量,计算出溶液中的 CO_2 溶解度。

2. 具体步骤

测量 CO_2 在地层水中溶解度的具体实验步骤如下。

(1)清洗高温高压活塞容器;

(2)将地层流体(300mL)注入高温高压活塞容器后,抽真空以排出系统内部气体;

(3)启动加热装置,调整温度至目标温度;

(4)向高温高压活塞容器中缓慢注入 CO_2,打开阀门 V2,同时调整回压大于目标压力(1~2MPa);

(5)开启搅拌(转速大于 200r/min),搅拌 2h 后停止,然后静置 30min;

(6)通过注入 CO_2 给高温高压活塞容器缓慢加压,使其略大于回压,让饱和二氧化碳的溶液通过回压阀排出,直至得到稳定气体流量;

(7)继续排出一定体积 V_0 的饱和 CO_2 溶液,计量气液分离后的 CO_2 体积 V_1 和溶液体积 V_2,计算溶解度。

测量 CO_2 在地层油中溶解度的具体实验步骤如下:

(1)CO_2 和原油溶解平衡按照测量 CO_2 在地层水中溶解度的步骤(1)~(5)执行;

(2)排出一定体积的饱和 CO_2 原油至气体流量稳定,分析采出气中 CO_2 体积百分比(m);

(3)继续排出体积 V_4 的饱和 CO_2 原油;

(4)记录气体流量计读数,得到 V_4 体积的原油所溶解的气体体积 V_5,计算原油中 CO_2 溶解度。

3. CO_2 在地层水中溶解度的计算方法

(1)CO_2 在标准状况下的体积。

CO_2 在标准状况下的体积计算式(4-1-1):

$$V_3 = \left(\frac{293.15 p_0}{0.101 T_0} \right) V_2 \tag{4-1-1}$$

式中 V_3——CO_2 在标准状况下的体积,m^3;

V_2——CO_2 在室温和大气压下的体积,m^3;

T_0——室温,℃;

p_0——大气压,MPa。

(2)CO_2 在地层水中溶解度。

CO_2 在地层水中溶解度计算式(4-1-2):

$$W_1 = 1000 \frac{\rho_{CO_2} V_3}{M_{CO_2} \rho_{水} V_1} \quad (4-1-2)$$

式中 W_1——CO_2 在地层水中溶解度，mol/kg；
　　M_{CO_2}——CO_2 摩尔质量，g/mol；
　　$\rho_{水}$——饱和 CO_2 地层水密度，kg/m³；
　　ρ_{CO_2}——标准状况下 CO_2 密度，kg/m³；
　　V_3——CO_2 在标准状况下的体积，m³；
　　V_1——地层水在实验条件下的体积，m³。

4. CO_2 在地层油中溶解度的计算方法

（1）CO_2 在标准状况下的体积。

CO_2 在标准状况下的体积计算公式如下：

$$V_6 = \left(\frac{293.15 p_0}{0.101 T_0}\right) V_5 m_1 \quad (4-1-3)$$

式中 V_6——CO_2 在标准状况下的体积，m³；
　　V_5——溶解气在室温和大气压下的体积，m³；
　　T_0——室温，℃；
　　p_0——大气压，MPa；
　　m_1——采出气 CO_2 体积百分比，%。

（2）CO_2 在地层油中溶解度。

CO_2 在地层油中溶解度计算式（4-1-4）：

$$W_2 = 1000 \frac{\rho_{CO_2} V_6}{M_{CO_2} \rho_{油} V_4} \quad (4-1-4)$$

式中 W_{CO_2}——CO_2 在原油中溶解度，mol/kg；
　　M_{CO_2}——CO_2 摩尔质量，g/mol；
　　$\rho_{油}$——饱和 CO_2 原油密度，kg/m³；
　　ρ_{CO_2}——标准状况下 CO_2 密度，kg/m³；
　　V_6——CO_2 在标准状况下的体积，m³；
　　V_4——饱和原油在实验条件下的体积，m³。

四、应用实例

1. CO_2 在纯水和 NaCl 溶液中溶解量实验评价

本书对 CO_2 在纯水中溶解能力和在 NaCl 溶液中的溶解能力开展实验验证，将实验结果与文献中的结果对比，实验结果表明该实验方法具有可执行性。

针对 CO_2 在纯水和 NaCl 溶液中的溶解度，测量温度为 35℃、40℃、45℃、50℃，压力为 5MPa、7MPa、10MPa、15MPa、20MPa。实验流程如图 4-1-2 所示。图 4-1-3 对比了本实验室所测 CO_2 在纯水中溶解能力实验结果与文献实验结果。实验测试结果与文献中数据结果吻合。

第四章　CO_2 埋存机理研究实验技术

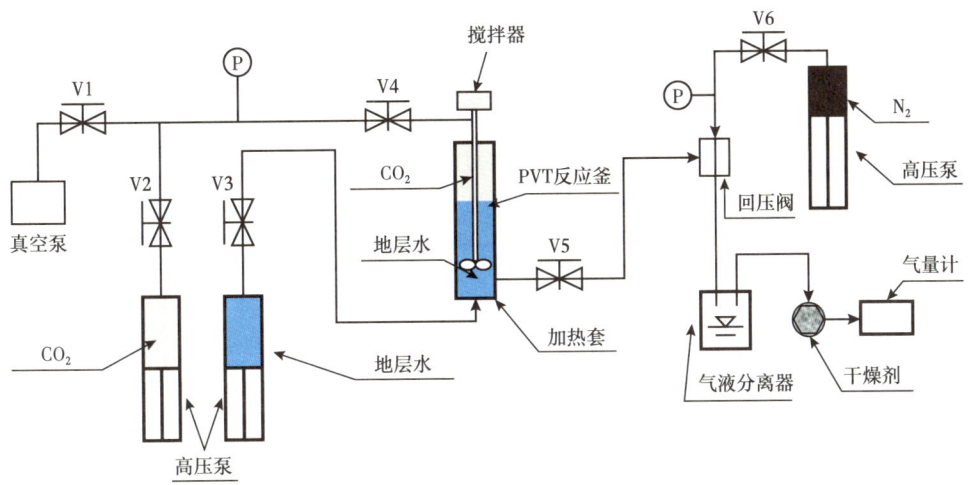

图 4-1-2　CO_2 溶解度测试装置示意图

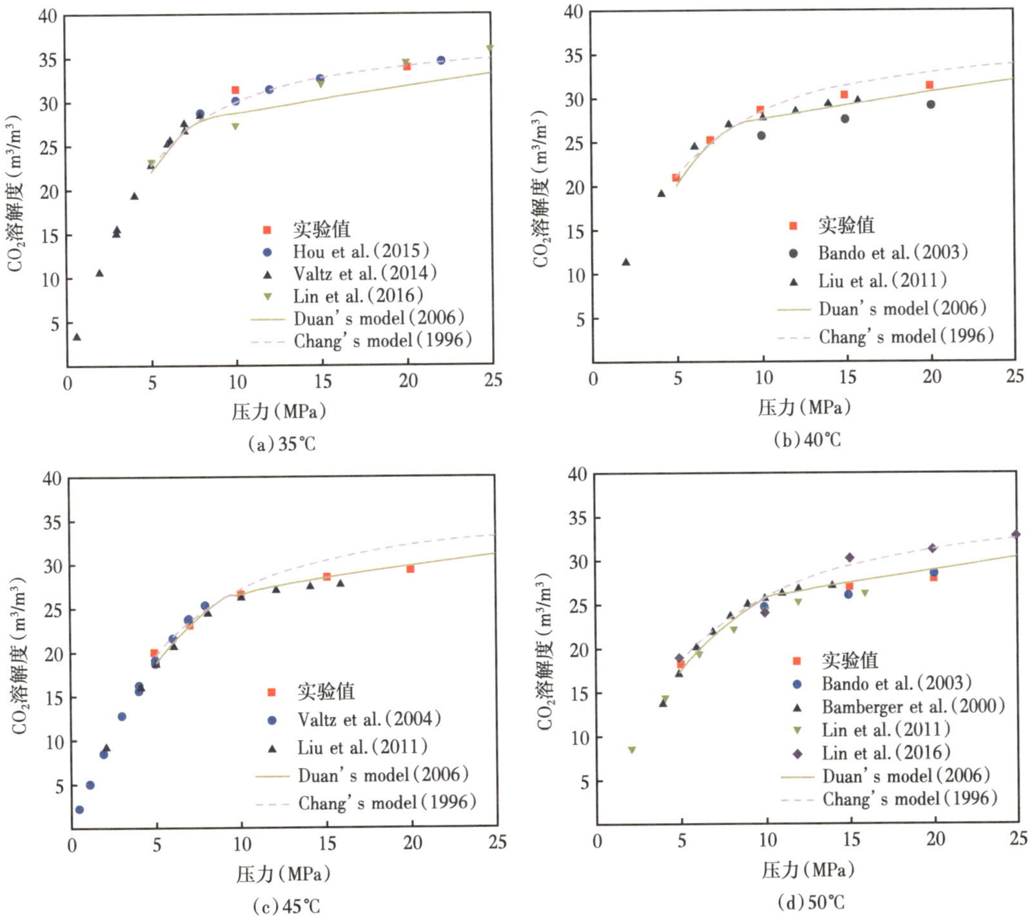

图 4-1-3　CO_2 溶解度实验结果与已发表数据对比

2. CO_2 在松辽盆地地层水中的溶解度

本实验室对 CO_2 在松辽盆地地层水中的溶解度开展实验。根据地层水分析结果，配制一定体积的地层水样品，并利用 5vol% HCl 或 NaOH 溶液滴定，测量其 pH 值，配制地层水代表性相关数据见表 4-1-2。开展高温高压饱和条件下 CO_2—地层水溶解性能测试，松辽盆地不同地层水在地层温度和压力下的溶解度见表 4-1-3，如图 4-1-4 所示。

表 4-1-2 地层水数据筛选结果

盆地	序号	Ca^{2+}（mg/L）	Mg^{2+}（mg/L）	Na^+（mg/L）	HCO_3^-（mg/L）	SO_4^{2-}（mg/L）	Cl^-（mg/L）	pH	TDS（mg/L）
松辽盆地北部	1	42	11	4668	3391	894	4657	8	13661
	2	21	19	3465	3350	125	3395	8	10374
	3	60	43	2516	3720	432	1940	7	8900

表 4-1-3 地层水 CO_2 溶解度测试结果

盆地	样品序号	总矿化度（mg/L）	温度（℃）	压力（MPa）	溶解度（m³/m³）
松辽盆地	1	13660.78	62	16	23.4
	2	10374.44	77	20	24.4
	3	8900.00	95	25	24.9

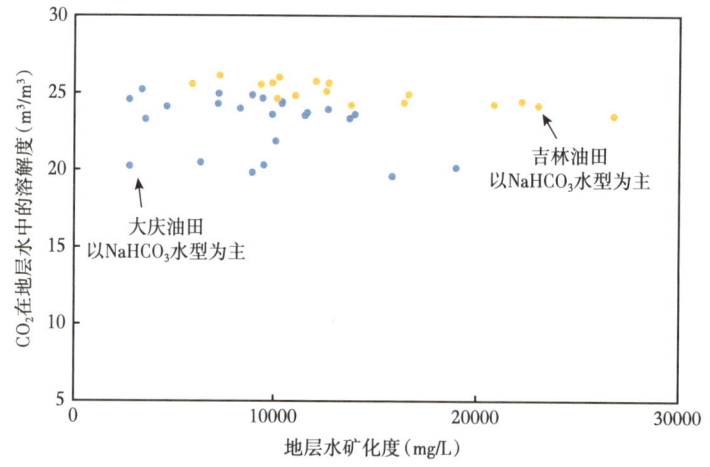

图 4-1-4 CO_2 在松辽盆地中的溶解度

第二节 CO_2 溶蚀反应速率与岩石孔喉结构影响实验

一、CO_2 溶蚀反应速率实验

1. 实验概述

饱和 CO_2 地层水与岩石化学反应速率是指单位时间内饱和 CO_2 地层水与岩石反应消耗的岩石固体变化量。室内实验主要针对 CO_2—水—岩相互作用的短期行为进行研究，根

据是否存在流体运移过程，又可分为岩心驱替实验和高压釜实验。关于岩心驱替实验，通常将岩心切割成规定形状（多圆柱体），放入夹持器中饱和水，根据实验目的选取溶解有 CO_2 的纯水/盐水或者 CO_2 气体进行驱替实验。实验过程可以监测流体流动路径上的压力变化，并获取流出气液组分，进行水化学取样工作。关于高压釜实验，一般将岩心破碎成薄片或粉末，放入高压釜中进行充水、注入 CO_2，进而开展不同温压条件下 CO_2—水—岩相互作用实验。由于不涉及流体流动，高压釜通常可以进行温度压力更高、时间更长的实验研究。实验过程中可以通过取样阀门获取反应溶液，进行水化学监测。部分高压釜装配搅拌装置，方便加快反应速率，可以用于研究表面反应速率和分子扩散速率在矿物溶解过程中的控制作用[43-44]。

2. 实验装置

实验用水的准备和配制按 GB/T 28912—2012《岩石中两相流体相对渗透率测定方法》的规定执行。实验装置流程示意图如图 4-2-1 所示，包括注入泵、中间容器、驱替泵、控制阀门、高温高压活塞容器、压力传感器或压力表、恒温箱。

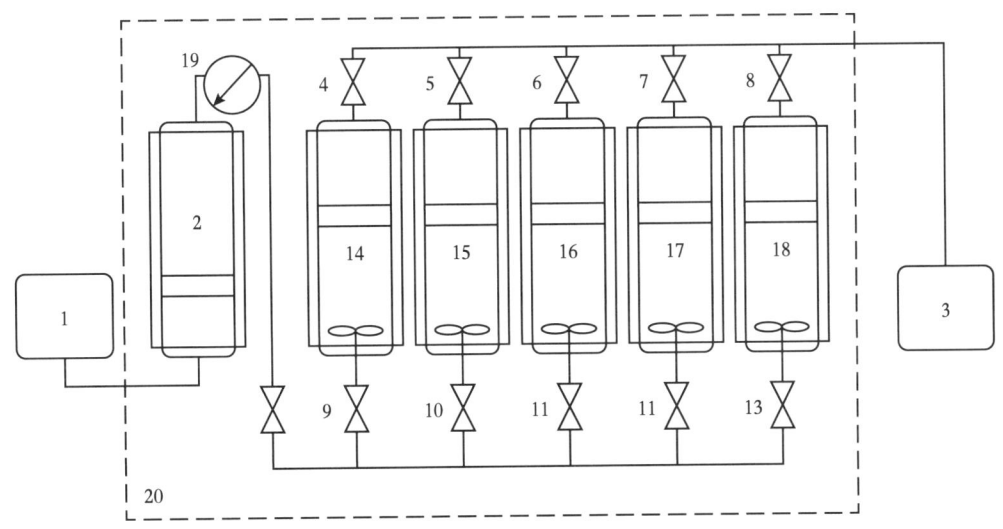

1—注入泵；2—中间容器；3—驱替泵；4，5，6，7，8，9，10，11，12，13—控制阀门；
14，15，16，17，18—高温高压活塞容器；19—压力传感器或压力表；20—恒温箱。

图 4-2-1 CO_2 溶液与岩石矿物化学反应实验流程示意图

下列为实验用仪器仪表名称及规格、精度要求。

（1）高温高压活塞容器最高工作压力：不低于 70MPa；最高工作温度：不低于 150℃；润湿部分采用耐腐蚀材料；

（2）驱替泵/注入泵最高工作压力：不低于 70MPa；最低注入速度：不高于 0.001mL/min；流量精度：不低于 0.5%；

（3）中间容器最高工作压力：不低于 70MPa；最高工作温度：不低于 150℃；润湿部分采用耐腐蚀材料；

（4）压力传感器最高工作压力精度：不大于 0.5%；压力表精度：0.25 级。

3. 实验步骤

测量 CO_2—水—岩反应速率的具体实验步骤如下。

（1）将烘干后质量为 m_1 的岩石样品分别放入一组高温高压活塞容器中，同时调整温度和压力至实验值；

（2）分别注入一定体积的饱和 CO_2 地层水溶液至高温高压活塞容器中；

（3）水岩反应时间为 Δt 时，取出岩样用去离子水清洗后并烘干；

（4）称量烘干后岩样质量为 m_2；

（5）计算岩石样品平均岩石溶蚀速率。

平均岩石溶蚀速率计算方法如下：

$$J = \frac{m_1 - m_2}{\Delta t} \tag{4-2-1}$$

式中　J——平均岩石溶蚀速率，g/s；

　　　Δt——反应时间，s；

　　　m_1——岩样初始质量，g；

　　　m_2——反应时间 Δt 后岩样质量，g。

二、CO_2 埋存对岩石孔喉结构影响实验

1. 实验概述

CO_2 与地层流体和矿物发生物理化学作用之后，改变岩石孔隙结构和岩石力学性质，明确其影响规律有助于准确描述储层渗流性质的变化以及长期安全评价。本节主要探讨 CO_2 埋存对岩石孔喉结构与岩石力学性质影响的实验方法，阐述常用实验方法的关键步骤。

孔隙结构是指岩石内的孔隙和喉部的类型、大小、分布和相互连接关系。孔隙是流体可以存在岩石中的先决条件，吼道是连通各个孔隙的细小通道，控制着流体在岩石中的流动规律。传统岩石孔隙结构特征的主要研究方法包括毛细管压力曲线法、铸体薄片法、扫描电镜法、CT 扫描方法、核磁共振法和利用测井数据研究岩石孔隙结构以及三维孔隙结构模拟方法等[45]。

压汞法是通过测量毛细管压力来评价孔喉结构，利用水银与大多数流体相比较为非湿相的特点，把水银注入干净且干燥的岩心孔隙中需要克服岩心孔隙的毛细管阻力，即需要对水银施加一定的压力。对水银加压使其进入岩心孔隙的过程就是测量毛细管压力的过程。注入水银的每一个压力都反映一个相应的孔径的毛细管压力，每个压力下注入岩心孔隙的汞体积就代表着所对应孔隙体积的大小。持续升高压力记录进入岩样的水银体积值与对应压力值就可以得到水银—空气的毛细管压力与岩样含汞饱和度两者的关系曲线[46]。

扫描电镜法是利用扫描电镜来分析样品的结构特征和性能的方法。当电子轰击样品表面时会产生各种信号，其中包括二次电子、背散射电子和不同能量的光子等。这些信号来自样品的特定发射区域，随表面形貌的不同而变化。其基本原理是用极细的电子束扫描样品的表面，然后按电视原理放大成像放映在电视屏幕上[47-48]，通过分析图像获取岩石孔隙类型、结构特征及孔喉半径等参数。

核磁共振（NMR）实验经常用于评估各种类型孔隙中流体的流动性。原子核从极化状态过渡到平衡状态的过程叫作弛豫，这种过渡的持续时间称为弛豫时间。弛豫时间可分为两种类型：纵向弛豫时间 T_1 和横向弛豫时间 T_2。T_2 是一种常用的实验室技术，用来表征样品的耗尽过程。孔隙大小在弛豫过程中起至关重要的作用，弛豫速率是由质子与岩石表面碰撞的速率决定的。在大孔隙中，碰撞发生频率较低，相对弛豫时间较长。由此可以得出，孔隙的大小与氢核的弛豫时间呈正相关。

在低场核磁共振实验过程中，外加磁场是相对均匀的，T_2 总体上是由表面弛豫所贡献，而自由弛豫和扩散弛豫的贡献基本可以忽略，因此，在不考虑孔隙流体的自由弛豫和扩散弛豫时，公式可以简化为：

$$\frac{1}{T_2} = \frac{1}{T_{2S}} = \rho_2 \frac{S}{V} \tag{4-2-2}$$

式中　ρ_2——表面弛豫率，μm/ms；
　　　S——孔隙表面积，μm²；
　　　V——孔隙体积，μm³。

由于表面弛豫机制的作用对象是岩石孔隙中的流体介质，因此，表面弛豫的强度通常与流体介质的类型、岩石基质的润湿性、岩石的孔隙结构和分布特征等相关。

本节主要针对核磁共振法进行阐述。

2. 实验装置

实验用油的准备和配制按 GB/T 26981—2020《油气藏流体物性分析方法》的规定执行，测试实验用油的基础物性参数，包括密度、体积系数、不同压力下的黏度等。实验用水的准备和配制按 GB/T 28912—2012《岩石中两相流体相对渗透率测定方法》的规定执行。

实验装置主要包括核磁共振仪如图 4-2-2 所示。核磁共振仪器的磁场强度为 0.5T，射频脉冲频率范围为 1~30MHz，射频频率控制精度为 0.01MHz。

图 4-2-2　核磁共振设备图

3. 实验步骤

利用核磁共振测量孔喉结构的具体实验包括以下十二个步骤。

（1）在驱替实验前，为排除水岩反应的影响选用人造岩心，对岩心样品进行筛选、分类、编号。由于是人工制备的岩心，可以对岩心进行简单清洗后置于恒温箱，在100℃下烘干8h。

（2）清洗结束后对岩心样品进行渗透率测试。测试结束后，在80℃下对岩样进行烘干约24h。

（3）将实验岩心置于模拟地层水中，地层水液面覆盖岩心顶部，利用真空泵抽真空48h，使实验岩心充分饱和模拟地层水。根据岩心样品饱和前后的重量差计算岩心孔隙度。

（4）对饱和后地层水的岩心进行核磁共振 T_2 谱采样。

（5）配制浓度为15000mg/L的 Mn^{2+} 溶液（锰水），将锰水以0.05mL/min恒定流量注入岩心中，驱替模拟地层水，注入量为3~4PV；岩心夹持器围压设定大于注入压力1.5~2MPa。

（6）对锰水驱替的岩心样品进行核磁共振 T_2 谱采样，观察水信号消除效果。

（7）将实验油样以0.05mL/min恒定流量注入岩心中，驱替地层水（锰水）至岩心出口产出液的含油量为100%，以建立原始地层的油水分布型。

（8）对完成饱和原油的岩心样品进行核磁共振 T_2 谱采样。

（9）将 CO_2 以0.5mL/min速度注入岩心中，控制回压阀来稳定注入压力，根据自己的实验方案设计来改变实验条件进行驱替岩心样品。

（10）对完成 CO_2 驱的岩心样品进行 T 谱采样，观察油水分布特征。

（11）计量 CO_2 结束后岩心末端排出的油样和气样，计量气体流量。测量驱出油样的沥青质含量，与油样初始沥青质含量进行对比。

（12）用石油醚和苯对完成 CO_2 驱替实验的岩心样品进行洗油120h，洗油结束后在80℃下对岩样烘干24h。重复步骤（3）~（8），对比首次饱和实验油样和二次实验油样的 T_2 谱差异，分析孔喉结构变化特征，定量评价孔喉系统堵塞程度。

三、应用实例

1. 单一矿物水岩反应速率实验评价

本实验室对 CO_2—水—单一矿物反应速率开展实验。针对 CO_2—水—单一矿物反应速率实验，测量温度为50~90℃，压力为10~30MPa，反应时间72h。图4-2-3展示了单一矿物（钠长石、高岭石、方解石、石英）反应速率随温度、压力变化图。图4-2-4展示了反应对矿物表面形貌及元素分布的影响。图4-2-5展示了反应对矿物晶体结构的影响。四种矿物反应速率随温度和压力均呈现增长状态，其中钠长石和高岭石反应速率随温度升高变化明显，而随压力升高变化不明显，方解石和石英随温度和压力升高，反应速率变化都比较明显。

2. 砂岩与泥岩水岩反应速率实验评价

本实验室对 CO_2—水—砂岩/泥岩反应速率开展实验。测量温度为50~90℃，压力为10MPa，反应时间72h。图4-2-6展示了岩石反应速率随温度变化图。图4-2-7和图4-2-8展示了反应对岩石表面形貌及元素分布的影响。图4-2-9和图4-2-10展示了反应对岩石晶体结构的影响。

第四章 CO_2 埋存机理研究实验技术

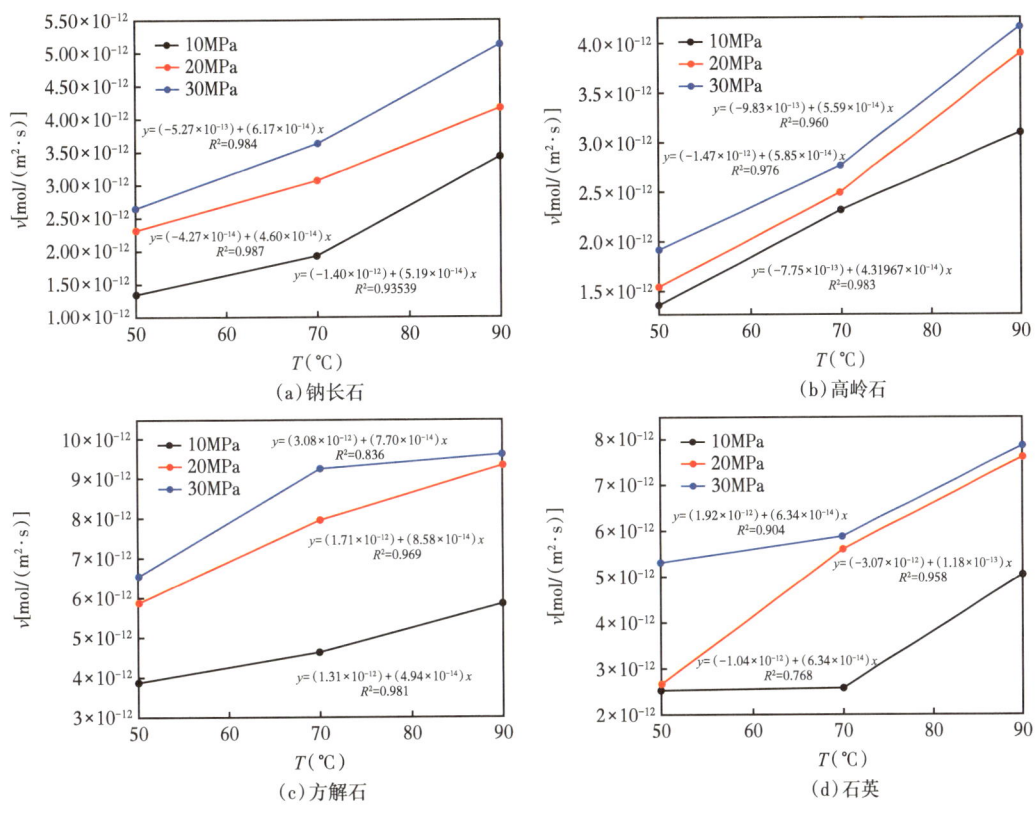

图 4-2-3 单一矿物反应速率随温度、压力变化图

温度(℃)	无	50	70	90
元素	wt(%)	wt(%)	wt(%)	wt(%)
C	0.96	0.72	1.01	1.11
O	49.55	49.34	49.23	49.19
Na	7.90	7.71	7.68	7.55
Mg	0.02	0.93	0.95	0.85
Al	9.03	8.82	8.75	8.68
Si	30.41	30.21	29.91	29.81
S	0.01	0.45	0.27	0.36
Cl	1.99	0.76	0.88	1.12
K	0.09	0.55	0.45	0.76
Ca	0.04	0.51	0.87	0.57

(a) 钠长石

温度(℃)	无	50	70	90
元素	wt(%)	wt(%)	wt(%)	wt(%)
C	0.90	0.61	0.02	0.09
O	55.10	56.23	57.11	57.18
Na	0.04	0.08	0.06	0.19
Mg	0.07	0.04	0.12	0.05
Al	21.37	20.61	21.12	19.92
Si	22.18	22.11	21.19	22.41
S	0.10	0.09	0.04	0.02
Cl	0.02	0.11	0.13	0.03
K	0.09	0.08	0.15	0.03
Ca	0.12	0.04	0.06	0.11

(b) 高岭石

温度(℃)	无	50	70	90
元素	wt(%)	wt(%)	wt(%)	wt(%)
C	10.85	11.25	11.29	11.38
O	36.47	36.81	36.98	37.12
Na	0	0.03	0.06	0.13
Mg	0.11	0.11	0.21	0.15
Al	0.25	0.09	0.14	0.16
Si	0.04	0.04	0.14	0.18
S	0.01	0.04	0.02	0.08
Cl	0.01	0.03	0.06	0.09
K	0	0.01	0.08	0.03
Ca	52.26	51.59	51.02	50.68

(c) 方解石

温度(℃)	无	50	70	90
元素	wt(%)	wt(%)	wt(%)	wt(%)
C	0.24	0.58	0.33	0.21
O	53.51	53.43	53.61	53.42
Na	0.05	0.13	0.18	0.58
Mg	0.01	0.12	0	0.07
Al	0.03	0.22	0.17	0.29
Si	46.07	45.29	45.29	44.45
S	0.01	0.14	0.02	0.18
Cl	0.02	0.01	0.07	0.58
K	0.03	0.06	0.01	0.08
Ca	0.03	0	0.13	0.14

(d) 石英

图 4-2-4 反应对矿物表面形貌及元素分布的影响

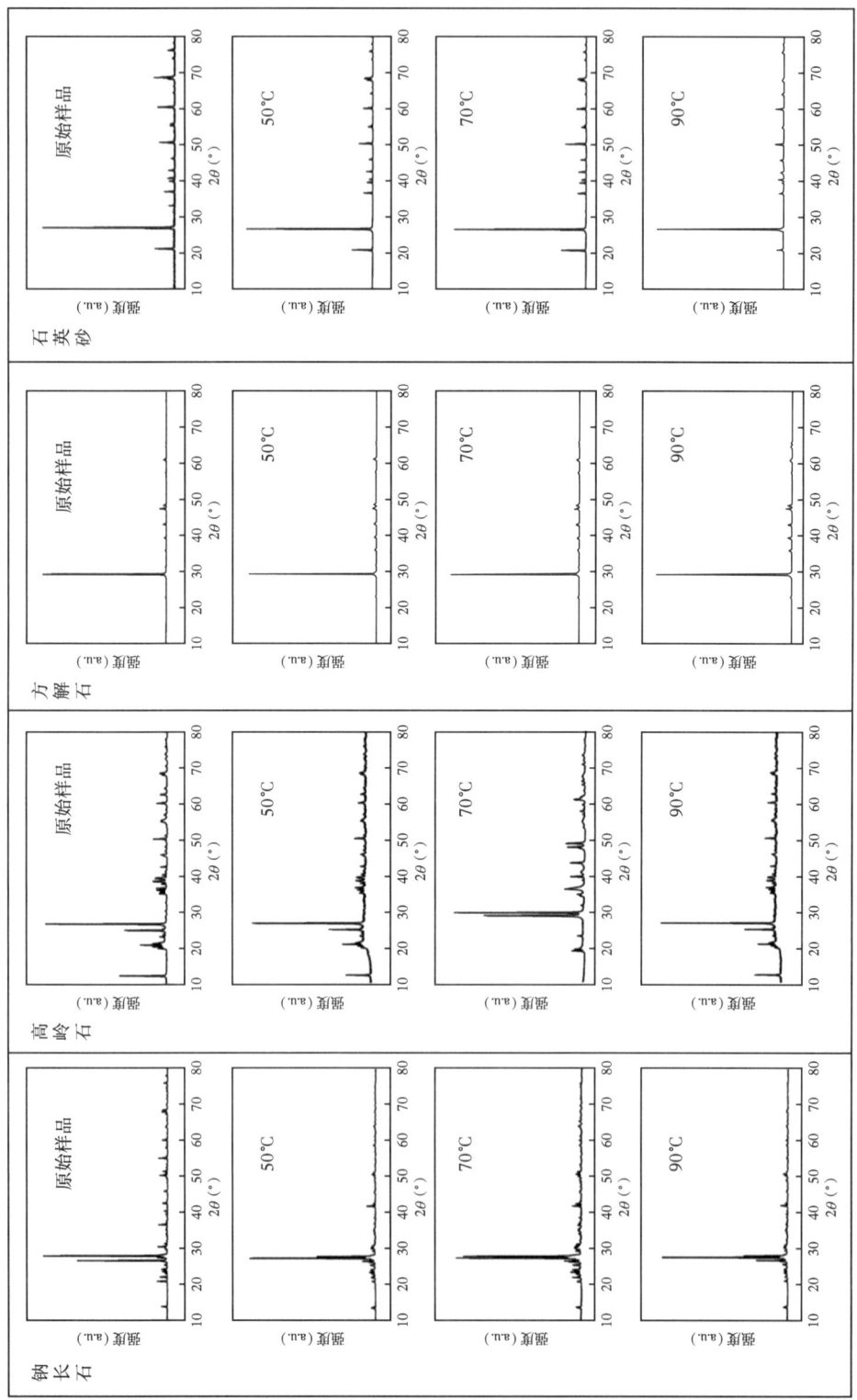

图4-2-5 反应对矿物晶体结构的影响

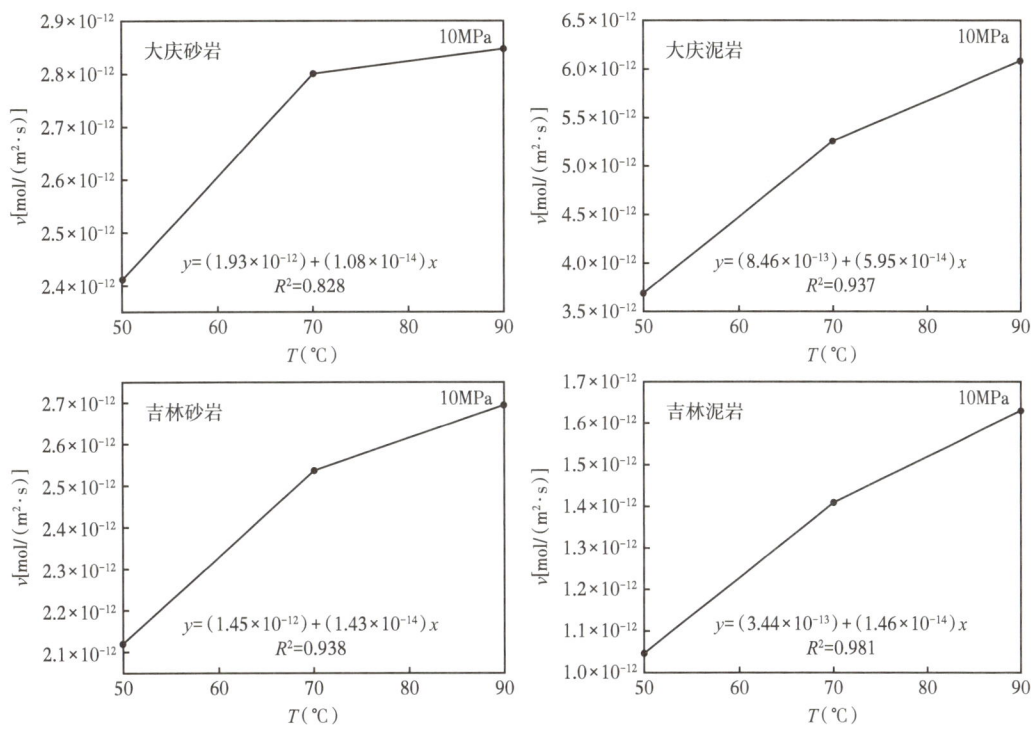

图 4-2-6　岩石反应速率随温度、压力变化图

	反应前		50℃		70℃		90℃	
	线总谱图		线总谱图		线总谱图		线总谱图	
	元素	wt(%)	元素	wt(%)	元素	wt(%)	元素	wt(%)
石英	C	24.27	C	6.43	C	5.11	C	3.70
	O	41.67	O	42.25	O	43.57	O	58.70
	Na	2.68	Na	3.53	Na	2.92	Na	0.77
	Mg	0.79	Mg	0.70	Mg	0.55	Mg	0.10
	Al	9.90	Al	10.45	Al	12.17	Al	0.54
	Si	19.91	Si	35.18	Si	35.96	Si	36.03
	S	0.13	S	0.05	S	0.03	S	0
	Cl	0	Cl	0	Cl	0.02	Cl	0
	K	0.11	K	0.68	K	0.88	K	0.17
	Ca	0.55	Ca	0.72	Ca	0.69	Ca	0
	总量	100.00	总量	100.00	总量	100.00	总量	100.00
斜长石	C	10.38	C	8.47	C	7.02	C	3.05
	O	42.47	O	46.55	O	45.38	O	61.45
	Na	3.37	Na	1.45	Na	1.94	Na	6.67
	Mg	0.04	Mg	0.87	Mg	0.61	Mg	0.13
	Al	14.99	Al	14.74	Al	16.19	Al	10.02
	Si	26.49	Si	25.41	Si		Si	13.11
	S	0.03	S	0	S	0.06	S	0
	Cl	0.04	Cl	0.36	Cl	0.30	Cl	0.03
	K	0.08	K	0.96	K	0.76	K	0.50
	Ca	2.12	Ca	1.18	Ca	1.64	Ca	5.05
	总量	100.00	总量	100.00	总量		总量	100.00

图 4-2-7　大庆砂岩表面形貌及元素分布的影响

图 4-2-8　大庆泥岩表面形貌及元素分布的影响

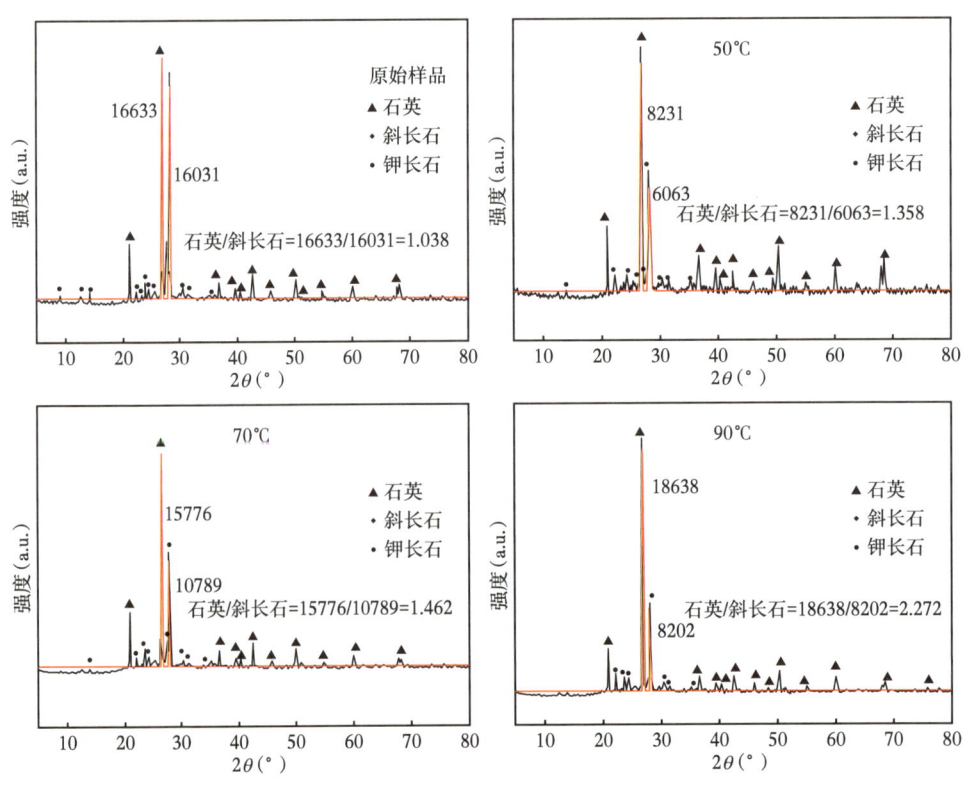

图 4-2-9　反应对大庆砂岩晶体结构的影响

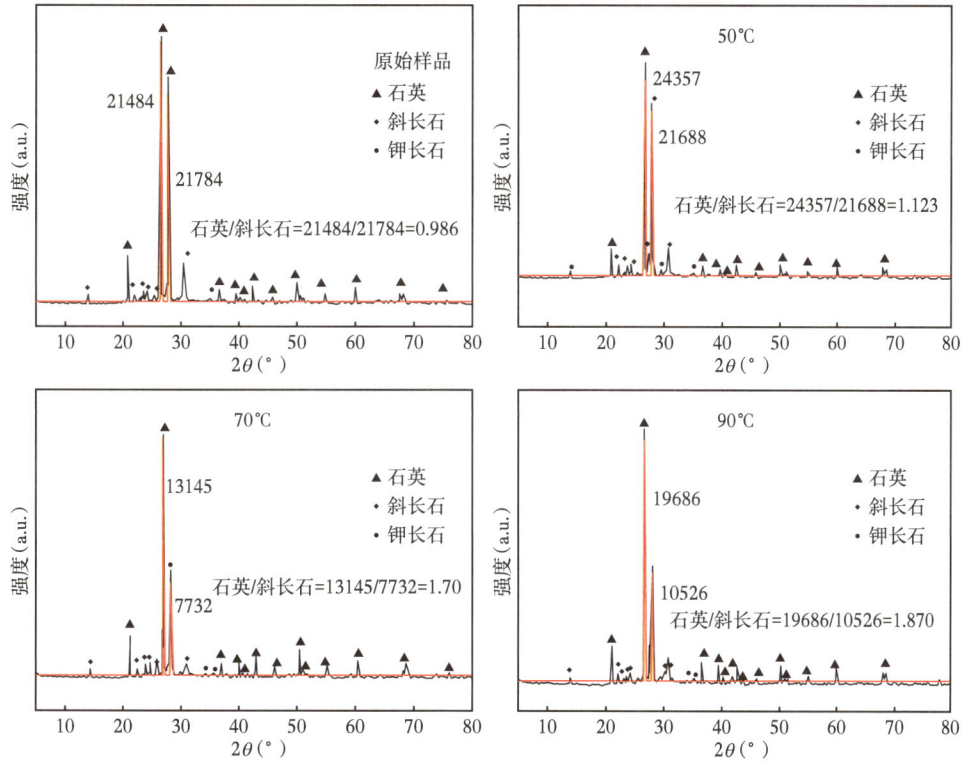

图 4-2-10 反应对大庆泥岩晶体结构的影响

第三节 CO_2 束缚量评价实验

一、实验概述

毛细管压力作用下非润湿性 CO_2 滞留在孔隙中的不可动 CO_2 量。目前常用的方法包括稳态法和非稳态法两种。稳态法的优点是可以较为精确的计算出驱替和吸入过程每个饱和度下的相对渗透率。稳态法的缺点是耗时长，消耗 CO_2 和水的量大。非稳态法的优点是实验速度快。缺点是实验数据的处理不如稳态法精确[49-53]。

本节主要针对被广泛采用的非稳态法进行阐述。

二、实验装置

实验用油的准备和配制按 GB/T 26981—2020《油气藏流体物性分析方法》的规定执行，测试实验用油的基础物性参数，包括密度、体积系数、不同压力下的黏度等。实验用水的准备和配制按 GB/T 28912—2012《岩石中两相流体相对渗透率测定方法》的规定执行。

实验装置示意图如图 4-3-1 所示，包括岩心夹持器、驱替泵、压差传感器、回压阀、气体流量计等，各装置的技术指标如下。

（1）驱替泵：容量 100~300cm³，额定工作压力大于或等于 70MPa，最小精度小于或等于 0.01cm³；

（2）压差传感器：压力表精度小于或等于 0.25 级，压力传感器精度 ±0.25%FS；

（3）回压阀：额定工作压力大于或等于 70MPa，最小精度小于或等于 0.1 MPa；

（4）气体流量计：测量范围大于或等于 200cm³/min，最小流量分辨率小于或等于 1cm³/min。

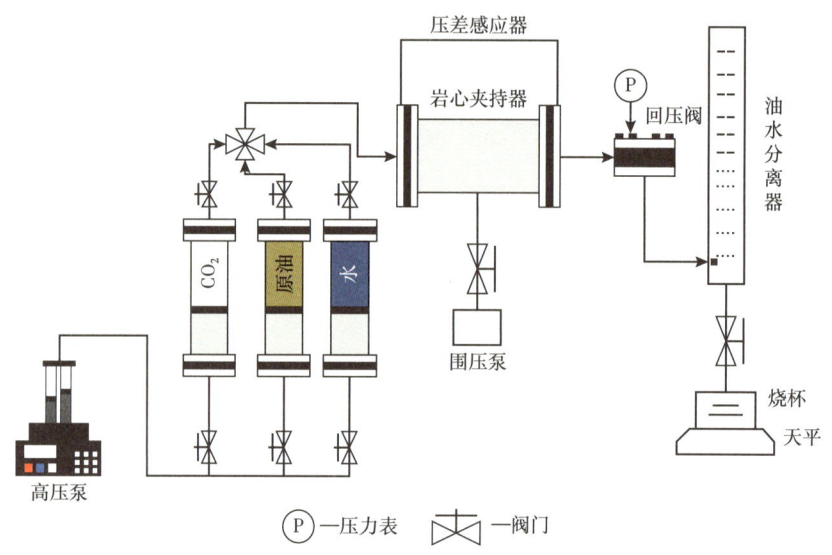

图 4-3-1　CO_2 束缚量测试装置示意图

三、实验步骤

1. 概述

将岩心用一种地层流体饱和，然后以一定的压力或流速注入 CO_2 对饱和岩心进行驱替，逐渐增加驱替压力或速度，直至地层流体不再产出。根据岩心被驱替出流体的体积和岩心孔隙体积计算游离态 CO_2 饱和度和束缚水/残余油饱和度。随后采用水/油驱气法，以一定的压力或流速注入岩心，逐渐增加驱替压力或速度，直到无气体产出。记录过程中岩心采出的气体体积，利用状态方程法计算在实验温度和压力下的岩心产出气体体积，从而得到束缚气饱和度。

2. 具体实验步骤

（1）将已饱和地层水/油的岩样装入岩心夹持器，同时调整温度和压力至实验值，后老化 1 周；

（2）用气驱水/油法建立束缚水/残余油饱和度；

（3）用水/油驱气，记录过程中准确计量岩心产出气体积 V_g；

（4）计算对应实验温度和压力条件下岩心产出气体积 V_g'；

（5）清洗实验装置，更换样品。

3. 游离态 CO_2 饱和度

游离态 CO_2 饱和度计算见式（4-3-1）：

$$F_1 = \frac{V_{g'}}{V_P} \tag{4-3-1}$$

式中 F_1——游离态 CO_2 饱和度；
$V_{g'}$——产出 CO_2 在标准状况下的体积，m^3；
V_P——孔隙体积，m^3。

4. 束缚态 CO_2 饱和度

束缚态 CO_2 饱和度计算见式（4-3-2）：

$$T_1 = 1 - S_{wirr} - \frac{V_{g'}}{V_P} \tag{4-3-2}$$

式中 T_1——束缚态 CO_2 饱和度；
S_{wirr}——束缚水饱和度；
$V_{g'}$——产出 CO_2 在标准状况下的体积，m^3；
V_P——孔隙体积，m^3。

四、应用实例

本实验室对 CO_2 在岩心中的束缚量开展实验。实验用岩心的平均孔隙度为 10.14%，平均渗透率为 5mD 的露头岩心，直径为 2.5cm，总长度为 6cm。实验用地层水的离子组成基于真实地层水。所用岩心基本物性见表 4-3-1，实验结果如图 4-3-2 所示。

表 4-3-1 岩心基本物性

岩心编号	长度（cm）	直径（cm）	孔隙度（%）	孔隙体积（cm³）
1	6.0	2.5	10.45	3.08
2	6.0	2.5	9.43	2.78
3	6.0	2.5	10.36	3.05
4	6.0	2.5	10.31	3.04

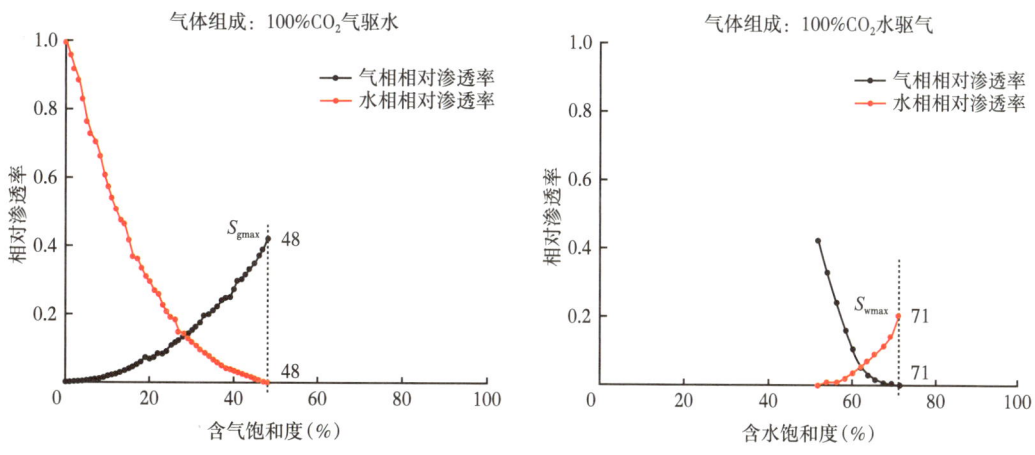

图 4-3-2 束缚埋存量的实验结果

100% CO_2 和地层水的相对渗透率曲线，左图为驱替过程，右图为渗吸过程，束缚气饱和度为 29%

第四节　CO_2 埋存对岩石力学性质影响实验

一、实验概述

岩石力学性质评价实验包括超声波测试、弹性参数测试、脆性系数测试等。本节主要针对声波实验方法进行阐述。

二、实验原理

依托声发射监测仪，对不同作用压力 CO_2 处理的岩石样品，开展声发射监测实验。通过分析应力—应变曲线、单轴抗压强度、弹性模量、声发射能量特征的变化特点，即可分析 CO_2 埋存后岩石力学性质的变化规律。

三、实验装置

实验装置主要包括高温高压浸泡装置和声发射监测仪，如图 4-4-1 和图 4-4-2 所示。高温高压浸泡装置由真空泵、高压反应釜、恒温水浴、压力传感器及柱塞泵等构成。其中，真空泵极限压力 0.06Pa；反应釜工作压力 32MPa；水浴温控范围为室温至 100℃，温差 0.2℃；压力传感器量程 0~15MPa 或 0~30MPa，精度 0.1%；美国 ISCO 生产的 260D 型高精度柱塞泵，最高压力 51.7MPa。声发射监测仪。预设门槛值 45dB，频率 10kHz~2.1MHz，数据采集频率 1MHz。

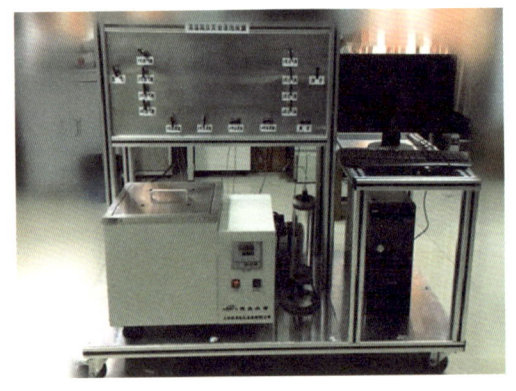

图 4-4-1　高温高压岩石浸泡试验台

图 4-4-2　MTS815 和 DISP 声发射监测仪

四、实验步骤

将样品放入真空烘箱内真空烘干（温度 80℃，时间 12h）。取出后使用核磁共振分析仪，检测孔隙结构特征，挑选合格样品。挑选出的合格样品进行 CO_2 浸泡处理，共设有 5 个处理压力和 1 个参照组。处理步骤如下。

（1）样品放入耐高压反应容器中，连接柱塞泵，在检查好密封性后，打开真空泵抽真空 2h；

（2）将反应容器放入40℃水浴中保温1h，再使用柱塞泵以恒流模式向反应容器内通入CO_2，至反应容器内压力达预设压力时柱塞泵换为恒压模式保压10min，然后关闭反应容器的阀门保压；

（3）处理20天后，取出样品，注意保持样品的完整性，放入真空袋密封，及时开展后续实验。

单轴压缩声发射监测实验步骤。

（1）连接探头和声发射系统工作站，选择硬件参数设置，将设置菜单中的通道与测试的传感器相对应，并选择绝对能量等需要测试的参数；

（2）点击"数据采集"选项，检查声发射探头与所对应的信号采集通道数据传输是否正常。将浸泡后的样品放置于承压台的正中央，然后将涂抹凡士林的声发射探头黏合到样品表面，再使用皮胶圈箍紧；

（3）用铅笔尖轻轻地敲击样品，观测数据采集系统的采集情况，以此来检验探头和样品的黏合效果。若采集信号效果不佳，重复以上步骤直至采集通道正常运行为止；

（4）旋转MTS815的手动微调，缓慢上调承压台，直至压头与样品上端面视接触，反复微调万向压头使其端面与样品端面平行接触，罩上防护罩；

（5）施加预紧力至0.5kN，保证压头与样品紧密接触。然后，将此阶段所采集的数据清零。同步启动MTS与声发射工作站，开始进行正式加载，直至样品完全破坏为止。

五、应用实例

本实验对不同渗透率的岩心开展CO_2饱和地层水浸泡前后的声学及三轴应力实验测试。实验用地层水的离子组成基于真实地层水，岩心的渗透率分别是0.1mD和1mD，所用地层水组成见表4-4-1，实验结果见表4-4-2和表4-4-3。

表4-4-1 实验所用的地层水组成

水型	总矿化度（mg/L）	地层水pH	Cl^-（mg/L）	SO_4^{2-}（mg/L）	HCO_3^-（mg/L）	Na^+（mg/L）	Ca^{2+}（mg/L）	Mg^{2+}（mg/L）
$CaCl_2$	115000	6.03	67615.20	3037.42	219.21	37405.82	5544.57	864.41

表4-4-2 渗透率为0.1mD砂岩力学测试结果

岩样编号	浸泡程度	密度（g/cm³）	围压（MPa）	抗压强度（MPa）	弹性模量（GPa）	泊松比
1	未浸泡	2.33	单轴压缩	50.06	12.43	0.34
2	浸泡1h	2.32		36.29	7.92	0.38

表4-4-3 渗透率为1mD砂岩力学测试结果

岩样编号	浸泡程度	密度（g/cm³）	围压（MPa）	抗压强度（MPa）	弹性模量（GPa）	泊松比
3	未浸泡	2.29	单轴压缩	61.12	16.26	0.32
4	浸泡1h	2.28		59.84	15.15	0.34

第五节　CO_2 埋存固碳量研究实验

一、微生物诱导的碳酸钙沉淀

1. 实验概述

碳酸酐酶可以加速 CO_2 的水合作用，有效地促进 CO_2 和水等物质间的相互作用，用于 CO_2 固定，对于 CO_2 安全封存是一种绿色环保、无毒害副产物的生物技术。目前，已从环境中分离出多种能够产碳酸酐酶的矿化菌，如肠杆菌（Citrobacter freundii）、蜡样芽孢杆菌（Bacillus cereus）、枯草杆菌（Bacillus subtilis）、芽孢杆菌 ISTS2（Bacillus sp. ISTS2）、巴氏芽孢杆菌、沙雷氏菌（SerratiaBizio sp.）、藤黄微球菌（Micrococcus luteus）、来拉微球菌（Micrococcus lylae）、莓实假单胞菌（Pseudomonas fragi）、喜钙念珠藻（Nosioc calciola Breb）、淋病奈瑟菌（Neisseria gonorrhoeae）、巨大芽孢杆菌（Bacillus megaterium）等都具有较好的生物矿化功能。

2. 实验装置

实验仪器见表 4-5-1。

表 4-5-1　菌株筛选、鉴定和矿化性能主要仪器设备

序号	仪器名称	规格和型号	生产厂家
1	恒温摇床	HNY-202B	天津欧诺仪器仪表有限公司
2	数显 pH 计	雷磁 PHBJ-260	上海仪电科学仪器股份有限公司
3	紫外分光光度计	UV-2700	岛津紫外可见分光光度计
4	X 射线衍射仪	DX-2700	丹东方圆仪器有限公司
5	扫描电子显微镜	Prisma E	Thermo Fisher Scientific
6	光学显微镜	CX23	奥林巴斯（中国）投资有限公司

3. 实验步骤

（1）菌株筛选、鉴定和矿化性能测试。

①主要培养基配方。

B4 培养基：酵母提取物 4.0g/L、醋酸钙 2.5g/L 和葡萄糖 5g/L，pH 值 7.0（B4 沉淀培养基自 1973 年由 Boquet 及其同事首次研究以来，一直是研究细菌体外碳酸钙矿化的首选培养基）；

Luria-Bertani（LB）培养基：蛋白胨 10g/L、酵母提取物 5g/L 和 NaCl 10g/L，pH 值 7.0。

②菌种的筛选。

使用 B4 培养基对目的菌种进行初筛。无菌操作台中，将从环境中取样的生物固化沉积物样品装入 50mL 离心管中，加入 20mL 无菌水，震荡混匀。静置后，取上清液用无菌水进行 10^{-1} 倍、10^{-2} 倍、10^{-3} 倍……的浓度梯度稀释。再从梯度稀释液中取出 100μL 涂布到 B4 固体培养基中，置于 30~37℃暗培养，定期观察菌落生长情况，如图 4-5-1 所示。

培养结束后，挑取菌落周围产生颗粒物的单菌落接种到 LB 固体培养基上，初步得到目的菌株。二次纯化后，挑取 LB 上的单菌落，接种到 LB 液体培养基中，110~150r/min 振荡培养 48h，获得菌株的液体培养液。

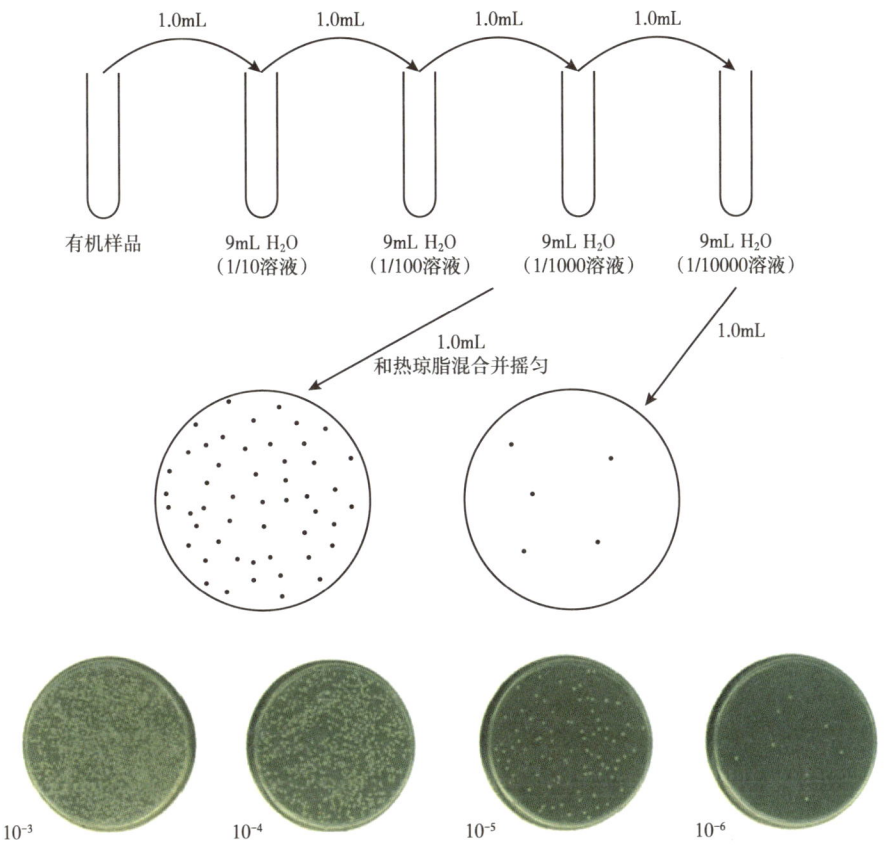

图 4-5-1　微生物分离培养过程的浓度梯度稀释法

③菌株形态观察。

普通光学显微镜简称光学显微镜，以平均波长为 550nm 的可见光作为光源，能分辨的两点距离约为 0.22μm。多数细菌的个体大于 0.25μm，因此可在光学显微镜下观察。从低倍镜到高倍镜下视野逐级放大，对单个菌株的外表形态进行初步观察。

④革兰氏染色。

微生物细胞微小而透明，在普通光学显微镜下不易观察其形态和结构，通常通过染色使菌体与背景形成明显的色差，便于观察。按功能差异，微生物的染色方法分为简单染色法和复合染色法。简单染色法利用单一染料进行染色，观察细胞的形状、大小及排列形态，操作简便。复合染色法是两种及以上染料进行染色，以区别不同的细菌，包括革兰氏染色法、抗酸性染色法、芽孢染色法、吉姆萨染色法等。

革兰氏染色法可将细菌分为革兰氏阳性菌（G+）和革兰氏阴性菌（G-）两大类，是细菌学上最常用的重要鉴别性染色法。G+ 菌细胞壁中肽聚糖层厚且交联度高，类脂质含量少，经脱色剂处理后，肽聚糖层的孔径反而缩小，通透性降低，细菌保留初染的颜色。G-

菌的细胞壁中含有较多易被乙醇溶解的类脂质，而且肽聚糖层较薄、交联度低，故用乙醇或丙酮脱色时，类脂质溶解，细胞壁的通透性增加，结晶紫和碘的复合物易于渗出，结果细菌就被脱色，再经番红复染后成为红色。简单染色法和革兰氏染色法示意图如图 4-5-2 所示。

操作方法：

首先，在干净的载玻片中央滴上一小滴蒸馏水，用接种环挑取菌体至玻片中，将菌种分散并充分混匀涂成薄膜，置于空气中自然晾干。其次，将玻片涂面朝上，在火焰上方快速通过 3~4 次，使菌体蛋白凝固而完全固定在载玻片上。再次，滴加草酸铵结晶紫染色液，染色 1~2min 后水洗，再滴加碘液染色 1~2min 后水洗，再滴加 95% 乙醇脱色 30~45s 后水洗。最后滴加 0.5% 番红染色 2~3min 后水洗，干燥、镜检。

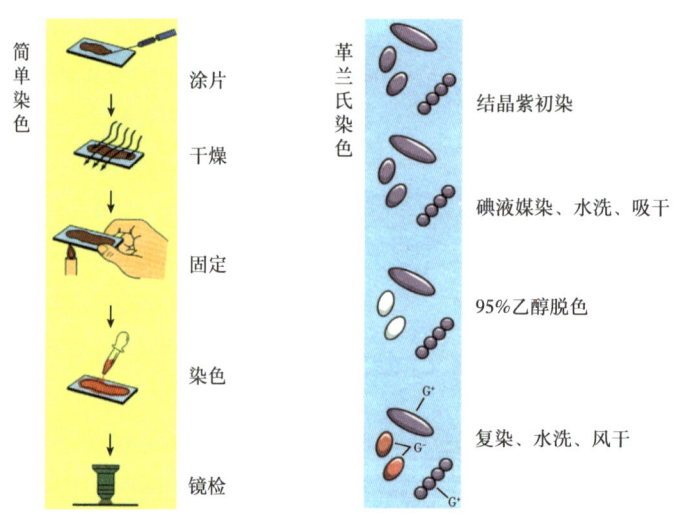

图 4-5-2　微生物简单染色和革兰氏染色法的示意图

⑤菌株扫描电镜观察。

取 10mL，OD_{600} 在 0.5~1.0 的培养液，10000r/min 离心 10min 后弃上清液，收集管底黄豆大小菌体沉淀 4℃ 预冷的固定液冷藏保存 24h，再用酸溶液固定 1h。再用浓度梯度的乙醇溶液进行脱水处理，干燥，镀膜后在扫描电镜中观察。

⑥菌株鉴定。

菌株 16S rRNA 基因测序由测序公司完成，通过网站数据库，如 NCBI 数据库或 ezbiocloud 数据库进行基因序列的比对后，构建菌株系统发育树。菌株的生理生化特性鉴定依据参考《伯杰氏系统细菌学手册》、常见细菌系统鉴定手册，以及 International Journal of Systematic and Evolutionary Microbiology 有关研究论文。

⑦菌株生长曲线绘制。

按照②中制备出的新鲜菌液，接种 1mL 至 100mL 灭菌的 LB 液体培养基中。置于摇床培养，每隔 3h 测一次 OD_{600}，得到的数据绘制生长曲线。

⑧菌株矿化性能测试。

按照②中制备出的新鲜菌液，接种 1mL 至 100mL 灭菌的 B4 液体培养基（pH 值为

6.5~7.0)中，每株菌设置 3 个平行样品，以不接菌的培养基为对照组。观察固体颗粒的形成，定期取样检测 pH 值变化和钙离子浓度的下降值，计算碳酸钙沉淀的生成情况。

（2）菌液中碳酸酐酶活性测定方法。

①溶液配制。

0.2mol/L 磷酸缓冲液配制：称取 $Na_2HPO_4$31.2g 和 $NaH_2PO_4$35.6g，分别溶于 1000mL 蒸馏水，取 19mLNaH_2PO_4 和 81mLNa_2HPO_4，充分混合即 0.2mol/L 的磷酸缓冲液（pH=7.5）；

乙酸对硝基苯酯溶液（3mmol/L）：加入 1mL 的丙酮于装有 13.6mg 乙酸对硝基苯酯的烧杯中。溶解后，去离子水定容至 25mL（乙酸对硝基苯酯易水解，此溶液现配现用）。

待测菌液的制备：取初筛菌株培养液 1mL 待用。

②对硝基苯酚标准曲线的绘制。

对硝基苯酚母液的制备，称取对硝基苯酚 0.0139g 溶解，定容至 100mL。取 10 支试管，按表 4-5-2 的比例分别加入，混匀。相同体积的蒸馏水为空白对照，在室温下吸光度为 400nm 处测定待测物的吸光度值为纵坐标，对硝基苯酚的浓度为横坐标，绘制标准曲线。

表 4-5-2　对硝基苯酚标准曲线的溶液配比表

管号	0	1	2	3	4	5	6	7	8	9
母液（mL）	0	0.15	0.30	0.60	0.90	1.20	1.50	1.80	2.10	3.00
蒸馏水（mL）	10.00	9.85	9.70	9.40	9.10	8.80	8.50	8.20	7.90	7.00

③菌液酶活的测定。

在比色皿中加入 1mL 的乙酸对硝基苯酯溶液，再 1.9mL 磷酸缓冲液，最后加入 0.1mL 的待测菌液。室温反应 5min，测定其 400nm 处吸光值。空白对照为无菌培养液。

二、酶诱导的碳酸钙沉淀

1. 实验概述

碳酸酐酶作为 EICP 过程中常见的酶，能可逆地催化气态 CO_2 的水合作用，产生碳酸氢根和氢离子。CO_2 在与水气界面中的反应是复杂的，它涉及 CO_2 在气相和液相之间的分配，以及水合 CO_2（H_2CO_3）、碳酸氢盐（HCO_3^-）和碳酸盐（CO_3^{2-}）之间的酸碱平衡以及 pH。碳酸酐酶参与碳酸钙沉淀的相关反应是：$CO_2+2H_2O \longrightarrow HCO_3^-+H_3O^+$。这个过程可以体外加速 CO_2 水合作用，尤其是对于将气态 CO_2 捕获到液相，进一步形成碳酸盐沉淀，以实现 CO_2 的安全封存。

2. 实验装置

（1）Wlibur Anderson 检测法。

Wlibur Anderson 法检测碳酸酐酶水合活性实验仪器见表 4-5-3。

表 4-5-3　Wlibur Anderson 法检测酶性实验仪器

序号	仪器名称	规格和型号	生产厂家
1	磁力搅拌器	RET basic	德国艾卡
2	移液器	TopPette	大龙兴创实验仪器有限公司

(2) pH 检测法。

pH 法检测碳酸酐酶水合活性的实验仪器见表 4-5-4。

表 4-5-4 pH 法检测酶性实验仪器

序号	仪器名称	规格和型号	生产厂家
1	pH 计	InlabMicro	梅特勒－托利多仪器有限公司
2	磁力搅拌器	RET basic	德国艾卡
3	移液器	TopPette	大龙兴创实验仪器有限公司

实验流程如图 4-5-3 所示。

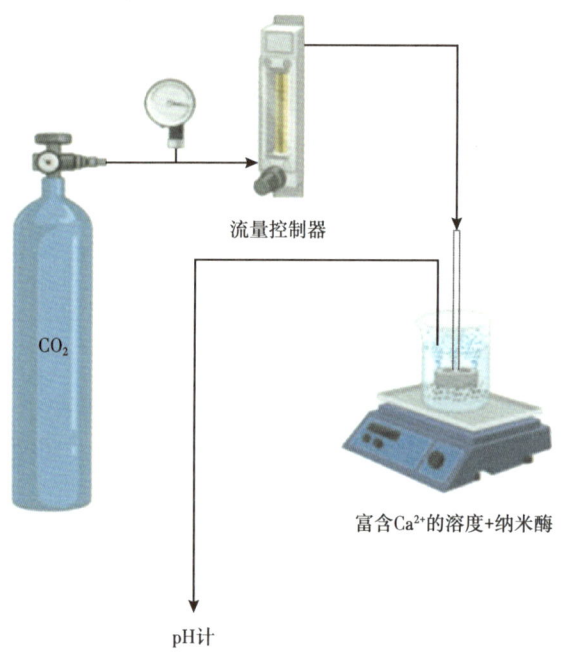

图 4-5-3 pH 法检测碳酸酐酶水合活性实验流程

(3) 酯酶检测法。

酯酶法检测碳酸酐酶活性实验仪器见表 4-5-5。

表 4-5-5 酯酶法检测酶性实验仪器

序号	仪器名称	规格和型号	生产厂家
1	紫外可见分光光度计	UV-8000	上海元析仪器有限公司
2	旋涡混合器	XW-80A	上海驰唐实业有限公司
3	移液器	TopPette	大龙兴创实验仪器有限公司

(4) 标准曲线制作。

标准曲线的制作实验仪器见表 4-5-6。

表 4-5-6　标准曲线制作使用实验仪器

序号	仪器名称	规格和型号	生产厂家
1	紫外可见分光光度计	UV-8000	上海元析仪器有限公司
2	旋涡混合器	XW-80A	上海驰唐实业有限公司
3	移液器	TopPette	大龙兴创实验仪器有限公司

3. 实验步骤

（1）Wlibur Anderson 法检测碳酸酐酶水合活性。

碳酸酐酶（CA）水解活性常用的是威尔伯安德森（Wlibur Anderson）法。实验过程中，将 2mL buffer（50mM Tris-HCl，pH=8.0）加入 10mL 的反应容器中，同时加入适量浓度的 CA 酶，最终反应体系中酶的浓度为 2mg/mL，向溶液中加入 1.4mL 的二氧化碳饱和水溶液混合均匀后反应开始，反应全程使用搅拌器搅拌。同时记录溶液颜色的变化，以不添加酶溶液的实验组作为空白对照。酶活的计算见式（4-5-1）：

$$WAU=(T_c-T_e)/T_e \tag{4-5-1}$$

式中　WAU——酶活性，U；

　　　T_c——空白实验由蓝变黄所用时间，min；

　　　T_e——添加酶溶液由蓝变黄所用时间，min。

（2）pH 法检测碳酸酐酶水合性。

实验中，以一定速度将 CO_2 气体通入含有 20mL，100mol/L 的 Hepes 缓冲液（pH=8.3）的 50mL 玻璃管中。酶最终浓度为 1mg/mL，pH 值每 15s 测量一次，持续 5min。通过 pH 值的下降变化来表征酶的水合活性。

（3）酯酶法检测碳酸酐酶活性。

酶活定义：在最适反应条件下，在 1min 内转化 1μmol 底物所需要的酶量，或是转化底物中 1μmol 的有关基团的酶量，称为一个国际酶活单位（IU，又称 U）。碳酸酐酶（CA）的酶活计算公式为：

$$U=AV/(\varepsilon bTM_0) \tag{4-5-2}$$

式中　A——405nm 下的吸光度；

　　　V——反应体积，μL；

　　　T——反应时间，min；

　　　ε——对硝基苯酚（p-NP）的摩尔吸光系数；

　　　b——实验用的池子光程，cm；

　　　M_0——碳酸酐酶（CA）的质量，mg。

具体实验操作为：将酶溶于缓冲液中，将缓冲液与不同浓度 p-NPA（在乙腈或 DMSO 中配制）按照一定的体积比进行混合，最终反应体系中酶的浓度为 200μg/mL。使用紫外分光光度计测定其在不同反应时间的吸光度，并根据公式计算酶活。

（4）标准曲线的制作。

①配制不同浓度梯度的 p-NP 溶液，用乙腈作为溶剂，在检测吸光度时，将 750μL

p-NP 的乙腈溶液与 250μL 磷酸盐缓冲液（20mol/L，pH=8.0）混合，移入 2mm 的紫外池中检测吸光度，以 p-NP 浓度为横坐标，吸光度为纵坐标作图。

②配制不同浓度梯度的 p-NP 溶液，用二甲基亚砜（DMSO）作为溶剂，在检测吸光度时，将 900μL p-NP 的乙腈溶液与 100μL 用 DMSO 稀释 10 倍的 Tris 缓冲液（50mol/L，pH=8.0）混合，移入 1mm 的紫外池中检测吸光度，以 p-NP 浓度为横坐标，吸光度为纵坐标作图。

（5）碳酸酐酶动力学参数的测定。

米氏常数 K_m 是酶的一个基本特征常数，它包含着酶与底物结合和解离的性质。特别是同一种酶能够作用于几种不同底物时，米氏常数 K_m 往往可以反映出酶与各种底物的亲和力的强弱。米氏方程（Michaelis-Menten equation）是表示一个酶促反应的起始速率与底物浓度关系的速率方程：

$$v_0 = (v_{max}[S])/(K_m + [S]) \qquad (4-5-3)$$

式中　K_m——米氏常数，mM；

　　　v_{max}——酶被底物饱和时的反应速率，mol/s；

　　　$[S]$——底物浓度，mM。

具体实验操作为：将酶溶于缓冲液中，将缓冲液与不同浓度 p-NPA（在乙腈中配制）按照 1∶3 的体积比进行混合，反应总体积为 500μL，最终反应体系中酶的浓度为 200μg/mL。使用紫外分光光度计测定其在不同反应时间的吸光度，计算其反应速率，因为所使用的底物 p-NPA 的浓度偏高，为了得到较好的数据故使用 2mm 的池子进行测试。以底物 p-NPA 浓度为横坐标，反应速率为纵坐标，做出酶促反应 v_0-$[S]$ 曲线。

三、常压化学固碳实验

1. 实验原理

常压环境下，可通过溶液将气态 CO_2 转化为固态碳酸盐，从而达到 CO_2 固化的目的，溶液吸收 CO_2 产生无机固体盐的原理涉及几个关键的化学步骤。首先，CO_2 从气相进入液相，与水反应生成碳酸（H_2CO_3）。这是一个可逆反应，但在水中，碳酸不稳定，很快会解离出氢离子（H^+）、碳酸氢根离子（HCO_3^-）和碳酸根离子（CO_3^{2-}）。随后，碳酸根离子可以与水中的金属离子，如钙离子（Ca^{2+}）或镁离子（Mg^{2+}），发生反应，形成相应的碳酸盐。例如，与钙离子反应生成碳酸钙（$CaCO_3$）沉淀，与镁离子反应生成碳酸镁（$MgCO_3$）沉淀。这些无机固体盐沉淀不溶于水，可以通过过滤等物理方法从溶液中分离出来，从而实现 CO_2 的固化和封存。这个过程不仅有助于减少大气中的 CO_2 浓度，还可以将 CO_2 转化为有用的无机材料。

2. 计算方法

（1）CO_2 固化量。

CO_2 固化量，即固碳体系溶液的固化 CO_2 的能力，定义为到达固化平衡状态时每 100g 固化液能够固化 CO_2 的质量。吸收量以 m_1 计，计算公式如式下：

$$m_1 = \frac{44}{1000 \times 22.4} \times \frac{100}{40} \times \sum_{i=0}^{t}(V_0 - V_i)/60 \qquad (4-5-4)$$

式中 m_1——固化的 CO_2 的质量，$gCO_2/100g$；
V_0——系统 CO_2 进气体积流量，mL/min；
V_i——i 时刻系统出气处质量流量计中 CO_2 的体积流量，mL/min；
t——总吸收时间，s。

（2）CO_2 固化载荷。

当固化达到平衡时，定义每摩尔固化体系固化的 CO_2 摩尔数为 CO_2 的固化载荷，以 α 表示，单位 $mol\ CO_2/mol$。CO_2 载荷计算公式如下：

$$\alpha = \frac{m/44}{m_0/M_0} \qquad (4\text{-}5\text{-}5)$$

式中 α——CO_2 的固化载荷，$molCO_2/mol$；
m——吸收的 CO_2 的质量，g；
m_0——未吸收 CO_2 时溶液中胺的质量，g；
M_0——胺的摩尔质量，g/mol。

（3）表观固化速率。

表观固化速率作为可以反映传质速率快慢的宏观参数之一，能够量化同一体系固化剂在相同实验条件下的固化速率。根据实验测定的吸收量—时间关系曲线，Chowdhury 等对表观固化速率定义如下[54]：

$$R = \frac{0.5m_1}{t_{0.5}/60} \qquad (4\text{-}5\text{-}6)$$

式中 R——表观固化速率，$g\ CO_2/(100g\cdot min)$；
m_1——吸收的 CO_2 的质量，$g\ CO_2/100g$；
$t_{0.5}$——达到最大吸收量的 50% 时对应的时间，s。

3. 实验装置

实验仪器见表 4-5-7。电子分析天平的量程 0~160g，精度为 ±0.1mg。质量流量计和质量流量控制器的规格为 0~200mL/min，测量精度为 ±0.5%，重复精度为 ±0.2%，响应时间不大于 1s。MFC 控制 CO_2 的进气流量 100mL/min。由 MFM 测量系统出气处的 CO_2 体积流量，且自动换算为标况下的体积流量。实验所有连接管路均使用聚四氟乙烯管，可保持良好的热稳定性和化学稳定性。

表 4-5-7 实验仪器及生产厂家

实验仪器	型号	生产厂家
质量流量计（MFM）	CS200A	北京七星华创电子股份有限公司
其他	三口球形烧瓶（250mL）、锥形瓶（50mL）、一次性滴管	

4. 实验步骤

配制 40g 具有不同浓度的系列固化体系溶液，测定不同体系浓度和不同实验温度下固碳体系的吸收量。实验过程中，磁力搅拌器固定转速为 600r/min，温度范围为 20~120℃

(温度梯度为10℃),温度控制精度为±0.1℃。CO_2体积流量为100mL/min。实验步骤如下:

(1)如图4-5-4所示,搭建吸收实验装置,检查装置气密性;

(2)将恒温加热磁力搅拌器温度设置20℃,转速设置为600r/min;打开水泵,使冷凝管充水;MFC设置进气流量为100mL/min;

(3)打开CO_2气阀,持续向装置通入CO_2达到30min,确保MFM读数稳定在100mL/min,并持续一段时间;

(4)激活MFM数据记录系统,迅速打开三口球形烧瓶的瓶塞,倒入预先配制的经过预热的新鲜固碳溶液,压紧瓶塞;

(5)当MFM的读数再次达到100mL/min,并持续一段时间后,即认为CO_2吸收实验达到饱和状态,关闭实验装置;

(6)调节磁力搅拌器温度,重复上述实验。

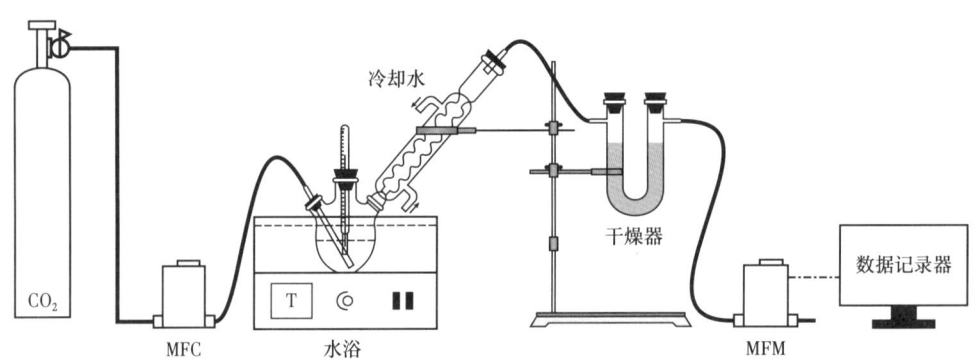

图4-5-4 常压化学固碳实验装置

四、高压化学固碳实验

1. 实验原理

在高压环境中,通过有机胺类化合物可固化CO_2,以减少空气中CO_2含量,并生成聚脲(PUA),作为一种新型的聚合物具有良好的耐溶剂性能和优越的热性能,比聚氨酯或其他一些聚合物有更高的熔点。在20世纪80年代初聚脲就被广泛用于润滑油脂,并越来越多地在轴承、汽车等工业中得到应用,聚脲润滑脂比其他类型润滑脂有更高的熔点,更高的力学稳定性,粘接性更好,不易流动,抗磨损性极好,能防止器件微振磨损和化学侵蚀[55]。目前聚脲的主要应用是涂料,技术上也比较成熟。现有的聚脲制备方法主要有两种:一是二胺或多胺与异氰酸酯反应形成;二是使用一种或多种异氰酸酯与胺反应得到。上述两种制备方法都以毒性较大的异氰酸酯为原料,部分反应过程需用大量有机溶剂,对环境不利。因此,开发使用低毒原料且不使用有机溶剂的绿色聚脲制备方法具有重要意义。

通过化学转化实现对CO_2的资源化利用是发展低碳经济的有效路线[56-58]。已有文献报道利用CO_2和二胺(伯胺)可以合成聚脲[59],但是该制备方法需要专用催化剂才能使反应得以顺利进行,使其制备工艺变得复杂,制备成本增加。

CO_2 在温度超过临界温度（T_0=31.26℃）、压力超过临界压力（p_0=7.375MPa），就变为超临界 CO_2（$SCCO_2$）。与气体一样，$SCCO_2$ 可均匀地分布在整个容器中，其本身可作为反应物，直接参与聚合、碳链合成等反应，又可以作为反应溶剂，使反应保持均相性。

2. 计算方法

有机胺类物质转化率计算方法：

称取一定量的有机胺类物质，记为 m_1，在完成二氧化碳与有机胺类物质反应的实验后，将釜内物质全部取出，准确称量其质量，记为 m_2；

$$有机胺类物质转化率 = \frac{(m_2 - m_1) M_{HMDA}}{M_{CO_2} m_1} \quad (4\text{-}5\text{-}7)$$

式中 M_{HMDA}——有机胺类物质的摩尔质量，g/mol；

M_{CO_2}——二氧化碳的摩尔质量，g/mol。

3. 实验装置

实验仪器见表 4-5-8。

表 4-5-8 实验仪器及生产厂家

实验仪器	型号	生产厂家
傅里叶变换红外光谱仪	170SX 型	美国尼高力仪器公司
高压反应釜（1L，20MPa）	KFC-10 型	烟台牟平曙光精密仪器厂
集热式恒温加热磁力搅拌器	DF-101S 型	杭州瑞佳精密科学仪器有限公司

实验装置如图 4-5-5 所示。

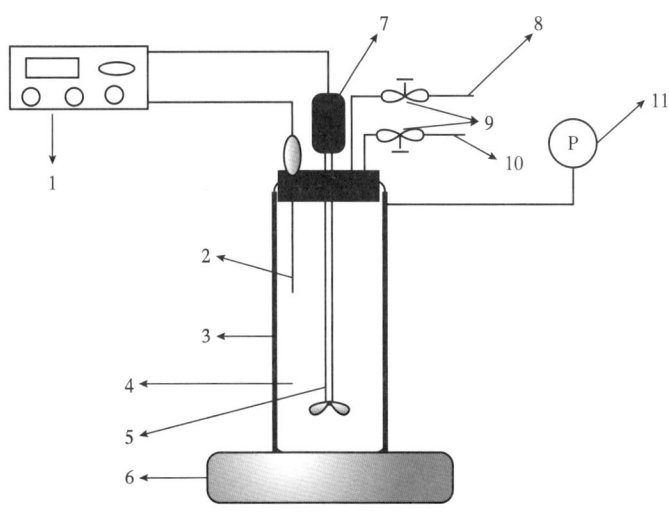

1—转速控制仪；2—热电偶；3—加热装置；4—釜腔；5—搅拌棒；6—底座；7—电动机；8—进气口；9—高压阀门；10—取样口；11—压力表。

图 4-5-5 高压化学固碳实验装置

4. 实验步骤

本实验旨在通过高温高压反应釜合成含有氨基官能团的化合物，通过有机胺类物质与 CO_2 的羧化反应，制备聚脲，并计算有机胺类物质的转化率，实验流程如下：

（1）检查高压反应釜的密封性能，确保无泄漏，确保所有实验设备均处于良好工作状态，准备所需化学试剂；

（2）按照预定的摩尔比例称取适量的有机胺类物质，并将其加入到高压反应釜中。确保反应釜内部无水分和其他杂质；

（3）将高压反应釜各部位的螺钉紧固，确保反应过程中不会发生泄漏，开启搅拌器，调整至预定的转速，以保证反应物混合均匀，缓慢加热反应釜，升温至预定的反应温度，并在此温度下稳定一段时间；

（4）在达到预定反应温度后，缓慢通入预定压力的 CO_2 气体，保持反应釜内的压力和温度在设定范围内，持续反应至预定时间；

（5）反应时间到达后，停止搅拌并关闭加热装置，让反应釜自然冷却至室温，以确保反应完全停止；

（6）待反应釜冷却至室温后，小心开启反应釜，取出反应混合物，将产物转移到真空干燥器中，通过真空泵抽提，以去除未反应的有机胺类物质和副产物水；

（7）通过称重和化学分析，确定产物中聚脲的产量，根据有机胺类物质的初始量和最终剩余量，计算有机胺类物质的转化率；

（8）记录实验过程中的所有关键参数，包括温度、压力、反应时间等，分析实验数据，评估反应效率和产物纯度。

第五章　CO_2 驱油腐蚀评价实验技术

二氧化碳（CO_2）作为油田伴生气或天然气组分之一，存在于油气藏中。由于 CO_2 溶于原油后会使原油溶胀并使其黏度明显降低，可增强原油流动性并增加原油采收率，因此油田常采用注入 CO_2 技术（即 EOR 技术）驱油，这势必将 CO_2 带入原油的采集系统。CO_2 溶于水对钢铁具有极强的腐蚀性，由此而引起的材料破坏统称为二氧化碳腐蚀。在油气工业中通常将含有 CO_2 的油气井称为甜性气井，将 CO_2 腐蚀称为甜腐蚀（Sweet Corrosion），这是相对于 H_2S 腐蚀而言的，H_2S 腐蚀称为酸腐蚀（Sour Corrosion）。石油天然气开发过程中往往产生大量 CO_2 伴生介质，形成 CO_2 腐蚀环境而导致严重的腐蚀破坏，成为制约油气田开发的一个重要因素。

CO_2 驱工况变化复杂，腐蚀评价方法是正确认识腐蚀规律、做好材料、缓蚀剂选择、防腐效果评价的重要手段，为 CO_2 驱油与埋存腐蚀主控因素认识、材料、缓蚀剂优选及防腐对策制定，提供总体原则及设计指南。

第一节　CO_2 驱油腐蚀流体分析检测技术

一、实验目的

腐蚀流体分析实验是认识 CO_2 驱油腐蚀影响因素、腐蚀主控因素的基础，通过 CO_2 驱油区块的水质、细菌、伴生气、腐蚀结垢产物组分分析，为 CO_2 驱油区块腐蚀规律评价、防腐技术对策优选、防腐技术及监测方案设计及编制提供参考依据。

目前，针对注 CO_2 驱油腐蚀流体分析主要包括注采系统水中各项离子分析、系统中（SRB、FB、TGB）等细菌分析、CO_2 驱油注入气及采油井伴生气组分分析、腐蚀结垢产物分析等检测评价技术[60]。

二、实验仪器和装置

（1）离子色谱仪：高容量阴离子分离柱及保护柱，可一次进样完成阴离子和有机酸的分析，完成 F^-、Cl^-、SO_4^{2-}、NO_3^- 等多种阴离子的分析。兼容抑制器的高容量阳离子分离柱及保护柱，一次进样完成 Ba^{2+}、Na^+、K^+、Ca^{2+}、Mg^{2+}、NH_4^+ 的分析。

（2）气相色谱仪：天然气组分、CO_2 分析，摩尔分数精确到 0.0001。

（3）X 射线衍射仪：描方式 θ/θ 立式测角仪、可读最小步长：0.0001。

（4）天平：量程大于或等于 1000g，感量大于或等于 0.001g。

（5）生化培养箱：精度 0.4 级。

三、水质分析方法

1. 水质取样方法

采样地点的选择是根据水质的变化及检测项目按注水、采出流程选点取样。通常选择的取样点是：净水罐出口、注水泵入口、配水间、注水井口、采油井井口、两相或三相分离后，根据需要，可在流程的其他预留取样点进行取样。

所取水样应具有代表性[61]。取样前应准备好接头和胶皮管线以便于取样端与系统的连接。取样时，先排放管线中的"死油""死水"，取样人站在上风处，慢慢打开取样阀门，开阀后 3min 内不应取样，采集水样前，应先用水样洗涤采样器容器、盛样瓶及塞子 2~3 次；取样操作分三次进行（也可以分多次），直至达到分析所需取样量，不宜一次取样至取样量。

2. 水质分析方法

（1）pH 值的测定。

pH 值为水中氢离子活度的负对数。pH 值是水化学中常用的和最重要的检验项目之一，可表示水的酸碱程度。是判断腐蚀与结垢趋势的重要因素之一。因为某些水垢的溶解度与水的 pH 值有密切的关系，一般水的 pH 值越高，结垢的趋势就越大，若 pH 值较低，则结垢趋势减小。但结垢与腐蚀往往是一对矛盾，因此结垢趋势减小的同时，水的腐蚀性往往会增加。

pH 值测量计以玻璃电极为指示电极，饱和甘汞电极为参比电极。许多 pH 计上有温度补偿装置，以便校正温度差异，用于常规水样监测可准确和再现至 0.1pH 单位。较精密的仪器可准确到 0.01pH。为了提高测定的准确度，校正仪器时选取用的标准缓冲溶液的 pH 值应与水样的 pH 值接近。

仪器开启后，先预热 20min 左右，使仪器稳定。将 pH—mV 开关转到 pH 一档。用标准缓冲溶液校正 pH 计。把玻璃电极和甘汞电极一起插入一个标准 PH 缓冲溶液中，电流计如不是指在该标准溶液的 pH 值处，可调节"定位"调节器至指针指在标准缓冲溶液 pH 值处，然后用另一浓度的 pH 溶液校正，直至仪器读数准确。玻璃电极在使用前应在蒸馏水中浸泡 24h 以上。用毕，冲洗干净，浸泡在水中。先用水仔细冲洗两个电极，再用水样冲洗。将校正后的 pH 计电极浸入要测定的水样中，小心搅拌或摇动使其均匀，待读数稳定后记录 pH 值。

测定时，玻璃电极的球泡应全部浸入溶液中，使它稍高于甘汞电极的陶瓷芯端，以免搅拌时碰破。玻璃电极的内电极与球泡之间及甘汞电极的内电极与陶瓷芯之间不可存在气泡，以防短路。甘汞电极的饱和氯化钾液面必须高于汞体，并应有适量氯化钾晶体存在，以保证氯化钾溶液的饱和。使用前必须先拔掉上孔胶塞。玻璃电极球泡受污染时，可用稀盐酸溶解无机盐结的垢，用丙酮除去油污（但不能用无水乙醇）。按上述方法处理的电极应在水中浸泡一昼夜再使用。为防止空气中二氧化碳溶入或水样中二氧化碳逸失，测定前不宜提前打开水样瓶塞。

（2）水中钙镁含量的测定。

众所周知，钙、镁元素在自然界中无处不在，钙在地球上的丰度占第五位，镁占第八位，无论是在大陆上还是海洋中它们的含量都很丰富，它们是石灰石、白云石、石膏等岩层的主要成分。随着地下水、地表水等流经石灰石、白云石、石膏等岩层，岩层中的钙、镁等元素被水冲刷出来，从而形成了水中的钙、镁，随着水体的不断循环，钙、镁元素也充满了整个自然界。

浅层的地面水和地下水中钙、镁常以 $Ca(HCO_3)_2$、$Mg(HCO_3)_2$ 的形式存在，同时钙、镁还与水中的氯离子、硫酸根离子、硝酸根离子等结合，以其他的盐类形式存在。当外部条件发生变化时水中钙、镁的存在形式也会发生变化，如：

在加热时：
$$Ca(HCO_3)_2 \longrightarrow CaO+CO_2\uparrow+H_2O$$
$$Mg(HCO_3)_2 \longrightarrow MgO+CO_2\uparrow+H_2O$$

在灼烧时：
$$CaCO_3 \longrightarrow CaO+CO_2\uparrow$$
$$MgCO_3 \longrightarrow MgO+CO_2\uparrow$$

在酸性条件下：
$$CaCO_3+2HCl \longrightarrow CaCl_2+H_2O+CO_2\uparrow$$
$$MgCO_3+2HCl \longrightarrow MgCl_2+H_2O+CO_2\uparrow$$

在碱性条件下：
$$CaCl_2+2NaOH \longrightarrow Ca(OH)_2\downarrow+2NaCl$$
$$MgCl_2+2NaOH \longrightarrow Mg(OH)_2\downarrow+2NaCl$$

从上面几个简单的反应式可知钙、镁的存在形式由于受到外界条件的变化（如加热、灼烧、酸、碱）会产生较大的变化。

在油田注水中，如果钙、镁含量过高，在外界条件的作用下（如温度、CO_2 存在）会产生碳酸钙、碳酸镁，沉积在注水管线管壁上或地层内，进而堵塞管线和地层，影响油田开采。在聚合物的配制和注入过程中，如果水中钙、镁含量过高，会使聚合物发生降解，使聚合物的黏度降低，因而造成了驱油效果和驱油能力的降低。

目前水中钙镁含量的测定方法主要有以下几种，详见表 5-1-1。

表 5-1-1　水中钙镁含量测定方法简介

方法	原理	特点
原子吸收光谱法	将样品加热使其原子化，用一特征光照射原子化的样品，其中一部分特征光被样品所吸收，通过测定吸收光的强度来确定样品的含量	检出限低，灵敏度高，干扰小，火焰法检出限可达 10^{-9}g，石墨炉法可达到 10^{-12}g，准确度好，火焰法相对标准偏差小于 2%，石墨炉一般为 3%~5%，分析速度快，操作简单，应用范围广
电感耦合等离子体发射光谱法（ICP）	利用高频电场将被测物质由基态变成激发态，当被测物质由激发态回到基态时，发出一种特征光，通过检测这种特征光的强度，来确定被测物质的含量	操作简单，分析速度快，一次可同时测定多种元素，灵敏度好，但价格昂贵
离子选择电极法	当离子选择电极放入待测溶液中，溶液中某特定的离子将产生一个特定的电位值；通过测定电位值来确定样品中特定离子含量	操作简单，灵敏度高；价格便宜；由于干扰因素较多，准确度不好，因而很少使用
离子色谱法	利用色谱柱将被测物质分离，通过检测被分离出来的物质的电导率，来确定被测物质的含量	选择性好，灵敏度高；一次可测定多种元素，但多用于阴离子的检测
EDTA 滴定法	以络合反应为基本的滴定方法	方法经典，准确度高，操作简单，适用于常量分析

（3）氯离子含量的测定。

氯离子是水和废水中一种常见的无机阴离子。氯离子的主要来源是氯化钠等盐类，因此有时氯离子的浓度被用来作为水中含盐量的度量。此外,由于氯离子是一个稳定成分,因此它的含量也是鉴定水质的较容易的方法之一。氯离子可能造成的影响,主要是随着水中含盐量的增加,水的腐蚀性也增加。氯离子测定方法简介,详见表5-1-2。在油田水的实际测定中主要采用硝酸银滴定法。

表5-1-2 氯离子测定方法

方法	特点
硝酸银滴定法	所需仪器设备简单,适用于较清洁水;相对偏差较小,适用于常量及高含量的分析
电位滴定法	适用于终点难判断的带色或浑浊水样
离子色谱法	能同时快速灵敏地测定包括氯化物在内的多种阴离子,但需具备仪器条件;灵敏度较高,能进行微量分析,但相对偏差较大

适用油气田水中氯离子含量在100mg/L以上,溴、碘离子含量为氯离子含量的1%以下时的氯离子含量的测定。

在中性或弱碱性溶液中,硝酸银与氯离子反应生成白色沉淀。过量的银离子与铬酸钾指示剂生成橘红色铬酸银沉淀。由于氯化银的溶解度小于铬酸银的溶解度,氯离子首先被完全沉淀后,铬酸根才以铬酸银形式沉淀出来,产生橘红色,指示滴定终点。根据硝酸银的消耗量计算氯离子含量,反应方程如下:

$$Ag^{+}+Cl^{-} \longrightarrow AgCl\downarrow 白色$$

$$2Ag^{+}+CrO_4^{2-} \longrightarrow Ag_2CrO_4\downarrow 橘红色$$

铬酸根离子的浓度,与沉淀形成的快慢有关,必须加入足量的指示剂。且由于稍过量的硝酸银与铬酸钾形成铬酸银沉淀的终点较难判断,所以需要以蒸馏水作空白滴定,做对照判断(使终点色调一致)。

此方法中指示剂的用量和溶液的酸度是两个值得注意的问题:①指示剂的用量太低,要使滴定剂过量,才能析出铬酸银沉淀。指示剂用量太高,妨碍铬酸银沉淀颜色的观察,影响终点的判断。所以要严格按标准的要求加指示剂。②铬酸银易溶于酸,所以滴定不能在酸性溶液中进行。但如果溶液的碱性太强,则有氧化银沉淀析出:

$$2Ag^{+}+2OH^{-} \longrightarrow 2AgOH\downarrow \longrightarrow Ag_2O\downarrow+H_2O$$

通常要求溶液的酸度范围为pH=6.5-10.5。油田水的pH值通常都在7~9,故一般不用做中和处理。

(4)碳酸根、重碳酸根、氢氧根含量的测定。

这几种离子浓度的总和被当成总碱度。碱度指标常用于评价水体的缓冲能力及金属在其中的溶解性和毒性;是对水和废水处理过程的控制的判断性指标。由于碳酸根、重碳酸根能生成不溶解的水垢,因此它们在油田水中是重要的阴离子。

用标准酸滴定水中碱度是各种方法的基础。有两种常用的方法,即酸碱指示剂滴定法和电位滴定法。电位滴定法根据电位滴定曲线在终点时的突跃来确定特定pH值下的碱度,它不受水样浊度、色度的影响、适用范围较广。用指示剂判断滴定终点的方法简便、快速,适用于控制性实验及例行分析。在油田水的常规分析中通常选用指示剂滴定法。

(5) 硫酸根离子含量的测定。

硫酸盐在自然界中分布广泛，地表水和地下水中硫酸盐主要来源于岩石土壤中矿物组分的风化和溶淋，金属硫化物氧化也会使硫酸盐含量增大。

水中少量硫酸盐对人体健康无影响，但超过 250mg/L 时有致泻作用。由于硫酸根离子能与钙，尤其是与钡和锶等生成不溶解的水垢，因此硫酸根离子的含量在油田水中也是值得注意的一个问题。硫酸根离子含量测定方法简介，见表 5-1-3。

表 5-1-3 硫酸根离子含量测定方法

方法	特点
硫酸钡重量法	经典方法，准确度高，但操作烦琐
铬酸钡光度法	适于清洁环境水样的分析，精密度和准确度均好
EDTA 滴定法	所需仪器设备简单，检测费用低，对含量大于 10mg/L 的样品相对偏差较小。适于常规分析
离子色谱法	可同时测定清洁水样中包括 SO_4^{2-} 在内的多种阴离子。适于测定清洁环境水样中可溶态硫酸盐

油田水常规分析中一般采用 EDTA 滴定法。适用于硫酸根含量大于 10mg/L 的油气田水的测定。在 pH 值为 3~5 的溶液中，加入过量的氯化钡，使硫酸根与钡离子生成硫酸钡沉淀，剩余的钡离子在 pH 值为 10 的条件下用 EDTA 标准溶液滴定，此时过量的钡离子及原水样中的钙镁离子同时被 EDTA 标准溶液滴定。

金属离子指示剂与被滴定金属离子反应，形成一种与指示剂本身颜色不同的络合物，反应方程式如下：

$$M + In(颜色甲) \longrightarrow MIn(颜色乙)$$

滴入 EDTA 时，金属离子逐步被络合。当达到反应的等当点时，已与指示剂络合的金属离子被 EDTA 夺出，释放出指示剂，引起溶液颜色的变化。

$$MIn(颜色乙) + Y \longrightarrow MY + In(颜色甲)$$

用 EDTA 标准溶液滴定至溶液由淡紫红色变为蓝色即为终点。记录用量，用下式计算其浓度。

$$SO_4^{2-}(mg/L) = \frac{C[(V_2 - V_3) - V_1] \times 96.06}{V} \times 10^3 \quad (5\text{-}1\text{-}1)$$

式中 C——EDTA 标准溶液浓度，mol/L；

V——试料体积，mL；

参数 96.06——与 1.00mL EDTA 标准溶液 $[C_{EDTA} = 1.000\text{mol/L}]$ 相当的以毫克表示的硫酸根的质量。

(6) 钾和钠的测定。

不同油田及同一油田不同的污水处理站其矿化度有很大差异，低的仅有不到 1000mg/L，高的达 1×10^5 mg/L 以上。水中钠离子、钾离子可用离子色谱测定。

离子交换色谱法利用离子交换树脂，将样品中的离子与树脂上的离子发生交换，然后通过洗脱离子的方式，测量洗脱液中离子的浓度。在一定的色谱条件下，组分峰的流出时间即保留时间固定，以此作为组分离子的定性依据。在一定浓度范围内组分的峰面积（或峰高）正比于组分的浓度，以此计算出组分的含量。

油气田水中的离子主要以钠、钾、镁、钙、钡、氯、硫酸根和重碳酸根（其中钡和硫酸根离子不能共存于同一水体中）等离子为主。同时可根据溶液电中性原理，即所有阴离子带负电荷的总和，应等于所有阳离子带正电荷的总和。当测出除钠和钾离子外的其他几种离子的含量，即可计算出钠和钾离子的含量，硫酸根离子含量测定仪器如图 5-1-1 所示。计算出的钠和钾离子含量中实际包括锂、铵及许多未被测定的阳离子。

$Na^+(Na^++K^+)$（mmol/L）=（Cl^-mmol/L+2SO_4^{2-}mmol/L+HCO_3^-mmol/L）-2（Mg^{2+}mmol/L+Ca^{2+}mmol/L+Ba^{2+}mmol/L），计算法的精密度和准确度均在 5% 以内。

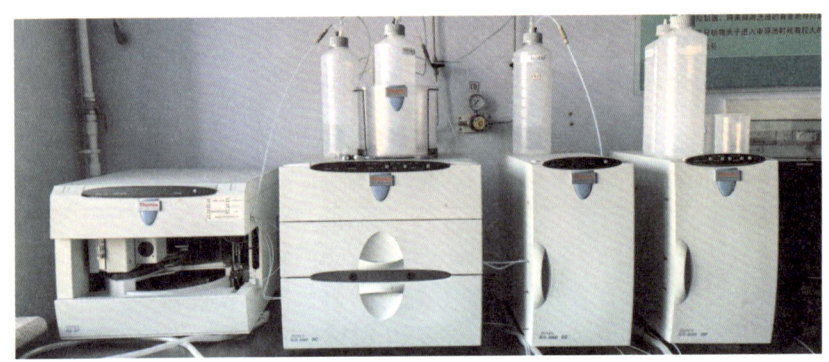

图 5-1-1　硫酸根离子含量测定仪器

（7）矿化度。

矿化度是水中所含无机矿物成分的总和，是水化学成分测定的重要指标。用于评价水中总含盐量，是油田用水适用性评价的主要指标。在油田水分析中，矿化度常用于被测离子总和的质量检验，是油田水质的一个主要参考指标。

矿化度的测定方法依目的不同大致有：重量法、电导法、阴阳离子加合法、离子交换法及比重计法等。重量法含义较明确，是简单通用的方法。但只适用无污染的天然水样。对于含油污水，一般在测定了阴阳离子的基础上，直接采用阴阳离子加合法。

矿化度（mg/L）=（$Ca^{2+}+Mg^{2+}+Ba^{2+}+Cl^-+SO_4^{2-}+HCO_3^-+CO_3^{2-}+Na^++K^+$）（mg/L）

四、细菌分析方法

1. 油田细菌类型

由于微生物的生命活动而引起或促进材料腐蚀进程的现象统称为微生物腐蚀。微生物腐蚀是 1910 年由 Gaines 首次提出的，它是城市供水系统及污水处理系统和油井、石油输送管线等中普遍存在的现象。1934 年，荷兰学者 Kuhr 等提出硫酸盐还原菌（SRB）参与金属腐蚀的阴极去极化的理论之后，人们对微生物腐蚀开始重视起来。水是细菌广泛分布的天然环境，不论是地表水还是地下水，甚至雨水或雪水，都含有多种微生物。细菌的种类与数量对人们日常生活以及工农业生产包括油田生产有着重大的影响，在油田水中有各种不同类型的细菌，其中对油田生产直接相关的有腐生菌、硫酸盐还原菌和铁细菌等。

（1）硫酸盐还原菌（SRB）。

硫酸盐还原菌是一种在厌氧条件下可使硫酸盐还原成硫化物，并以有机物为营养的细菌。硫酸盐还原菌是成群或成菌落地附着在管壁上，在流动的液体中不易找到。

（2）腐生菌（TGB）。

在某些特定环境下，很多细菌都可以形成黏膜附着在设备或管线内壁上，也有些悬浮在水中。凡是能形成黏膜的细菌都称为黏泥形成菌。该菌是好气异养菌的一种，国内习惯称之为腐生菌。

许多油田水有能满足腐生菌生长的物理条件和营养物质，因此腐生菌的存在极其普遍。它们产生的黏液与铁细菌、藻类、原生动物等一起附着在管线和设备上，造成生物垢，堵塞注水系统和地层，同时也产生氧浓差电池而引起腐蚀。

（3）铁细菌（FB）。

铁细菌是一种好气异养菌，是在与水接触的结瘤腐蚀中常见的一种菌。凡是具有以下生理特征的细菌均为典型的铁细菌，即能在氧化亚铁或高铁化合物中起催化作用；可以利用铁氧化中释放出来的能量来满足其生命的需要；能大量分泌氢氧化铁并形成某种特定结构。它一方面像其他许多菌一样具有附着在金属表面的能力，能分泌大量的黏性物质从而造成注水井和过滤器的堵塞；另一方面能形成氧浓差电池，同时给硫酸盐还原菌提供局部的厌氧区，使腐蚀加剧。

2. 油田细菌分析方法

（1）油田细菌常用测定方法。

在微生物影响的腐蚀诊断中，相关微生物是与附着在金属表面的生物膜和水锈沉积物联系在一起，而不是浮游在水相中。细菌总数测定是测定水中需氧菌、兼性厌氧菌和异养菌密度的方法。因为细菌能以单独个体、成双成对、链状、成簇等形式存在，而且没有任何单独一种培养基能满足一个水样中所有细菌的生理要求。所以，由此法所得的菌落可能要低于真正存在的活细菌的总数。水中细菌总数的测定主要有以下几种方法。

①显微计数法。

将菌体用化学染料着色后，在显微镜下用血球计数板进行观察计数，通过换算给出单位体积水样中的细菌个数。此方法直观快捷，不需进行培养，适用于水样中菌量较高的情况。

②平板培养法。

将水样逐级稀释后分别取各级稀释液于灭菌培养皿中，倾注已融化并冷却至45℃左右的营养琼脂培养基，37℃恒温培养24h进行菌落计数。细菌总数以每个培养皿菌落的总数或平均数乘以稀释倍数而得到。此方法适用于大多数好氧菌。

③多管发酵法。

根据细菌能发酵乳糖、产酸产气以及对化学染料特异性着色等特点，通过初发酵实验、平板分离、复发酵实验三个步骤进行检验。此方法适用于厌氧菌。

④滤膜法。

将水样注入已灭菌的放有滤膜（一种孔径为0.45um的微孔滤膜）的滤器中，经过抽滤，细菌即被截留在膜上，然后将滤膜贴于特定培养基（如品红亚硫酸钠培养基）上培养计数滤膜上生长的菌落总数，根据过滤水样量换算出细菌密度。滤膜法具有高度的再现性，可用于检验体积较大的水样，结果比多管发酵法精密。

⑤延迟培养法。

此法是将水样在现场过滤后，将滤膜放置于输送培养基上（这种培养基能保持细菌的活性但不允许它们在输运到实验室前，长成可见的菌落），然后运到实验室，在实验室将滤膜转移到特定培养基（如 M-FC 培养基）上，44.5℃ 培养 22~26h 后进行菌落计数。

在常规的检验步骤不能实现时，若在水样运输的途中不能保证所要求的温度，或者在采样后不能在允许的时间内进行检验等都可应用延迟培养法。

⑥细菌测试瓶法。

将水样用无菌注射器采用绝迹稀释法逐级注入测试瓶中进行接种，送实验室培养，立即将与测定的水样用无菌注射器定量逐级注射到测试瓶中，进行接种稀释，在实验室中进行培养。根据细菌瓶阳性反应和稀释的倍数，计算出水样中细菌的数目。

（2）水样的采集与保存。

取腐生菌、硫酸盐还原菌、铁细菌水样时，用灭菌的玻璃容器取样并加盖密封，单独采样，现场接种，测定水温，并带回实验室在现场水温下放入培养箱内培养。全分析时，取样筒体积不小于 5000mL，半分析时，取样筒体积不小于 1000 mL。

采集的样品应尽可能地代表所采的环境水体特征，应采取一切预防措施尽力保证从采样到实验室分析这段时间间隔里不受污染和水样成分不发生任何变化。

①采样。

a. 采样容器。

用作采样瓶的材料，要求在灭菌和样品存放期间不应产生和释放出抑制细菌生存能力和促进繁殖的化学物质。所以通常采用以耐用玻璃制成的，带螺旋帽或磨口玻塞的 500mL 广口瓶，也可用适当大小、广口的聚乙烯塑料瓶或聚丙烯耐热塑料瓶。

b. 采样瓶的洗涤。

一般可用加入洗涤剂的热水洗刷采样瓶，用清水冲洗干净，最后用蒸馏水冲洗 1~2 次。新的采样瓶必须彻底清洗，先用水和洗涤剂清洁尘埃和包装物，再用铬酸和硫酸洗涤液洗涤，然后用稀硝酸溶液冲洗以除去任何一种重金属或铬酸盐的残留物，最后用自来水冲洗干净，再用蒸馏水淋洗。对于聚乙烯瓶，可先用约 1mol/L 盐酸溶液清洗，再依次用稀硝酸溶液浸泡，蒸馏水冲洗干净。洗涤前须检查采样瓶，已破损及表面被侵蚀的容器应弃去不用。

c. 采样瓶的灭菌。

将洗涤干净的采样瓶，瓶口用牛皮纸等防潮纸包好，瓶顶和瓶颈处都要裹好，置于干燥箱 160~170℃ 干热灭菌 2h 或用高压蒸汽灭菌器，在 121℃ 灭菌 15min。不耐热的塑料瓶则应浸泡在 0.5% 的过氧乙酸溶液中 10min 或用环氧乙烷气体进行低温灭菌。灭菌后的采样瓶两星期内未使用，使用时须重新灭菌。

d. 去除干扰。

采集加氯处理的水样时，余氯的存在会影响待测水样在采集时所指示的真正细菌含量，因此须经去氯处理。可在洗涤干净的样品瓶内，于灭菌前加入足量的硫代硫酸钠，按 500mL 采样瓶加入 0.3mL10% 硫代硫酸钠溶液，然后盖好瓶盖（塞）。当被测水样含有高浓度重金属时，则须在采样瓶内，于灭菌前加入螯合剂以减少金属毒性，采样点位置较远须长距离运输的水样更应如此。可按 500mL 采样瓶加入 1mL15% 的乙二胺四乙酸二钠盐（EDTA-2Na）溶液。

e. 采样步骤及注意事项。

将已灭菌和封包好的采样瓶小心开启包装纸和瓶盖，避免瓶盖及瓶子颈部受杂菌污染并注意避免附加设备采样时可能造成的污染。采好水样后,迅速盖上瓶盖和包装纸。

在同一采样点进行分层采样时,应自上而下进行,以免不同层次的搅扰,同一采样点与理化监测项目同时采样时,应先采集细菌学检验样品。

采样完毕,应将采样瓶编号,做好采样记录。将采样日期、采样地点、采水深度、采样方法、样品编号、采样人及水温、气温情况等登记在记录卡上。

②样品的保存。

各种水体,特别是地表水、废水的水样,易受物理、化学或生物的作用,从采水至检验的时间间隔内会很快发生变化。因此,当水样不能及时运到实验室,或运到实验室后不能立即进行分析时,必须采取保护措施。

采好的水样,应迅速运往实验室,进行细菌学检验。一般从取样到检验不宜超过2h,否则应使用10℃以下的冷藏设备保存样品且不得超过6h。实验室接到送检样后,应将样品立即放入冰箱并在2h内着手检验。如果因路途遥远,送检时间超过6h,则应考虑现场检验或采用延迟培养法。

(3)细菌测试瓶法。

多年来对油藏、井筒、地面环境中微生物的知识与理解仅来自可培养的方法,如平板计数或者是最大可能数法(MPN)细菌测试瓶法。涉及用培养基将菌液或者环境样品进行一系列稀释直至菌数为零,稀释的培养物在培养后通过肉眼观察浊度、培养基颜色变化来进行评估。

腐生菌(TGB)、硫酸盐还原菌(SRB)与铁细菌含量测定分析方法。采用绝迹稀释法,即将欲测定的水样用无菌注射器逐级注入测试瓶中进行接种稀释,送实验室培养,根据细菌瓶阳性反应和稀释的倍数,计算出水样中的细菌的数目。

①材料及设备。

a. 腐生菌(TGB)测试瓶;

b. 铁细菌测试瓶;

c. 硫酸盐还原菌(SRB)测试瓶;

d. 1mL注射器(在121℃条件下灭菌20min);

e. 恒温培养箱,如图5-1-2所示;

f. 电热消毒器。

②分析步骤。

细菌测定推荐采用三次重复法,也可采用二次重复法。

用75%乙醇溶液浸泡的医用脱脂棉擦手并将测试瓶盖杀菌,避免受杂菌污染。点燃酒精灯,以下操作都应在无菌室内火焰区进行。选择好适宜的稀释度,应使最后一个稀释度接种培养后无相应的硫酸还原菌、铁细菌、腐生菌生长。用10倍稀释法,即用灭菌后1mL注射器从采样瓶中取被测水样1mL注入第一个测试瓶,充分摇匀,此时稀释度为100。另取一支1mL无菌注射器从稀释度为100的测试瓶

图5-1-2 恒温培养箱

吸取 1mL 注入下一个测试瓶中,充分摇匀,此时稀释度为 0.1。以此类推,直至需要的稀释度为止。稀释后的试样放在培养箱中,于 37℃±1℃ 培养 7 天。

a. 将测试瓶排成一组,并依次编上序号,若测铁细菌时,应先用无菌注射器分别向其测试瓶中加入 0.3~0.5mL 指示剂;

b. 用无菌注射器取 1.0mL 水样注入 1 号瓶内,充分振荡;

c. 用另一支无菌注射器从 1 号瓶内取 1.0mL 水样注入 2 号瓶内,充分振荡;

d. 再更换一支无菌注射器从 2 号瓶中取 1.0mL 水样注入 3 号瓶中,充分振荡;

e. 以此类推一直稀释到最后一瓶为止,根据细菌含量决定稀释瓶数,一般稀释到 7 号瓶;

f. 把上述测试瓶放入恒温培养箱中(培养温度控制在现场水温的 ±5℃ 内),对于 SRB 菌、TGB 菌和铁细菌 7 天后读数。

③细菌生长的鉴别。

腐生菌以 TGB 表示,可培养 7 天,若出现颜色由红变黄的阳性反应特征,则表示存在腐生菌;铁细菌以 IB 表示,可培养 7 天,阳性反应特征是试验液体棕色逐步褪去,形成棕黑色沉淀;硫酸盐还原菌以 SRB 表示,可培养 7 天,阳性反应特征为颜色变黑或产生黑色沉淀。

TGB:瓶中液体由红变黄或浑浊,表示有腐生菌;

SRB:瓶中液体变黑或有黑色沉淀,表示有硫酸盐还原菌;

FB:瓶中液体出现棕红色沉淀,表示有铁细菌。

稀释法三次重复菌量计数见表 5-1-4。稀释法二次重复菌量统计见表 5-1-5。细菌的查表只与重复性有关,菌量数由表 5-1-4 或表 5-1-5 中查出近似值,再扩大相应的次方数即可,细菌生长结果计算示例见表 5-1-6。

表 5-1-4 稀释法三次重复菌量计数

生长指标	菌量(个/mL)	生长指标	菌量(个/mL)	生长指标	菌量(个/mL)
000	0	201	1.4	302	6.5
001	0.3	202	2.0	310	4.5
010	0.3	210	1.5	311	7.5
011	0.6	211	2.0	312	11.5
020	0.6	212	3.0	313	16.0
100	0.4	220	2.0	320	9.5
101	0.7	221	3.0	321	20.0
102	1.1	222	3.5	322	30.0
110	0.7	223	4.0	323	25.0
111	1.1	230	3.0	330	45.0
120	1.1	231	3.5	331	110
121	1.5	232	4.0	332	140
130	1.6	300	2.5	333	
200	0.9	301	4.0		

表 5-1-5 稀释法二次重复菌量计数表

生长指标	菌量（个/mL）	生长指标	菌量（个/mL）	生长指标	菌量（个/mL）
000	0	110	1.3	211	13.0
001	0.5	111	2.0	212	20.0
010	0.5	120	2.0	220	25.0
011	0.9	121	3.0	221	70.0
020	0.9	200	2.5	222	110.0
100	0.6	201	5.0		
101	1.2	210	6.0		

表 5-1-6 细菌菌量计数示例表

示例	长菌观察					生长指标	菌量（个/mL）
	1号瓶	2号瓶	3号瓶	4号瓶	5号瓶		
	0级	1级	2级	3级	4级		
1	++	++	- -	- -	- -	200×10^1	2.5×10^1
2	+-	- -	- -	- -	- -	100×10^0	0.6×10^0
3	+++	+++	+++	++-	- - -	320×10^2	9.5×10^2
4	+++	+++	+++	+++	+++	$\geq 300\times10^4$	$\geq 2.5\times10^4$

注：（1）若无测试瓶，亦可采用自制培养基的试管稀释法，具体要求按微生物规范进行。
（2）"+"意为培养瓶有细菌。
（3）"-"意为培养瓶无细菌。

④分析操作过程中的注意事项。

a. 细菌实验室要求通风良好，又能避免尘土、过堂风和温度骤变，并保持室内空气高度清洁和实验室用具的整洁。

b. 实验室有专供培养基制备和灭菌以及玻璃器皿和其他器具消毒灭菌用的准备室，供分装和制备无菌培养基、转移微生物培养的灭菌接种室。

c. 实验室器材和设备的校验应按国家标准进行，必须使用纯度合格的试剂、染料，着色剂要具有适当的强度和稳定性。

d. 三类菌含量测定应在现场接种，同时测定水温，室内培养。若无测试瓶，应现场取样，6h内送实验室接种。

e. 培养基分装时不宜超过容器的2/3以免灭菌时外溢，分装的量根据使用目的和要求决定，配制好培养基后在2h内灭菌，配制好的培养基不宜保存过久，存放时应避免阳光直射并要避免杂菌侵入和液体蒸发。

五、气组分分析方法

1. 气样取样

注入气体、伴生气取样点应具有代表性，确认取样点是否为综合气体介质取样点。取样时先清理取样口，连接延伸管，打开采样阀，排放30s，置换掉采样线中的不流动气体，调节取样阀开度，另一端连接采样钢瓶、球胆或气袋。

当用气瓶取样时，打开进气阀、同时打开放气阀进行吹扫，置换空气，三分钟后关闭放气阀门，进行取样。

当用气袋取样时，气样袋充满气后，用双手手掌挤压气袋，排尽气袋内的气体，重复以上采样步骤，置换三次后取样。

当用球胆取样时，约八成满时，关闭取样阀，从球胆末端压紧，双手向里卷，直到挤净球胆内的气体，进行置换，重复以上采样步骤，置换三次后取样。

2. 气样分析仪器

气体样品分析主要采用气相色谱法，气相色谱仪主要由五大系统组成，分别是载气系统、进样系统、分离系统、检测系统和温控系统。气相色谱仪和其仪器构造示意图如图 5-1-3 和 5-1-4 所示。

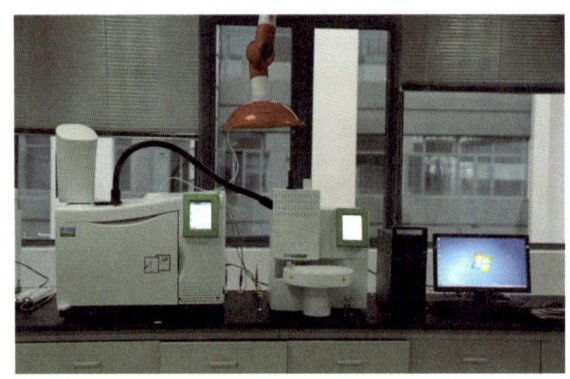

图 5-1-3　气相色谱仪

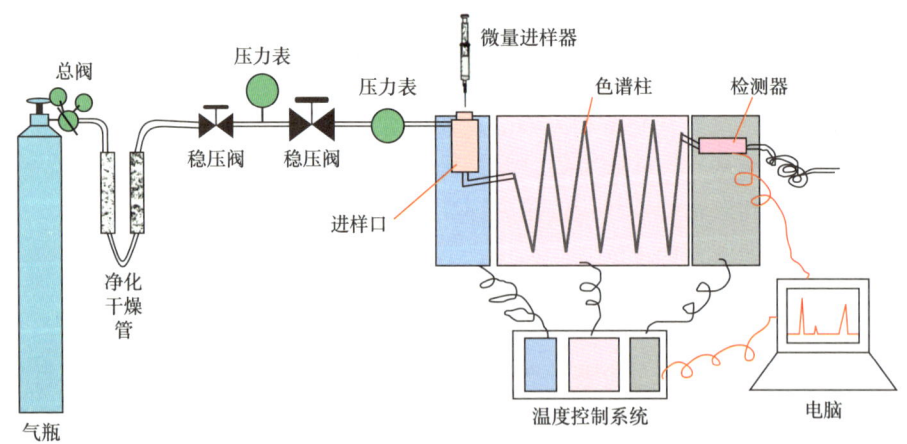

图 5-1-4　气相色谱仪构造示意图

气相色谱方法是利用试样中各组分在气相和固定液相间的分配系数不同将混合物分离、测定的仪器分析方法，特别适用于分析含量少的气体和易挥发的液体。当气化后的试样被载气带入色谱柱中运行时，组分就在其中的两相间进行反复多次分配，由于固定相对各组分的吸附或溶解能力不同，因此各组分在色谱柱中的运行速度就不同，经过一定的柱长后，便彼此分离，按流出顺序离开色谱柱进入检测器，被检测，在记录器上绘制出各组分的色谱峰—流出曲线。在色谱条件一定时，任何一种物质都有确定的保留参数，如保留时间、保留体积及相对保留值等。因此，在相同的色谱操作条件下，通过比较已知纯样和未知物的保留值，即可对物质进行定性分析。测量峰高或峰面积，采用标准曲线法、内标法或归一化法，可对物质进行定量分析。

采用气相色谱法（GC）进行物理分离，并与在相同操作条件下获得的已知组分的参比标准混合物的校准数据进行比较即可测定某一个代表性样品组分。通过改变载气在色谱柱内的流动方向，样品的大量重尾组分聚集生成不规则的色谱峰。按照参比标准，通过比较峰高，峰面积或两者获得的相应值，即可对该样品的组分进行计算。

3. 实验步骤

采用气相色谱法执行天然气组分分析。检查色谱柱是否安装正确；打开载气，打开气相色谱仪，等待自检通过，设置色谱柱，载气流动，检测器和老化温度等参数。

打开载气气源、空气和氢气发生器，设置载气柱前压140kPa，Air压力50kPa，H_2压力60kPa，通气10min。

打开电脑色谱工作站，进入仪器控制界面，设置进样口温度200℃、FID温度250℃，色谱柱升温程序：40℃（稳定1.0min）—80℃（稳定3.0min）（升温速度为5℃/min），分流进样，点击应用，等待仪器呈"Ready"状态。进样得色谱图，分别计算出各物质色谱峰的峰面积。

六、腐蚀结垢产物分析方法

腐蚀产物分析是油田生产系统中腐蚀主控因素确定的主要方法，通过腐蚀结垢主控因素研究，可以提高防腐技术的针对性。

1. 垢样的采集方法

确定采样数量的原则是首先要保证能够做平行试验的样品量，其次要有足够的留存量，对第一次试验结果有疑问时用于校正试验品的量。

（1）刮取样品。

刮取样品时，可使用普通钢、不锈钢、竹片或其他非金属薄片制成的小铲、小刀，也可用小毛刷、毛笔等刷扫。这些工具都是根据具体情况自己制造的。金属的小刀铲不能过于钝或锐利，过于钝铲不下垢，过于锐利又易损伤管壁而污染垢样。

刮取垢样要有耐心，才能保证垢样的代表性。同一位置可多点采集单个试样，制备成混合平均样品，如果垢样的颜色、疏松程度位置明显不同，不能采集混合试样，应分别采集单个试样。取样后放入取样袋或取样瓶中，密封隔绝空气，清管产物和腐蚀产物的取样不应低于10g。

（2）挤压采样。

割管采样时，若试样不易刮取，可用车床先将割下的管样，然后用人工、虎钳等工具，挤压弯折管样，使金属变形后而垢样自己脱落下来，之后收集垢样。

2. 垢样的保存

为便于查对或校对，不论是何种垢样，都应对其较长地保存。保存期要在一年以上，存放的垢样可以是研制后的粉末，也可以是原取的状态。应装入小广口瓶中，粘贴上标签，标签上必须注明垢样所在的设备名称、采样部位、采样日期、采样原因（大修、事故或其他）、采样者姓名等事项。垢样应放于专门的存放柜内并保持干燥，还应有原始记录和化验台账。

3. 垢样的分析

采集到的试样必须具有代表性和均匀性。试样质量若多于10g，将试样平铺，按图5-1-5所示用四分法缩成约2.5g后，在50~60℃干燥6~8h，然后放在玛瑙研钵中研磨至全部通过孔径为125μm试验筛，装入小广口磨口瓶中，放在干燥器内，供测定用。其余作为原样贮存在另一广口瓶中，密封保存。

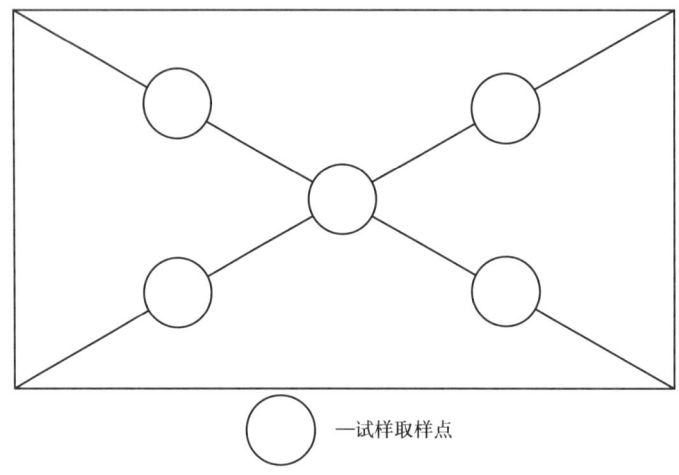

图 5-1-5　试样四分法示意图

试样质量若少于10g，则通过试验筛后，装入两个小广口磨口瓶中，放在干燥器内，一瓶供测定用。另一瓶密封保存。一旦垢样在空气中变化或者高温下分解，那么该方法不适宜。可直接多组样品进行分析比较。

（1）电子探针显微分析。

电子探针显微分析（EPMA）是一种用于分析化学元素组成和形态的表面分析技术。它可以通过扫描样品表面发射的X射线来测量样品的元素组成，并且能够提供高分辨率的成分和形貌图像（图5-1-6）。EPMA在材料科学、地球科学、生命科学等领域得到广泛应用。

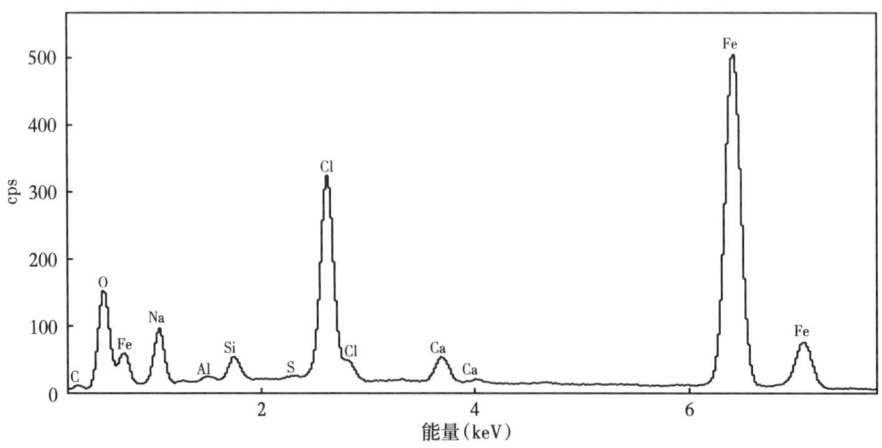

图 5-1-6　腐蚀产物 EPMA 分析

电子探针显微分析的基本原理是利用电子束与样品进行相互作用产生的信号进行分析。EPMA 使用加速电子束激发样品中的原子并使其跃迁到高能级，从而产生特定的辐射。样品受到电子束激发后，产生的 X 射线能量是特定元素的特征能谱。根据横向和纵向扫描电子束，可以获取元素分布和形貌信息。通过在样品上移动探测器来测量 X 射线的能量和强度，进而确定元素的存在和相对含量，可以定性和定量地分析样品中的各种元素。

腐蚀产物的元素分析为各元素、原子百分含量。腐蚀产物中主要有 Fe、O、Si、Cl、Al、Ca 等元素成分，主要有氧化铁、氯化钠、二氧化硅，少量硫酸钙和氧化铝等化合物，见表 5-1-7。

表 5-1-7 腐蚀产物元素组成

元素	Na	Al	Si	S	Cl	Ca	Fe	O	总计
元素占比（%）	6.84	0.28	1.18	0.06	10.44	1.61	52.34	27.24	100.00
原子占比（%）	8.94	0.32	1.26	0.06	8.85	1.21	28.18	51.19	100.00

（2）XRD 分析。

XRD 腐蚀产物分析方法，是利用 XRD 衍射仪将具有一定波长的 X 射线照射到结晶性物质上时，X 射线因在结晶内遇到规则排列的原子或离子而发生散射，散射的 X 射线在某些方向上得到加强，从而显示与结晶结构相对应的特有的衍射现象，XRD 衍射仪如图 5-1-7 所示。

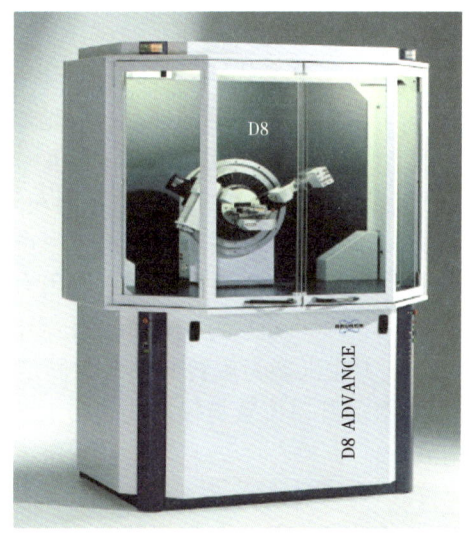

图 5-1-7 XRD 衍射仪

XRD 腐蚀产物分析方法，可以定性、定量分析腐蚀产物、岩石矿物、金属材料、陶瓷、高分子等分子结构，实验的精度、效率都优于化学方法。结合现场油井防腐的实际需求，通过对油井腐蚀产物中的各组成定性、定量分析，从而判定腐蚀的主控因素。

①样品制备。

粉末样品须充分研磨，一般要求磨成 320 目的粒度，约 40μm。要了解样品的物理化学性质，如是否易燃、易潮解、易腐蚀、有毒、易挥发。粉末样品制备步骤如图 5-1-8 所示。

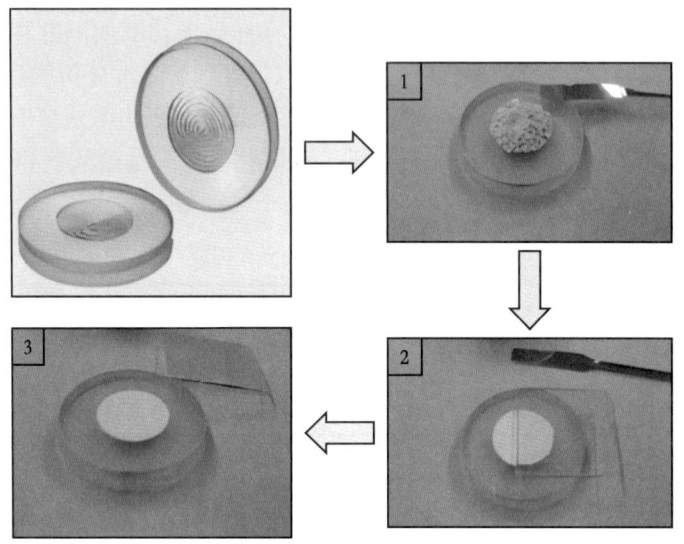

图 5-1-8　正压法粉末样品制备步骤

块体样品需有一个平整的测试面。如不平整，可用砂纸轻轻磨平或刮刀刮平，注意不要引入其他物相。如果面积太小可以用几块粘贴一起。在如图 5-1-9 所示的块体样品架中放入胶泥，把试样放在胶泥上，用玻璃板把样品压平使试样平整表面与样品架平面相平。

图 5-1-9　块体样品架

②装样。

将制备好的样品小心地安装在样品托架上，轻轻旋扣好。按下机器正面右边两个指示灯中下边的按钮（为开门按钮），此时仪器正面左侧下方指示灯变为"绿色闪烁"指示，表示舱门已开，可以打开仪器舱门，此时可以手握舱门下方的把手慢用力打开舱门。

将组合好的样品及托架小心放在仪器舱内样品台上（此机器为旋转样品台，固定方式为磁力吸附式，注意把握住样品），调整托架上面相对的开口位置与仪器样品台上的开口位置重合，防止样品托架上边沿遮挡低角度 X 射线。

如果测量的起始角度比较低（小于 10°），需要使用防空气散射附件，附件的刀口离样品表面距离约 1mm 到 1.5mm，在大大减低空气散射背景的情况下，要保证高角度的测量强度不受影响。放好样品后，关好舱门。

③测试。

打开冷却水循环装置，此机器设置温度在 20℃。一般情况下，温度不超过 28℃ 即可正常工作。

打开稳压电源：打开稳压电源柜门，依次打开"输入开关"→"输出开关"，关闭柜门。听到持续"报警"响声后，按一下稳压电源外部控制面板上右下方"红色方形按钮"，响声会结束。等面板上的"输出电压"和"输出频率"分别变成"220.0V"和"50.0Hz"时。稳压电源开启完毕,其他控制键勿动。

XRD 仪器在衍射仪左侧下面有开关机旋钮和按键,先将红色旋钮放在"I"的位置,再将绿色(标有"I")按钮按下。此时机器开始启动和自检。启动完毕后,机器正面左侧的两个指示灯显示为白色。

按下高压发生器按钮(机器正面左侧上面的指示灯按键),高压发生器指示灯亮。(如果是较长时间未开机,仪器将自动进行光管老化,此时按键为闪烁的蓝色,并且显示"COND"。自动老化无须任何操作,老化时间约为 40min 左右(根据仪器关机时间长短,仪器自动决定老化时间),高压发生器按钮变为白色中间有"I"表示老化结束。)

打开仪器控制软件,在"DFFRAC.Measurement Center"选择"labManager"账户,回车进入软件界面。

测试前先调节 X-Ray 发生器电压电流分别为"40 kV"和"40mA",稳定 15~20min。机器启动完毕,可进行测量。

关好舱门后,电脑测试软件操作,一般情况选择并确定:探测器(Detector)

设定扫描范围,扫描步长及每步停留时间。点击 Start 即可开始测量。如果勾上"Autorepeat"按钮,则能进行多次扫描,在认为扫描图谱可以满足 要求的情况下,勾掉"Autorepeat"按钮,则在当次扫描结束后,扫描自动停止,软件检测设置方法如图 5-1-10 所示。

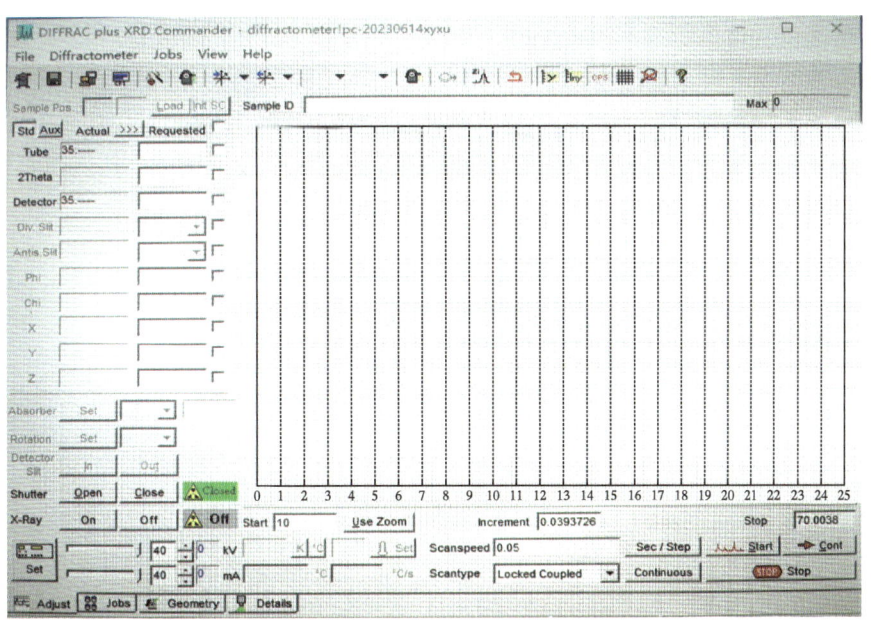

图 5-1-10　检测设置

数据保存:测试结束后,点击"File"→"save results file"将谱图保存为 raw 格式。若忘记保存,软件可以记住之前测量的 10 个数据,可以根据时间选择数据重新保存,测试后设置方法如图 5-1-11 所示。

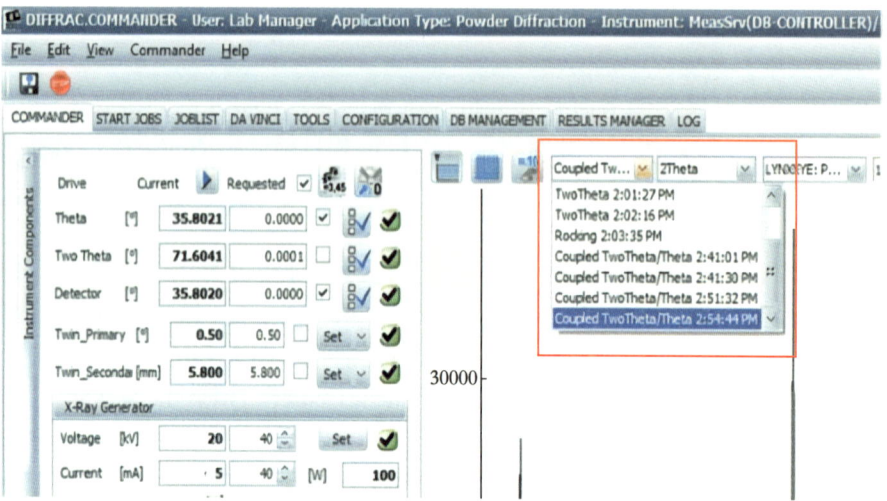

图 5-1-11 测试后设置

全部测试完毕后，离开前需要将 X-Ray 发生器电压电流分别降为 "20kV" 和 "5mA" 待机。

④关机步骤。

a. 先将高压从工作电压降到 20kV，5mA；然后按下高压发生器按钮，指示灯 变为白色加 "I"；

b. 退出测量软件，并等待 10~15min（彻底冷却光管）；

c. 关闭系统中各种附件、探测器的电源，但对需要冷却的附件，相应的冷却装置要几分钟以后再关闭；

d. 关闭主机电源，衍射仪左侧下面，将白色 "standby" 按钮按下，然后将红色旋钮放在 "0" 的位置；

e. 关闭水冷机、稳压电源，关闭计算机；

f. 粉末结晶状物质的 X-射线衍射图谱广泛用来鉴定固体样品中存在的化合物及相态，利用 X-射线衍射仪进行物质组成分析，结果如图 5-1-12 所示。

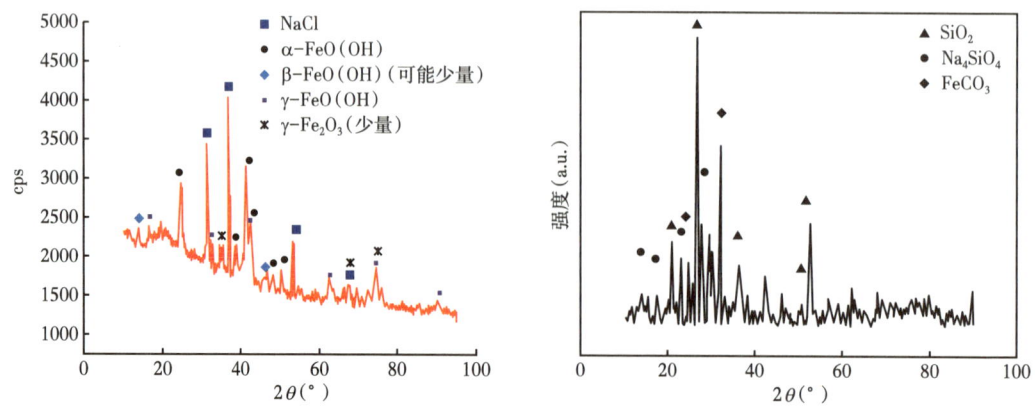

图 5-1-12 腐蚀产物的 XRD 图谱

第二节　CO_2驱油材料及腐蚀规律评价技术

一、实验目的

腐蚀试验的主要目的是评估材料在恶劣环境条件下的耐腐蚀性能。通过金属或其他材料在特定环境中的耐蚀性能评价，确定其在服役环境下的适应性，可以认识温度、压力、流速、水质等特定环境下的腐蚀机制。

在模拟恶劣环境条件下的腐蚀过程，以较短时间内评估材料耐腐蚀性能的方法。有助于预测材料在实际使用中的寿命。通过对材料在模拟恶劣环境下的腐蚀行为进行研究，可以推断出材料在实际环境中的使用寿命。为工程应用提供准确、可靠的腐蚀数据，以指导材料的选择、设计和维护。可以了解各种防腐措施的有效性，为工程应用提供了实用的防腐建议，有助于降低维护成本和提高设备可靠性。

二、电化学腐蚀评价

目前测定金属腐蚀的速度方法很多，有电化学法、重量法等。电化学测试方法是一种能够快速、准确地用于研究材料腐蚀的现代研究方法。由于材料的腐蚀大多数属于电化学腐蚀，因此电化学测试方法在腐蚀中应用得非常广泛。与重量法和表面观察法相比，电化学测试方法不但能够研究材料的腐蚀速度，还能够深入地研究材料的腐蚀机理[62]。

基于大多数腐蚀的电化学本质，电化学测试技术在腐蚀机理研究、腐蚀试验及工业腐蚀监控中得到广泛应用。电化学测试技术是一种"原位"测量技术，测定的是瞬时的腐蚀信息，并能连续地跟踪金属电极表面状况的变化。电化学测试技术是一类快速测量方法，测试的灵敏度也较高。

电化学实验法主要针对腐蚀机理开展理论研究，包括极化曲线测试和阻抗谱测试。通过极化曲线可以得到研究对象在特定溶液中的腐蚀电流密度等数据，以此判断研究对象腐蚀速率等，而阻抗谱可以评价腐蚀过程，包括腐蚀倾向及腐蚀产物膜的情况等。

用金相砂纸将碳钢、铜、不锈钢研究电极打磨至镜面光亮，用环氧树脂封装试样，留出固定面积。在无水乙醇、去离子水、丙酮中依次超声处理10min，风干后放入干燥器中备用。实验前，在0.5mol/L的硫酸溶液中去除氧化层，浸泡时间分别不低于10s，然后分别浸入去离子水、丙酮中处理5s，压缩空气吹干后放入腐蚀溶液。

1. 制备盐桥

把1~1.5g的琼脂和10g的KCl放入约30mL的水中，加热至微沸，等待固体全部溶解即可。做好的琼脂溶液放置于小火上微热后。把鲁金毛细管的尖端插入微热后的琼脂溶液中，用洗耳球顶住鲁金毛细管的尖端，通过洗耳球负压琼脂溶液慢慢吸入到玻璃管中，到顶部玻璃管空间半满为止。温度降低后，随着琼脂的凝固，溶于琼脂中的KCl将部分析出，玻璃管中出现白色的斑点，这样装有凝固了的琼脂溶液的玻璃管就是盐桥。

2. 准备工作

用砂子打磨实验钢片，先在碱液中将打磨后的碳钢油污清洗干净，再用蒸馏水冲洗；使用前将铂电极的铂片在铬酸溶液中清洗然后用蒸馏水润洗；打开电源预热恒电位仪

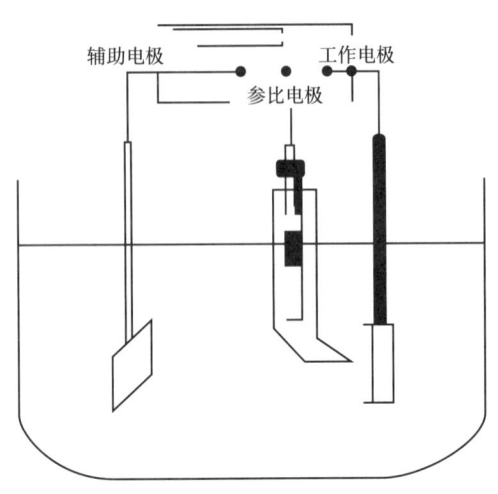

图 5-2-1 电解池连接示意图

5~20 分钟，使其在最小温漂工作状态下。

3. 实验装置连接

在电解池中插好各个电极，将绿色护套夹与工作电极相连，红色护套夹与辅助电极相连，黄色护套夹与甘汞电极相连，装置如图 5-2-1 所示：

4. 电化学测试操作步骤

在桌面上打开 Corrtest 电化学测试系统：在菜单栏点"测试方法"→"稳态极化"→"动电位扫描"；

新建数据文件、实验参数、数据采集（设定采集数据的频率、时间间隔等信息）、恒电位仪设置、电极参数设置、测试结束条件设置、坐标类型选择（一般此处可选"电位—lg 电流"）。实验停止后在工具栏单击"打印"按钮，即可得到极化曲线。

对于一般活性钢铁材料（碳钢、低合金钢等），材料的腐蚀主要是阳极溶解所造成的，电化学测试首先采用的参数是腐蚀电流（i_{corr}）和腐蚀电位（E_{corr}），在评价活性溶解材料的耐蚀能力时，首要的参数是腐蚀电流（i_{corr}），腐蚀电流越小，材料的耐蚀性能越好，这是因为腐蚀电流是由材料的溶解所造成的。当开路电位达到稳态后，进行塔菲尔曲线即极化曲线的测量，一般电极扫描范围设在稳态开路电位 ±0.3V。塔菲尔曲线是金属腐蚀体系的 E-lg$i$ 极化曲线，根据塔菲尔曲线外推法，可以得到相应金属试样的自腐蚀电流和自腐蚀电位等参数，塔菲尔曲线如图 5-2-2 所示。

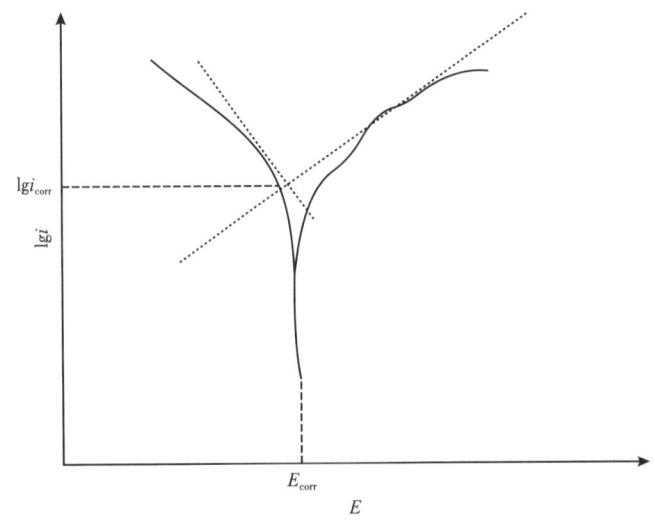

图 5-2-2 塔菲尔曲线示意图

首先要看腐蚀电流的大小，腐蚀电流越小，材料的耐蚀性能越好；只要当两种材料的腐蚀电流大体相同时，腐蚀电位才是一个需要考虑的参数，当材料的腐蚀电流相差不大时，腐蚀电位越高，材料的耐蚀性能越好。

三、高温高压腐蚀室内模拟实验

重量法是材料耐蚀能力的研究中最为基本，同时也是最为有效可信的定量评价方法。尽管重量法具有无法研究材料腐蚀机理的缺点，但是通过测量材料在腐蚀前后重量的变化，可以较为准确、可信地表征材料的耐蚀性能。也正因为如此，重量法一直在腐蚀研究中广泛使用，是许多电化学的、物理的、化学的现代分析评价方法鉴定比较的基础，是测定金属腐蚀速度最可靠的方法之一[63]。

利用高温高压动态评价装置，将实验样品和腐蚀实验介质均置于腐蚀评价装置内，模拟系统工况及介质，在不同流动状态（旋转流、管流）、特定温度、时间及压力条件下的材质与药剂的腐蚀实验评价。

1. 试样要求

试样的形状和尺寸随被试材料的原始条件及所使用的试验容器而定，应尽量采用单位质量表面积大的、侧面与总面积之比值小的试样。一般情况下，与轧制或锻造方向垂直的面积不得大于试样总面积的一半。每个试样表面积不应小于 $10cm^2$。同批试验的试样形状和规格应相同。

试样表面积的计算应精确到1%。在进行测量尺寸、称重等操作时，必须使用干净无油污的测量工具，并需佩戴工作手套。称重时应使用精度不小于 ±0.5mg 的分析天平。

2. 实验装置

容器材质应使用对腐蚀介质呈惰性的材料，常用的有316L、哈氏合金、陶瓷等。根据不同的温度要求，选择能使试验溶液保持在规定温度范围的温度保持系统。试样支持系统应能把试样支持于试液中间，支持系统的材质应对试液和试样呈惰性，它与试样的接触面积应尽可能小。一般情况下采用玻璃支架或挂钩，也可用塑料、陶瓷及化学纤维等材质的支持系统。试验期间，试液如需搅动或持续流动与补充，则须根据实际情况设计和添置相应的装置，以达到实验要求。

（1）旋转挂片仪：1L，6联，130℃，2MPa，0~1500r/min，哈氏合金，如图5-2-3所示。

图 5-2-3　旋转挂片仪器

（2）高温高压釜：3L，300℃，60MPa，0~2000r/min无级可调，哈氏合金，如图5-2-4所示。

图5-2-4　高温高压釜

（3）天平：量程大于或等于1000g，感量大于或等于0.001g。
（4）大气压力表：精度0.4级。
（5）温度计：测量范围0~100℃，分度值0.01℃。

3. 实验要求

（1）试样的形状和尺寸。

①试样的形状和尺寸随被试材料的原始条件及所使用的实验容器而定，应尽量采用单位质量表面积大的、侧面与总面积之比值小的试样。一般情况下，与轧制或锻造方向垂直的面积不得大于试样总面积的一半。每个试样表面积不应小于10cm。

②推荐两种形状的试样，规格如下：

板状试样：外形尺寸 $l \times b \times h$：50mm×25mm×（2~5mm）。

圆形试样：外形尺寸 $\phi \times h$：30mm×（2~5mm）；

根据实验目的的不同，也可选用其他形状和尺寸的试样。

③同批实验的试样形状和规格应相同。

（2）试样的制备。

①在板材或带材上取样时，应沿轧制方向切取，如轧制方向不清或不沿轧制方向切取时，须在报告中注明。要尽量避开板带边缘部分。

②在圆棒上取样时，应从棒材截面中部沿纵向切取。如沿径向切取，需在报告中注明。铸件、焊接件、敷熔金属材料等的取样和制备方法，由实验双方协商决定。

③试样可以用各种机械方法加工到预定的尺寸，但必须避免由此可能引起的试样性能的任何变化。采用剪切法时，需对剪切的断面进行再加工，以去除受剪切影响的部位。

④为了提高试验结果的均一性，可用砂纸研磨或其他机械方法去掉原始金属表面层。试样最终的表面使用120号粒度的水砂纸进行研磨，在同一张砂纸（布）上只能磨同一种材料的试样。但检验原始金属表面对腐蚀速率影响的实验的试样不在此例。

⑤特殊情况下采用干磨时，必须在报告中注明。
⑥试样的棱角应予以保持，不允许倒角。

（3）对试样的其他要求。
①试样如需悬挂，允许在试样上钻孔，但孔径不应大于4mm。
②经过最终研磨处理的试样应及时用水、氧气镁粉糊等充分去油并洗涤，然后用丙酮、酒精等不含氯离子的试剂脱脂洗净，迅速干燥后贮存于干燥器内，放置到室温后再测量面积和称重。
③试样表面积的计算应精确到1%。
④在进行测量尺寸、称重等操作时，必须使用干净无油污的测量工具，并需戴干净的工作手套。
⑤称重时应使用精度不小于±0.5mg的分析天平。

4. 实验溶液

实验溶液的来源和成分视试验目的而定，一般有天然和人工两种。生产过程中的介质一般归入自然介质。在使用这一类溶液时需要测定其主要成分。配制溶液时，使用蒸馏水或去离子水和符合国家标准或专业标准中的分析纯级别的试剂。如用其他级别的试剂时需在报告中说明。溶液的浓度用重量百分比表示，如用其他方式表示，则需注明。实验溶液的温度控制精度应在±1℃以内。室温试验时，应在报告上写明试验期间实际温度的上下限和平均温度值。溶液如要充气时，应避免气流直接喷洒在试样上。这一操作须在试样放入前适当时间开始并在整个实验期间持续进行。如需排除溶解氧，可用惰性气体（如氮气）充气。

为提高实验结果的重现性和称量灵敏度，全浸试样常采用平板试样。孔蚀发生概率与面积有关，故应严格规定试样尺寸。试样支架和容器在实验溶液中应呈惰性，保证自身不受腐蚀破坏，也不污染试验溶液。试样的支撑方法随试样、装置而不同。试样在介质中有垂直、水平和倾斜三种放置方式[64]。无论采用哪种装置方式，应尽量减少试样和支架式支撑材料间的接触面积，最好是点、线接触。在敞露大气的水溶液实验中，要求使所有试样的供氧状况相同，控制各试样浸泡深度一致，且低于液面20mm以上。

为避免腐蚀产物积累影响腐蚀规律，一般将介质容量与试样面积之比控制在20~200mL/cm²。通常要求每个实验装置中只浸泡一种材料的试样，以避免不同材料之间的干扰。实验过程中溶液的蒸发损失可采用恒定水平装置控制或定时添加水，有时也采用回流冷凝器。

根据实验目的，实验容器可密封，也可敞露在大气中。根据需要，有时需配置充气、去气系统，温度测量与控制装置等。实验室中常用水浴或油浴控制实验溶液的温度。在沸点温度下进行的实验应避免过度沸腾和气泡对试样的冲击作用，因此应缓慢加热。

油气田现场腐蚀与防护经验表明，CO_2分压在判断CO_2腐蚀程度中起着重要的作用。由Cron和Marsh等学者的研究结果认为：当CO_2分压超过0.021MPa时，该烃类流体是具有腐蚀性的，这是油气田判断CO_2腐蚀程度的基本判据。当前石油工业默认的CO_2腐蚀程度详细判据列于表5-2-1中。

表 5-2-1　石油工业对 CO_2 腐蚀程度的判据

CO_2 分压（MPa）	腐蚀严重程度
＜0.021	轻微
0.021~0.210	中等
＞0.21	严重

Lohodny 等的研究也表明，在气井中，当 CO_2 分压大于 206.85kPa 时，发生腐蚀；当 CO_2 分压在 20.685~206.850kPa 之间，腐蚀有可能发生；当 CO_2 分压小于 20.685kPa 时，腐蚀忽略不计[65]。

5. 采出井腐蚀实验参数

当采油井油层温度大于 80℃时，实验温度选择 80℃；当采油井油层温度小于 80℃时，实验温度选择油藏温度，实验压力根据井底流压和 CO_2 浓度确定，计算公式见式（5-2-1）。

$$p_{CO_2 分压} = p_{井底流压} \times CO_{2伴} \% \quad (5-2-1)$$

式中　$p_{CO_2 分压}$——CO_2 分压，MPa；
　　　$p_{井底流压}$——井底流压，MPa；
　　　$CO_{2伴}\%$——伴生气中 CO_2 百分含量，%。

6. 注入井腐蚀实验参数

当注入井油层温度大于 80℃时，实验温度选择 80℃；当采油井油层温度小于 80℃时，实验温度选择油藏温度，实验压力根据注入压力和 CO_2 浓度确定，计算公式见式（5-2-2）。

$$p_{CO_2 分压} = p_{注入压力} \times CO_{2注} \% \quad (5-2-2)$$

式中　$CO_{2注}\%$——注入气中 CO_2 百分含量。

实验时间指试样浸入溶液并到达规定的温度时开始，直到试样取出时为止的整个时间。实验时间的确定要依据腐蚀速率的大小，以及实验材料在试验溶液中能否形成钝化膜。一般情况下，长时间实验的结果较准确，但发生严重腐蚀的材料则不需很长的实验时间。对能形成钝化膜的材料，在边缘条件下，需要延长实验时间，从而得到较为实际的结果。

7. 实验时间

腐蚀实验持续时间与材料的腐蚀速度有关。腐蚀过程中材料的腐蚀速度往往是随时间变化的。对于不同的腐蚀体系，材料的腐蚀速度随时间的变化可能呈现不同的规律。显然，实验时间太长，既无必要也不经济；但实验时间太短，腐蚀过程尚未达到稳态，实验结果也不充分有效。简单地把短期实验结果外推到长期，往往会导致错误。

一般来说，金属腐蚀速度越高，实验时间应该越短，能形成保护膜或钝化膜的体系，试验时间则应较长。在实验室中水质、CO_2 腐蚀评价实验周期是 48~72h。

8. 实验条件和步骤

取适量溶液置于已充分洗涤过的试验容器中。将试样全部浸入溶液中，也可以先将试样置于容器内再倒入溶液。溶液需除气或充气时，试样必须在通气至少半小时后（视溶液量而定）再放置到溶液中去。每组实验至少取三个平行试样。试样应尽量放置在溶液中间的位置，不允许与容器壁接触。一般情况下每一容器内只能放置一个试样，如需放两个以上试样时，试样间距要在1cm以上。使用温度保持系统使溶液尽快到达规定的温度，此时即开始计时。到达预定时间后取出试样，先用水冲洗，然后用毛刷、橡皮器具等擦去腐蚀产物，也可用超声波等方法进行清洗。

9. 实验结果

采用腐蚀速率作为实验结果的表达形式，腐蚀速率计算见式（5-2-3）：

$$V = \frac{8.76 \times 10^4 (m_1 - m_2)}{st\rho} \quad (5\text{-}2\text{-}3)$$

式中　V——腐蚀速率，mm/a；
　　　m_1——试验前的试片质量，g；
　　　m_2——试验后的试片质量，g；
　　　s——试片的总面积，cm²；
　　　ρ——试片材料的密度，g/cm³；
　　　t——试验时间，h。

点蚀速率 r 计算见式（5-2-4）：

$$r = \frac{8.76 \times 10^3 h}{t} \quad (5\text{-}2\text{-}4)$$

式中　r——点蚀速率，mm/a；
　　　h——试验后试片表面最深点蚀深度，mm；
　　　t——试验时间，h。

四、腐蚀产物的清除

清除腐蚀产物要最大限度地除净试件上的腐蚀产物而又尽可能不损伤试件的基体，以减少误差。清除腐蚀产物的方法可以分为机械方法和化学方法。

1. 机械方法

用毛刷、橡皮、滤纸甚至用砂纸擦，有时还可用喷砂的方法除去，用自来水冲刷。必须避免损伤金属基体。

2. 化学方法

即选择适宜的溶剂、去膜剂及去膜条件，要求腐蚀产物溶解快、空白失重小、操作简便，化学除模剂配方和除膜条件见表5-2-2。

油田采出水中CO_2的来源主要来自4个方面：（1）含CO_2的地层流体；（2）采用CO_2混相驱油技术提高原油采收率而向地层注入的CO_2；（3）钻井过程中的补水进气；（4）采出水中碳酸氢根离子减压、升温分解。当石油、天然气被开采时，CO_2会作为伴生气同时产出。在油气生产系统中的温度下，干CO_2本身不具有腐蚀性，但当其溶于水时，它可以在部分金属和与其接触的水之间产生电化学反应。研究表明，在相同的pH条件下CO_2对钢铁的腐蚀比盐酸还严重。油气田环境中 CO_2 腐蚀评价指标见表 5-2-3。

表 5-2-2　几种化学除膜剂

试件材质	除膜剂的配方	除膜条件
铜和铜合金	5%~10% 硫酸溶液或 15%~20% 盐酸溶液	室温，橡皮擦、刷子刷
铁和钢	20% 盐酸溶液或硫酸溶液 + 有机缓蚀剂	30~40℃，擦除
铁和钢	20% 氢氧化钠 +10% 锌粉	沸腾
铁和钢	浓盐酸 +50g/L 氯化锡 +20g/L 三氯化锑	室温，擦除
锡和锡合金	15% 磷酸溶液	沸腾，10min，擦除
铅和铅合金	10% 醋酸溶液	沸腾，10min，擦除
铅和铅合金	5% 醋酸铵溶液	热，5min，擦除
铝和铝合金	70% 硝酸溶液	室温，3min，擦除
铝和铝合金	2% 氧化铬磷酸溶液	78~85℃，10min，擦除
不锈钢	10% 硝酸溶液	至洗净为止，忌带氯离子
镁和镁合金	15% 氧化铬 +1% 铬酸银溶液	沸腾，15min，擦除

表 5-2-3　CO_2 腐蚀评价指标

美国腐蚀工程师协会对 CO_2 分压的分数	美国石油协会对 CO_2 分压的分类	是否存在腐蚀现象	腐蚀速率（mm/a）
$< 2.07 \times 10^2 Pa$	$< 4.83 \times 10^2 Pa$	没有腐蚀存在	< 0.1
$2.07 \times 10^2 \sim 20.68 \times 10^2 Pa$	$4.83 \times 10^2 \sim 20.68 \times 10^2 Pa$	存在少许腐蚀现象	$0.1 \sim 1$
$> 20.68 \times 10^2 P$	$> 20.68 \times 10^2 Pa$	存在腐蚀	> 1

由于 CO_2 腐蚀只有在水浸润了钢铁表面后才会发生，其腐蚀的严重程度取决于水浸润钢铁表面的时间和程度，因而，油井产出液中油水比是影响腐蚀速率的一个重要因素。CO_2 在水对钢铁表面的浸润作用下，溶解并生成弱酸离解的碳酸，碳酸侵蚀钢材形成有保护作用的 $FeCO_3$ 薄膜而使钢材形成麻坑。并且水在产出液不同的存在形式会导致腐蚀速率发生巨大变化，水在产出液中的存在形式主要有"油包水"和"水包油"。这两种形式又与井筒中流体的流速密切相关，一般而言，当水的体积分数达到 30% 以上时，油包水会转化成水包油的形式，腐蚀速率发生剧变。

第三节　CO_2 驱油腐蚀微观形貌测试分析技术

一、实验目的

在腐蚀研究和工程中，腐蚀形貌是判断各种腐蚀类型、评价腐蚀程度、研究腐蚀规律与特征的重要依据。腐蚀形貌表征最常用的方法便是宏观观察、扫描电子显微镜观察和金相显微镜观察等,这些方法容易受主观因素影响。

金属形貌分析作为一种重要的材料科学研究手段,在多个领域发挥着关键作用。其优点不仅体现在对金属表面微观结构的深入洞察,更在于对材料性能、失效机制及工艺优化等方面的精准指导。

形貌分析能够直观地揭示金属表面的微观形貌特征。通过高倍显微镜、扫描电子显微镜(SEM)和原子力显微镜(AFM)等技术手段,可以清晰地观察到金属表面的颗粒分布、粗糙度、缺陷及晶界等细节。这些微观特征对于理解金属的摩擦、磨损性能、润湿性及腐蚀行为等方面具有重要意义。例如在金属涂层或薄膜的研究中,通过形貌分析可以评估涂层与基底的结合力以及涂层的均匀性,进而优化涂层工艺以提高其使用寿命。

金属形貌分析有助于揭示金属材料的失效机制。在金属材料的实际应用中,常常会出现断裂、腐蚀、磨损等失效现象。通过形貌分析,可以观察到失效发生前后的表面形貌变化,从而推断出失效的原因和过程。这对于预防类似失效的发生、提高材料的可靠性和安全性具有重要意义。例如在航空航天领域,通过对金属材料的疲劳断口进行形貌分析,可以揭示疲劳裂纹的萌生和扩展过程,为优化结构设计、提高材料抗疲劳性能提供有力支持。

此外,金属形貌分析还为材料性能的优化提供了重要依据。通过对比不同处理工艺或合金成分下金属表面的形貌特征,可以评估其对材料性能的影响。例如在合金钢的热处理过程中,通过形貌分析可以观察到不同热处理条件下晶粒的大小和分布变化,进而预测材料的力学性能和耐腐蚀性能。这有助于制定合适的热处理工艺,提高合金钢的综合性能。

对于定性的表观检查来说,腐蚀程度的评定及腐蚀特征的表述明显地受到人为因素的影响,具有主观随意性。腐蚀微观形貌测试按检查的方法和条件手段可分为显微分析和宏观观察两种。显微分析是通过使用仪器设备对被腐蚀物进行相关的断口金相研究,以此分析金属腐蚀的过程和细小特征;宏观观察是检查者通过肉眼观察表面及局部的金属腐蚀产物和前后腐蚀形式和状态(腐蚀分布,表面形态)等。

二、实验仪器和装置

扫描电镜法是利用扫描电镜在去除样品表面的腐蚀产物膜前对腐蚀产物进行仪器分析的方法。当扫描电镜的电子束轰击样品表面时会产生各种信号,其中包括二次电子、背散射电子和不同能量的光子等。这些信号来自样品的特定发射区域,它随表面形貌的不同而变化。从而可以获得样品表面腐蚀产物膜的形貌、产物的成分及晶体结构等信息,扫描电镜如图5-3-1所示。

扫描电镜可放置的最大样品尺寸直径为250mm,高度为145mm。

放大倍数:5~1000000倍。

聚焦工作距离:2~145mm。

样品台移动范围:x125mm,y125mm,z50mm,0°~90°倾斜,360°旋转。

金相显微镜微观形貌测试分析法是一种定性的检查评定方法,有时也可以给出一些定量数据,又可以作为其他评定方法的重要补充,金刚显微镜如图5-3-2所示。

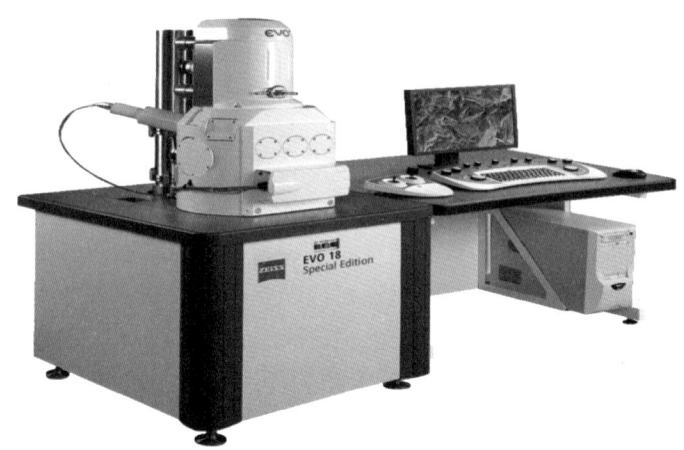

图 5-3-1　扫描电镜

图 5-3-2　金相显微镜

三、宏观观察

宏观检查就是用肉眼或低倍放大镜对金属材料在腐蚀前后及去除腐蚀产物前后的形态进行仔细地观察和检查。宏观检查方便简捷，能够初步确定金属材料的腐蚀形态、类型、程度和部位。

钢的宏观检验，一般也常称为低倍检验，它是用肉眼，或者借助于 10 倍以下的放大镜，对金属的表面、纵断面、横断面、断口上的各种宏观组织和缺陷进行检查的一种方法。它包括酸浸实验、断口检验、塔形发纹检验和硫印实验等，其中酸浸检验应用较普遍。

由于宏观检验方法简单、直观，不需要特殊设备，所以是目前钢铁厂用来控制钢的质量的最普遍、最常用的方法之一。

钢中的宏观缺陷种类很多，主要有疏松、偏析、白点、缩孔、裂纹、非金属夹杂、气泡及各种不正常断口。这些缺陷大多是在钢锭的浇注、结晶和热加工过程中形成的。宏观检验就是通过不同的方法，使这些缺陷暴露、显现，进一步进行鉴别、评定。

宏观检验的方法有多种，各种方法都有着它们各自的特点、各自适用的实围，如酸浸实验对疏松、偏析、流线、裂纹等最合宜；断口实验最容易发现白点、过热、过烧；塔形发纹检验，一般用于有特殊用途的材料或高级优质材料上，用来检测它们在各个部位上的发纹多少和分布；硫印实验是用来测定钢锭或钢材上硫的分布的，同时也可以间接地对其他元素的分布概况和趋势进行推测。

对材料在腐蚀前后及去除腐蚀产物前后的形态做肉眼分析，还应该注意腐蚀产物的形态和分布，以及他们的厚度、颜色、致密度和附着性；同时还应该注意腐蚀介质中的变化，包括溶液的颜色，腐蚀产物在溶液中的形态、颜色、类型和数量等。虽然这种观察是很粗糙的，但任何精细的服饰研究都辅以这种方法。

检查腐蚀区域和腐蚀产物，记录颜色、结构、侵蚀的程度和其他有关的数据。在除去腐蚀产物之前和之后，对腐蚀区域照相。必要时可另画示意图，标明照片上显示的有关材料、部件名称、编号和部件特征。

四、显微观测

扫描电子显微镜是利用电子束与样品表面作用产生的物理信号进行成像的仪器，是材料研究中使用的一种重要仪器。

扫描电子显微镜主要由电子光学系统、扫描系统、信号收集系统、成像及记录系统、真空系统等几部分组成。

电子束与样品表面作用产生的物理信号主要有：二次电子、背散射电子、吸收电子，透射电子、特征 X 射线及俄歇电子等。用于成像操作的主要是二次电子和背散射电子，其中二次电子对试样表面形貌比较敏感，而背散射电子对原子序数比较敏感，由此产生了形貌衬度和原子序数衬度。

断口形貌是指材料断裂后表面的形貌，有宏观形貌和微观形貌两类，前者可通过低倍显微镜观察，后者一般需用扫描电子显微镜观察。材料延性断裂、脆性断裂、疲劳断裂、应力腐蚀断裂或氢脆断裂等不同类型的断裂，都有其特定的显微形貌特征，通过断口形貌分析，有助于揭示材料的断裂原因、过程和机理。

根据材料断裂前塑性变形的大小，材料的断裂分为韧性断裂和脆性断裂。韧性断裂有时也称为塑性断裂，是指断裂前发生较大的塑性变形，断口一般呈暗灰色纤维状，而脆性断裂是指断裂前没有明显的塑性变形，断口较平整，为光亮的结晶状。

在扫描电镜下观察，金属断口主要有以下几种：

（1）解理断口：典型的解理断口有"河流花样"，它是由众多的台阶汇集成河流状花样，"上游"的小台阶汇合成"下游"的较大台阶，河流的流向就是裂纹扩展的方向。"舌状花样"或"扇贝状花样"也是解理断口的重要特征。

（2）准解理断口：准解理断口实质上是由许多解理面组成，在扫描电子显微镜图像上有许多短而弯曲的撕裂棱线条和由点状裂纹源向四周放射的河流花样，断面上有凹陷和二次裂纹等。

（3）韧性断裂断口：韧性断裂断口的重要特征是在断面上存在"韧窝"花样。韧窝的形状有等轴形、剪切长形和撕裂长形等。

（4）晶间断裂断口：晶间断裂通常是脆性断裂，其断口的主要特征是存在"冰糖状"

花样，但某些材料的晶间断裂也可显示出较大的延性，此时断口上除呈现晶间断裂的特征外，还会有"韧窝"等存在，出现混合花样。

（5）疲劳断口：疲劳断口在扫描电子显微镜图像呈现一系列基本上相互平行、略带弯曲、呈波浪状的条纹，也称"疲劳辉纹"，每一个条纹就是一次循环载荷所产生的，疲劳条纹的间距随应力场强度因子的大小而变化。

对受腐蚀的试样进行金相检查或断口分析，或者用扫描电镜、透射电镜、电子探针等做微观组织结构和相成分的分析，据此可研究微细的腐蚀特征和腐蚀动力学。在观察表面形貌时，特别是一些局部腐蚀的形貌时，一定要注意腐蚀截面形貌的观察。这是因为局部腐蚀可能在材料表面所造成的腐蚀并不很显著，而在材料的内部发展。典型点蚀形貌如图 5-3-3 所示。

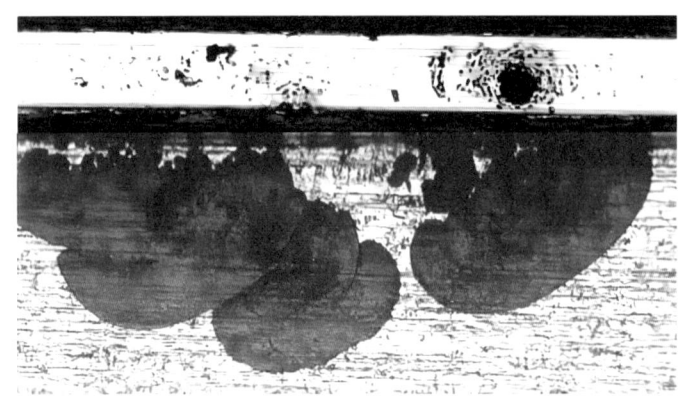

图 5-3-3　典型点蚀形貌

在观察材料的氧化膜截面形貌时，要注意采用扫描电子显微镜的背散射模式进行观察。扫描电镜在腐蚀形貌观察时，通常有两种工作模式：一种是二次电子相模式；另一种是背散射模式。二次电子相通过测试二次电子，来获得试样表面的形貌，而背散射模式则可以通过测试背散射电子，获得试样表面元素分布的情况。通过背散射模式观察腐蚀试样氧化膜界面的形貌，可以很容易地分辨出氧化膜内元素的分布，从而判断出氧化膜是单层结构还是多层结构，如图 5-3-4 所示。

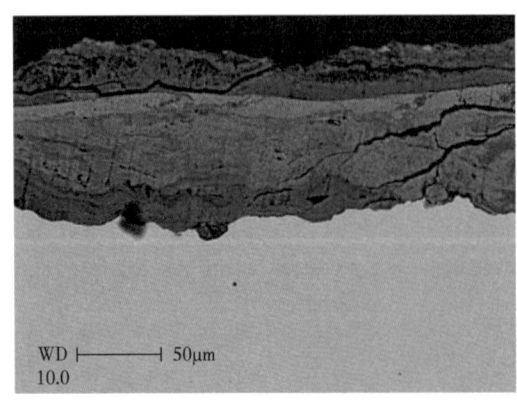 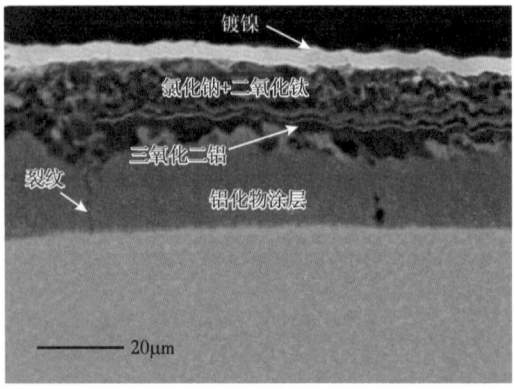

图 5-3-4　典型形貌

当材料表面覆盖着较厚的腐蚀产物时,进行观察腐蚀形貌时一定要注意将去除腐蚀产物前后的形貌进行综合对比,才能获得准确的结论。两种材料在未去除腐蚀产物之前形貌相同,去除腐蚀产物后腐蚀形态可能会大相径庭。例如,316L 不锈钢在 80℃ Na_2SO_4 和 NaCl 混合溶液中腐蚀 4h 后的腐蚀形貌同镁合金在 NaCl 溶液中腐蚀 12h 的形貌基本相同,腐蚀产物都呈现龟裂状。去除腐蚀产物后发现,二者的腐蚀形态截然不同,316L 不锈钢 80℃ Na_2SO_4 和 NaCl 混合溶液中发生的是均匀腐蚀(图 5-3-5),而镁合金发生的则是点蚀(图 5-3-6)。

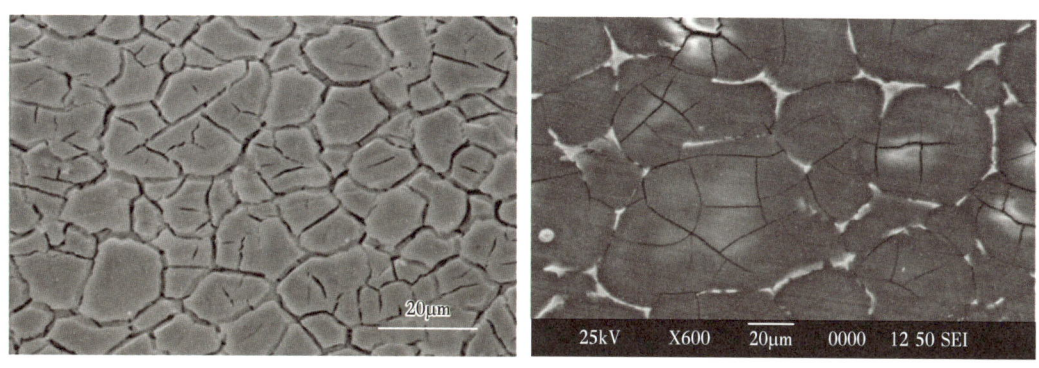

图 5-3-5　316L 不锈钢去除腐蚀产物前后形貌图

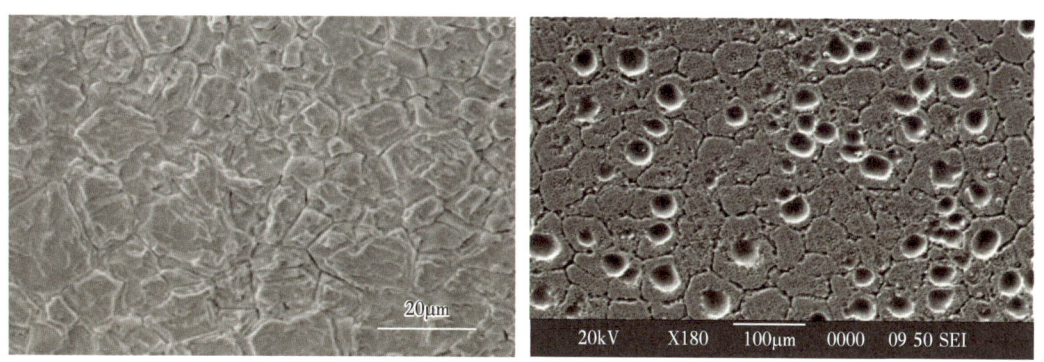

图 5-3-6　镁合金去除腐蚀产物前后形貌图

第四节　CO_2 驱油防腐药剂评价技术

一、实验目的

腐蚀问题是关系到油田注水管道使用安全性和使用寿命的重要问题,必须在油田开采作业中对这一问题予以重视,才能充分保证注水管道的正常、合理使用。但就目前来看,油田注水管道腐蚀问题十分严重。这不仅降低了注水效果和效率,同时也使得油田开采作业面临着一定的安全风险威胁,如何更好地开展注水管道的防腐工作,也成了现阶段油田开采所必须解决的重要难题。因此,就油田注水管道腐蚀现状及防腐策略进行研究，是非常有必要的，这对提高注水管道的防腐效果、保证其合理使用而言，有着非常积极的现实意义[66]。

防腐药剂是能够抑制管道腐蚀问题的化学药剂，在注水管道中通过防腐药剂的添加，能使得管道腐蚀问题得到很好的控制，延缓其腐蚀的速度，延长注水管道的使用寿命。防腐药剂根据其类型的不同，有无机药剂和有机药剂两种类型，其使用条件也有所差别，实际进行应用时，要充分考虑注水管道材质特性来进行使用，根据管道厚度及防腐要求，选择合适类型的防腐药剂，并添加合适的量，使用成本较低，在油田注水管道防腐中进行应用，能切实降低防腐成本，提高经济效益[67]。

二、实验评价方法

1. 缓蚀剂评价方法

为了确保油田应用的缓蚀剂具有良好的缓蚀效果，评价流程如图 5-4-1 所示。

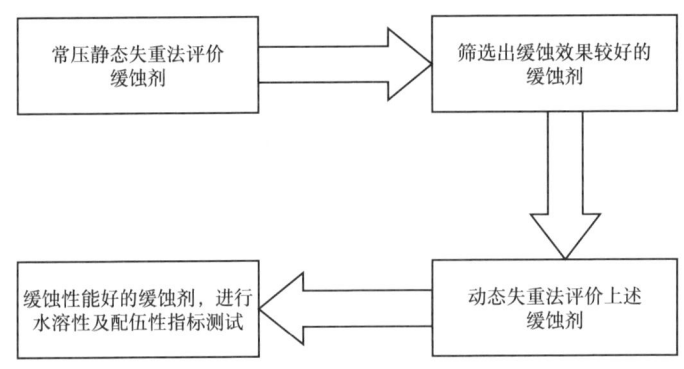

图 5-4-1　缓蚀剂室内评价流程

（1）缓蚀剂室内评价指标。

腐蚀速率、点蚀速率、缓蚀率、水溶性、乳化性与其他水处理剂的配伍性等。

①静态高压缓蚀性能评价。

静态高压腐蚀速率及缓蚀率的测定：在现场温度、压力下，分别测定腐蚀挂片在未加与加入缓蚀剂的腐蚀介质中的腐蚀速率，并计算缓蚀率；实验中若产生点蚀，同时测试点蚀深度，计算点蚀速率。

②高压动态缓蚀性能评价。

a. 在现场温度、压力和线速度下，分别测定腐蚀挂片在未加和加入缓蚀剂的腐蚀介质中的腐蚀速率，计算缓蚀率。实验中若产生点蚀，同时测试点蚀深度，计算点蚀速率；

b. 腐蚀试片的材质应与现场实际应用钢材一致，进行比较时，不同缓蚀剂所用的腐蚀挂片必须采用同种规格；

c. 实验介质为不含缓蚀剂的现场水质或者根据水质全分析结果人工配制评价用水样；实验结束后，观察记录试片表面的腐蚀状态并拍照，然后按照实验处理方法进行处理。试片表面若有点蚀，记录单位面积的点蚀数目，并测试最深的点蚀深度；

d. 静态评价计算得出的数据应取三组平行试验的九个试片的算术平均值；动态评价计

算得出的数据应取两组平行实验的四片以上的算术平均值。

均匀腐蚀速率计算见式(5-4-1)：

$$v = \frac{8.76 \times 10^4 (m_1 - m_2)}{st\rho} \tag{5-4-1}$$

式中　v——均匀腐蚀速率，mm/a；
　　　m_1——实验前的试片质量，g；
　　　m_2——实验后的试片质量，g；
　　　s——试片的总面积，cm²；
　　　ρ——试片材料的密度，g/cm³；
　　　t——实验时间，h。

缓蚀率 η 计算见式(5-4-2)：

$$\eta = \frac{v_0 - v}{v_0} \times 100\% \tag{5-4-2}$$

式中　η——缓蚀率，%；
　　　v——添加缓蚀剂时试片的均匀腐蚀速率，mm/a；
　　　v_0——空白实验时试片的均匀腐蚀速率，mm/a。

点蚀速率 r 计算见式(5-4-3)：

$$r = \frac{8.76 \times 10^3 h}{t} \tag{5-4-3}$$

式中　r——点蚀速率，mm/a；
　　　h——实验后试片表面最深点蚀深度，mm；
　　　t——实验时间，h。

(3)缓蚀剂水溶性测试。

以现场水样或者配制水样为溶剂，将缓蚀剂配成体积分数为10%的溶液，混合均匀后静置一段时间，观察溶液的分层情况。若溶液呈均匀且透明，则缓蚀剂水溶性好；若溶液分层且有沉淀，则缓蚀剂溶解分散性不好。实验要求如下：

a. 实验在现场温度水浴容器中进行；
b. 应使用注射器或移液管将缓蚀剂注入具塞比色管中；
c. 实验中应分别观察并记录恒温后 30min 和 24h 的现象。

(4)缓蚀剂乳化性测试。

将含有一定质量浓度缓蚀剂的油水混合液上下震动，使其乳化，以乳化液的稳定程度来评价缓蚀剂的乳化倾向。

实验溶剂包括油田采出水或自配水、现场原油或10号柴油；

向100mL比色管内加入50mL含有一定浓度缓蚀剂的采出水或自配水，然后加入50mL原油或柴油；将比色管恒温30min后，上下震动200次再放入现场温度水浴中；

记录静置10min时的油水界面分层情况，观察油相、水相乳化程度，记录60min时的出水量；

在另一只具塞比色管中做空白实验；

比较加缓蚀剂与空白试验的油水界面分层情况及出水量，若静置 10min 后油水界面清晰、静置 60min 出水量大于或等于空白实验、乳化层厚度小于或等于空白试验，则判定缓蚀剂无乳化倾向。

（5）配伍性测试。

严格模拟现场工况条件，分别测试缓蚀剂与阻垢剂、杀菌剂等水处理剂单独或共存时的缓蚀效率、防垢性能及杀菌性能，以此判定缓蚀剂与其他水处理剂的配伍性能。

2. 杀菌剂评价方法

杀菌剂主要是针对细菌腐蚀而采取的一种防腐措施，通过杀菌剂的杀灭作用，有效抑制细菌的繁殖和滋长，促使其对注水管道的腐蚀作用进行有效的控制。但需要注意的是，杀菌剂虽然杀菌效果较好，但其在使用过程中也会容易促使细菌产生一定的耐药性，在后期会增加细菌清除难度，因此从长远的眼光来看，杀菌剂不适合长期使用，否则将会使得其在后期的杀菌效果大大降低，无法解决细菌腐蚀问题。但在注水管道使用初期，依旧可以通过杀菌剂的使用，来起到一个短期杀菌效果，避免细菌腐蚀管道问题的发生，保证一定的防腐效果。

1）杀菌剂作用机理

各种类型杀菌剂能够杀死细菌的原因可以归纳为下面几个方面：

（1）妨碍菌体的呼吸作用；

（2）抑制菌体内蛋白质的合成；

（3）破坏细胞壁；

（4）妨碍菌体中核酸的合成；

2）杀菌剂条件

不同的杀菌剂其杀菌机理可能有所不同，但是只要具备了上述的一种作用，就能抑制或杀死细菌；理想的杀菌剂应具备下列条件：

（1）高效、低毒、速效、广谱；

（2）稳定性强；

（3）配伍性好；

（4）不产生抗药性；

（5）一剂多用，杀菌同时具备缓蚀和防垢等功能；

（6）来源丰富，价廉，使用方便；

一种杀菌剂能同时满足上述条件是很困难的，但可以通过多种杀菌剂的复配和交替使用达到上述条件。现场最好采用两种不同类型杀菌剂交替注入的方式进行微生物腐蚀控制。

杀菌剂的性能是一项综合指标，主要包括它的杀生性能以及其他多方面的综合物理化学性能。

3）杀菌剂性能的评价

衡量杀菌剂的杀生性能主要用杀菌率大小作为指标。目前计算杀菌率（P）的方法有 2 种：

$$P_1 = 加杀菌剂前起始菌数 - 在一定时间下存活菌数（加杀菌剂）$$

P_2 = 在一定时间下空白样的菌数—同一时间下的存活菌数（加杀菌剂）

P_1 是以杀菌前起始菌数作为底数，适用于油田现场评价时使用。而 P_2 则以相同时间下空白样的菌数作为底数，适合于实验室全面评价杀菌剂。建议实验室评价时，起始菌量应控制在 $10^5 \sim 10^7$ 数量级内。杀菌剂的杀菌率至少维持在 90% 以上。

评价杀菌剂杀菌性能的另一指标是最低抑菌浓度（MIC）。对于油田杀菌剂而言，要求杀菌剂在低剂量条件下就起到抑菌作用，即具有高效性，一般投加浓度不应超过 300mg/L。可在低于此值的情况下，选取几个浓度等级，通过实验确定 MIC。MIC 值越小，说明杀菌剂的杀生能力越强。

评价一种杀菌剂的杀生能力还应考虑它的杀菌速率、药效期以及是否易产生抗药性等问题。微生物对一般杀菌剂都会产生抗药性，较长时间内连续使用同一杀菌剂其效果不会很好，因此应间隔投加不同品种杀菌剂或使用复配杀菌剂。

对于复配杀菌剂来说，还应通过协同指数（SI）来评价其复配效果与性能优劣。SI 计算见式（5-4-4）：

$$SI = Q_A/Q_a + Q_B/Q_b \tag{5-4-4}$$

式中 Q_A——复配杀菌剂达到某一杀菌率时 A 杀菌剂的量；
  Q_B——复配杀菌剂达到某一杀菌率时 B 杀菌剂的量；
  Q_a——A 单独作用时达到相同的杀菌率时的量；
  Q_b——B 单独作用时达到相同的杀菌率时的量。

先做出 A、B 两种杀菌剂单独作用时的浓度—杀菌率曲线，再由复配杀菌剂达到某一杀菌率时，在该曲线上查得 Q_a、Q_b 值并算出 SI 值。当 SI＜1 时，说明复配杀菌剂组分间具有协同性；当 SI=1 时，说明组分 A、B 间具有加和性；而当 SI＞1 时，说明此复配杀菌剂组分具有反协同性，此时应改变 A、B 两者的配比或不用 A、B 复配。

4）杀菌剂其他物理化学性能的评价

（1）广谱性。

评价一种杀菌剂性能时，要考察它对各种微生物（主要包括：SRB、TGB 和 FB）的杀灭情况，即考查他的广谱性，这是一个重要考查指标。

（2）对金属的腐蚀性。

当杀菌剂在存储，加注以及加注到生产流体中以后，虽然杀菌剂浓度不同，但是都可能会对接触的金属产生腐蚀。因此，杀菌剂的腐蚀性能将直接关系到设备的使用寿命。实验时，可通过挂片失重法测定杀菌剂对不同材料的腐蚀速率，并判断其腐蚀级别，杀菌剂对金属腐蚀性分级表见表 5-4-1。

表 5-4-1 杀菌剂对金属腐蚀性分级表

序号	均匀腐蚀速率（mm/a）	点蚀	等级
1	$0 < v \leqslant 0.028$	无点蚀	很好
2	$0.028 < v \leqslant 0.056$	无点蚀	较好
3	$0.056 < v \leqslant 0.070$	无点蚀	可以允许
4	任何均匀腐蚀速率	有点蚀	不允许

在进行杀菌剂对金属腐蚀性评价时，应至少达到 2 级要求。评价为 3、4 级的杀菌剂不推荐用于现场。

（3）生物降解性。

杀菌剂使用后，其生物或自然降解性是它能被使用的基本条件，对环境保护和人类健康等方面具有重要意义。目前测定杀菌剂降解性的实验方法较多，主要有 ATP 法、封闭容器测试法（CBT 法）、修正的 CBT 法、OECD 法、MOST 法和 CUT 法等。应根据化学药剂公司提供的生物降解评价方法对其生物降解性进行评价。

（4）与其他水处理剂的配伍性。

杀菌剂作为水处理剂的一种，使用时一般要与破乳剂、缓蚀剂、阻垢分散剂等水质稳定剂同时使用；而杀菌剂容易产生乳化性，并对缓蚀剂的效果产生影响，它们相互影响的程度（即配伍性）直接关系到综合使用效果。因此，在开始应用杀菌剂前，应开展与其他水处理剂的配伍性实验。

（5）经济性。

杀菌剂的成本主要包括杀菌剂价格和使用费用，它的评价指标一般用价格性能指数来评定。它由原料的基本价格、单位质量杀菌剂的效果、药效期（或处理系统产生的生物静电效应）、方便度和使用频次综合得到。油田在选用杀菌剂时，应优先考虑杀菌效果最好的产品，在保证微生物控制效果的前提下，进行杀菌剂性价比的优化。

总之，评价杀菌剂的性能是一个全面、综合的衡量过程。实践中，很少有各方面都符合要求的杀菌剂。为此，在选择杀菌剂时，应按自身的要求对某些性能进行重点实验评价，从而有目的地服务于工业生产中，达到降低成本、提高功效的目的。

5）杀菌剂室内评价规范

（1）实验仪器。

①恒温培养箱：控制精度 ±1℃；

②恒温水浴：控制精度 ±1℃；

③电热压力蒸汽消毒器：工作压力范围 0.14~0.17MPa；

④薄膜过滤器：BG-1 型或同类其他产品。

（2）实验器材。

①注射器：规格为 1mL，分度为 0.02mL；

②细菌培养瓶（SRB、TGB、FB）：带有丁基橡胶塞和铝盖的血清瓶，内装培养基 9mL；

③容量瓶：1000mL。

（3）操作步骤。

①取现场水样。

杀菌剂筛选实验中当水样中细菌数目减少时，可向水样中加入同类含菌液或培养基，在现场温度下培养 24h。

②杀菌剂溶液的配制。

称取杀菌剂原液，用蒸馏水配成 1%（wt）溶液。

③溶解性实验。

用现场水将杀菌剂配制成 1%（wt）溶液，观察是否浑浊，溶液清澈透明说明杀菌剂水溶性好，否则说明水溶性差。

④绝迹稀释法。

将欲测定的水样用无菌注射器逐级注入测试瓶中进行接种稀释，经过一定时间的培养，根据细菌瓶阳性反应和稀释倍数，测定加杀菌剂前后或不同型号杀菌剂应用下，水样中硫酸盐还原菌（SRB）、腐生菌（TGB）和铁细菌（FB）含量，进而评价不同型号或不同加药浓度下的杀菌效果。

取一组容量瓶，分别量取1000mL水样置入其中，注意密封以隔绝空气。再分别加入所需某一型号杀菌剂溶液，同时取空白水样做对比，将水样搅匀，在与现场水温相同条件下放置于流程滞留时间相等的时间。

根据细菌含量多少确定稀释组数，每组需做2~3个平行样并依次编上序号。用镊子打开细菌瓶上的铝箔，并用75%酒精棉球擦拭消毒，待风干后，用1mL无菌注射器取1mL空白水样或杀菌后的水样注入1号瓶中，充分振荡。

再用另一支无菌注射器从1号瓶取1mL溶液注入2号瓶中，充分振荡。再更换一支无菌注射器从2号瓶取1mL溶液注入3号瓶中，充分振荡。以此类推一直稀释到最后一瓶为止。根据细菌含量决定稀释瓶数，一般稀释到7号瓶。

把接种好的测试瓶放入恒温箱中（培养温度控制在现场水温±5℃以内），TGB菌、FB菌7天后读数，SRB菌1周后读数。

⑤细菌生长鉴别。

a.SRB测试瓶中液体变黑或有黑色沉淀，即表示有硫酸盐还原菌；

b.TGB测试瓶中液体由红变黄或浑浊，即表示有腐生菌；

c.铁细菌测试瓶中液体出现沉淀，即表示有铁细菌。

⑥菌量测算。

a.稀释法：具体水样中细菌含量可根据二瓶法、三瓶法计数；

b.1mL样品中的菌数＝菌最大可能值×指数第一位的稀释倍数。

⑦杀菌率计算。

杀菌率计算见式（5-4-5）。

$$Y=(B_1-B_2)/B_1×100\% \quad (5-4-5)$$

式中　Y——杀菌率，%；

B_1——投加杀菌剂前水样含菌量，个/mL；

B_2——投加杀菌剂后水样含菌量，个/mL。

（4）腐蚀性。

用投加现场使用浓度杀菌剂前后的水样，分别采用静态挂片法检测腐蚀速率，记为C_1（加杀菌剂前）和C_2（加杀菌剂后），按以下规定测定腐蚀情况：

若$C_1 > C_2$，则有缓蚀性。

若$C_1 = C_2$，则无腐蚀性。

若$C_1 < C_2$，则有腐蚀性。

（5）配伍性。

①在过滤后的水样中，按现场使用浓度加入其他水处理剂，混合备用；

②分别测定仅加入其他水处理剂水样及再加入杀菌剂后水样的滤膜系数，分别记作

MF_1 和 MF_2；

③分别测定空白水样及配有其他水处理剂水样加入杀菌剂后的杀菌率，记作 Y_1 和 Y_2；

④按以下规定评价配伍性：

若 $MF_2 \geq MF_1$ 且 $Y_2 \geq Y_1$，则配伍性好（MF_1 为在仅加入其他水处理剂水样在一定的时间和压力条件下，滤液通过滤膜的体积，mL；MF_2 为在同时加入其他水处理剂与杀菌剂的水样在一定的时间和压力条件下，滤液通过滤膜的体积 mL；Y_1 为空白水样中加入杀菌剂后的杀菌率，%；Y_2 为空白水样中同时加入其他水处理剂与杀菌剂的杀菌率，%）；否则，配伍性不好。

3. 阻垢剂评价方法

油田产出液中的水中含碳酸钙、镁、铁、锶等金属离子，产出液的矿化度高达 $1 \times 10^4 \sim 10 \times 10^4 mg/L$ 因此在油田开发中液体流动的各个环节，都存在结垢的可能性。

油田结垢通常是多种无机盐和油垢的混合物，最常见的垢物成分是 $CaCO_3$，占 80% 以上，其次为 NaCl、$CaSO_4$、$BaSO_4$、Fe_2O_3、$Fe(OH)_3$、部分有机物及少量泥沙晶核。

垢的存在，增加了油田开发的难度，增大油田开发的成本，给油田开发带来许多危害。目前油田最常见的垢为碳酸钙、硫酸钙、硫酸钡、硫酸锶和碳酸铁等，当油田进入高含水开发期后，由于水体的热力学不稳定性和化学不相容性，以及高浓度的钙、钡、锶离子等因素单独或者共同作用，往往造成地层、井筒特别是集油管线以及油水处理系统因结垢堵塞、堵死，特别是在结垢层下面容易造成垢下腐蚀，其本质是一种特殊的局部腐蚀形态，将加速管道和设备的腐蚀，缩短服役寿命。

1) 缓蚀阻垢剂的作用机理

（1）络合增溶作用是共聚物溶于水后发生离解，生成带负电性的分子链，它与 Ca^{2+} 形成可溶于水的络合物或螯合物，从而使无机盐溶解度增加，起到阻垢作用。

（2）晶格畸变作用是由分子中的部分官能团在无机盐晶核或微晶上，占据了一定位置，阻碍和破坏了无机盐晶体的正常生长，减慢了晶体的增长速率，从而减少了盐垢的形成。

（3）静电斥力作用是共聚物溶于水后吸附在无机盐的微晶上，使微粒间斥力增加，阻碍它们的聚结，使它们处于良好的分散状态，从而防止或减少垢物的形成。

2) 阻垢剂的性质

（1）阻垢剂的腐蚀性。

阻垢剂原液对碳钢、不锈钢的腐蚀性，采用静态挂片法测定。

阻垢剂在使用过程中，不应增加水的腐蚀性，否则会降低设备的使用寿命，腐蚀产物还会造成地层的堵塞。室内一般采用静态挂片法测定腐蚀率和阻垢剂的缓蚀效果。

（2）阻垢剂的配伍性。

阻垢剂在油田使用过程中往往和油田其他药剂共同使用，必须考虑阻垢剂与其他药剂的配伍性，同时还要考虑与水质的配伍性。

对注入水，首先测定水样的固体颗粒直径中值，然后在水样中按照现场加药浓度加入各种现场使用的化学药剂，在现场流程的水温下反应 30~60min，测定水样的固体颗粒直径中值，再加入一定浓度的阻垢剂，在现场流程的水温下反应 30~60min，测定水样的固体颗粒直径中值。对比水中悬浮固体颗粒直径的变化。

阻垢剂的配伍性一般首先采用混合后静置观察的方法，观察是否有沉淀物；然后与其他药剂同时使用测定防垢效果和其他药剂的效果，如缓蚀剂的缓蚀效果、杀菌剂的杀菌效果等，看其是否有药效抵消作用。

（3）阻垢剂的稳定性。

阻垢剂必须具有一定的稳定性，即阻垢剂在一段时间内放置不应产生降解或沉淀，以保证其有效浓度和使用效果。阻垢剂还应具有一定的热稳定性，在现场的温度条件不降解，保持其阻垢率。另外，阻垢剂还应具有适宜的凝固点，不影响冬季使用。

3）阻垢剂室内评价规范

（1）阻垢剂的静态评价。

实验方法参考石油天然气行业标准 SY/T 5673—2020《油田用防垢剂通用技术条件》。

①仪器与材料。

a. 准备 pH 计，并校准；

b. 准备校验过的 100℃ 温度计 2~3 支；

c. 准备 500mL 取样瓶若干；

d. 准备 25L 取样桶若干。

②水样和垢样的采集。

a. 采集各水源的水样和流程各处的水样，方法应参照 SY 5523—2016《油田水分析方法》中的有关规定，每处取水样 1000mL，装入取样瓶，密封，同时记录各取样点的压力、温度，并测定 pH，水样将用于水质分析；

b. 采集工艺流程中有代表性水样 50L，用于阻垢剂的评选；

c. 各处垢样的采集量不小于 10g，装入塑料袋，密封袋口，并记录压力、温度等参数，描述垢样的初始状态（包括颜色、外观等）。

③阻垢率。

评价阻垢剂的阻垢率一般可采用静态沉降法，将阻垢剂按一定的浓度加入水样中，密闭恒温沉降，测定水样中成垢离子浓度的变化或测定沉淀物的质量，计算阻垢率，见式（5-4-6）。实验可使用现场水样或配制水样，根据具体情况而定。

$$阻垢率 = \frac{C_1 - C_0}{C - C_0} \quad (5-4-6)$$

式中 C——原水样即沉降前的水样含成垢离子的浓度

C_1——加入阻垢剂的水样沉降后含成垢离子的浓度

C_0——空白水样即未加阻垢剂的水样沉降后含结垢离子的浓度

（2）阻垢剂的动态评价。

该实验方法参考油田用防垢剂性能评定方法标准 SY/T 5673—2020《油田用防垢剂通用技术条件》。

①仪器与水质要求。

动态结垢评价装置，该装置应包括流体连续注入模块、温度控制模块、压降控制模块、结垢评价模块、PLC 控制模块。其装置示意图如图 5-4-2 所示。

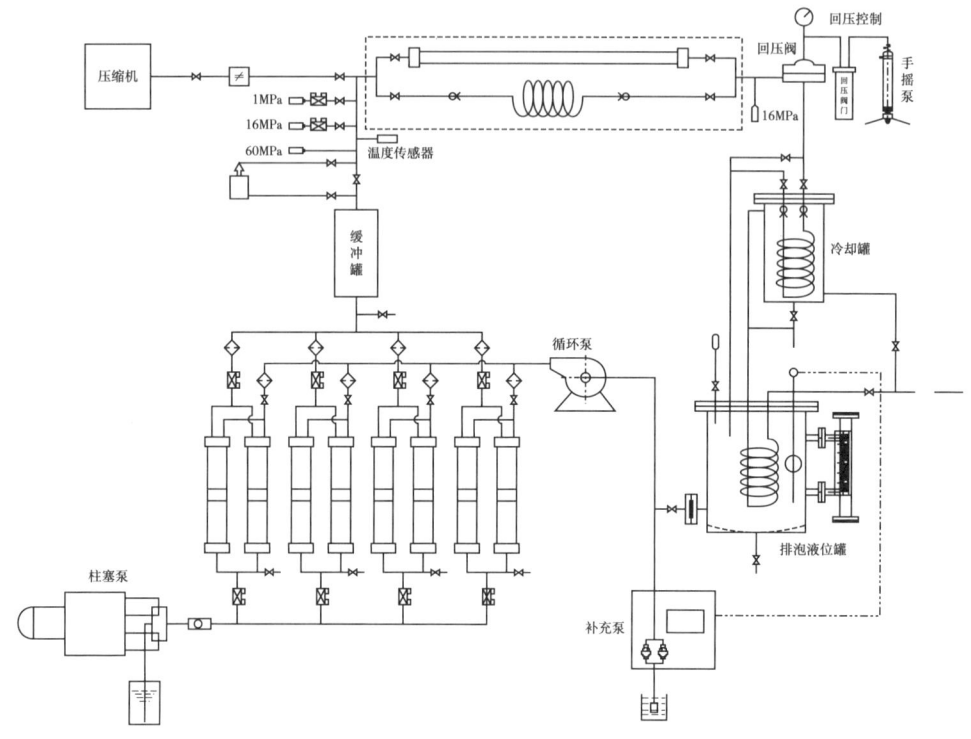

图 5-4-2 动态结垢评价装置示意图

油田试验水质采用实际工况用水,若无法获取时,可根据油田现场水中主要成分配水。应对配制水主要结垢成分的含量进行分析。

② 试验流程。

配制两种结垢离子溶液,一种溶液为含有 Na^+(如 Na_2SO_4、$NaHCO_3$ 等)溶液,另一种主要含有 Cl^-(如 $MgCl_2·6H_2O$、$CaCl_2$、$NaCl$ 和 KCl 等)。这样的两种溶液本身都是稳定的、无结垢趋势,二者混合后才会有结垢可能(在做阻垢剂性能动态评价实验时,在以上两种溶液中分别加注相同量阻垢剂,使得混合后溶液中阻垢剂的浓度为实验设定值)。

以上两种离子溶液通过各自的注液泵以相同的流量通过不锈钢管线到达各自的预热缓冲罐,进行预热,同时被烘箱加热至实验温度,然后两种溶液到达混合点混合,再通过测试盘管进行结垢或防垢评价实验。如果该水质结垢趋势明显,则会出现两种情况:一是在混合点或者盘管下游析出结垢物,附着于管壁表面。系统中可预先设定,不锈钢测试盘管两端压力差达到设定值(即显示盘管内结垢严重发生堵塞)时,自动关闭注液泵。如果实验过程中测试盘管两端压力差一直较小,则说明在实验工况下该水质结垢倾向较小或者加注该阻垢剂及当前浓度下水质结垢倾向变得较小。因此需要记录测试盘管两端压力差 Δp 随实验时间的变化曲线情况。二是悬浮在溶液中未附着在管壁上的微小结垢颗粒,将被滤膜阻挡,吸附于滤膜之上。因此干燥并称量实验前后滤膜的重量,并进行增重计算,也是结垢/防垢评价的一个重要指标。滤膜吸附大量结垢产物时也会导致系统压力差增大。为了使得两种离子溶液混合后垢能够沉积下来,系统的驱替速度应不高于 40mL/min。

动态结垢/防垢评价实验结束的条件有以下 3 个:

a. 测试盘管两侧压力差 Δp 达到实验设定值；
b. 实验设定的溶液量均测试完毕；
c. 实验设定的时间已测试完毕。

第五节　CO_2 驱油腐蚀中试模拟试验技术

一、试验目的

在室内实验中分别设计了高温高压腐蚀动态模拟试验装置，对研究材料的 CO_2 腐蚀具有一定推动作用，由于高温高压介质环境下影响 CO_2 腐蚀的因素非常复杂，研究难度很大，目前实验室的无法模拟现场工况，腐蚀速率与现场出入较大，实验室实验成功的防腐药剂、防腐技术由于矿场适应性差，给油田造成损失，矿场安全生产无法保障，为了研究和评价 CO_2 腐蚀规律，真实模拟评价 CO_2 环境下生产系统材料、缓蚀剂以及防腐技术的可靠性，针对 CO_2 驱现场实际，综合考虑影响 CO_2 驱腐蚀的各个因素，设计并研制了国内首套高温高压 CO_2 腐蚀模拟试验装置，建立了 CO_2 驱油与埋存腐蚀模拟中试试验技术，实现了从室内研究到矿场应用的有机结合，并在腐蚀评价中发挥重要作用，实现了科研成果迅速转化为生产力。

二、实验仪器和装置

本实验流程主要有试验流程主要由液态 CO_2 计量储存橇、污水计量储存橇、缓蚀剂加注橇、CO_2 相态视窗、腐蚀试验橇、模拟试验井及配套集成模块组成，如图 5-5-1 所示。其依托矿场实际来液，通过加药、温度、压力等自控系统参数设置，实现空白及加药条件下的腐蚀结垢规律及药剂体系性能评价。

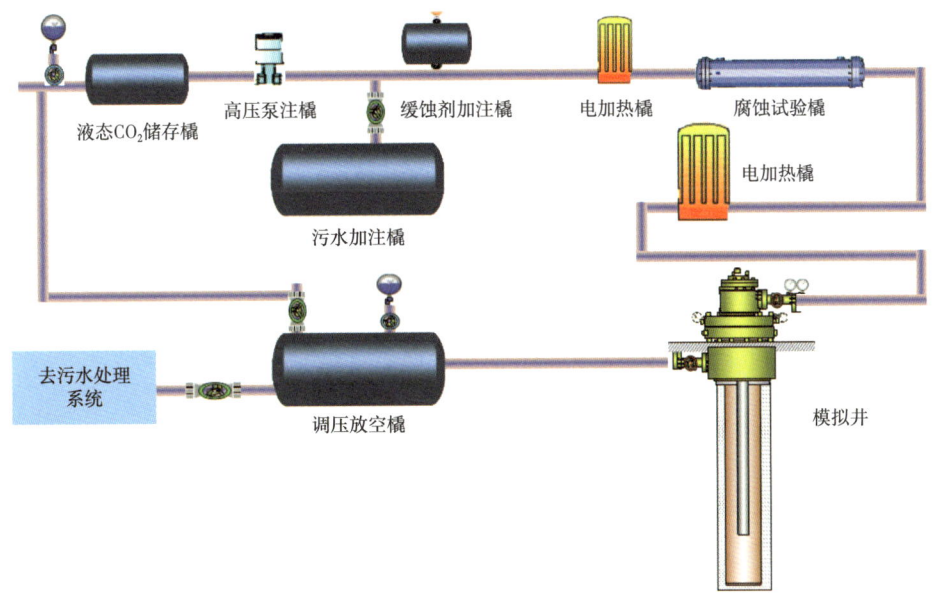

图 5-5-1　CO_2 腐蚀模拟中试实验流程

1. 试验装置

（1）自控系统：整体系统由 PLC 控制，触摸屏就地操控，并可信号远传至 DCS。

（2）增压泵流量控制：通过在线检测泵出口流量信号，手动调节增压泵行程，达到模拟所需使用流量。

（3）恒温控制：通过在线检测换热器出口温度信号，用二极管半波整流，改变交流电的有效值，达到改变加热功率和加热速度的目的，实现恒温控制。

（4）加药装置：通过计量泵及变频器调节泵速及流量计实现定量加药。

（5）压力控制：收集电动节流调节阀阀前压力，根据设定压力自动调节。

腐蚀模拟中试试验技术依托的主要设备为腐蚀模拟中试试验装置（图 5-5-2），实验装置包括：注水（污水）或集油系统（油、气、水）（电动球阀切换管线）—篮式过滤器—加热器达到设定温度—增压泵—流量计量—温度变送器—压力变送器—加药流程—静态混合器混匀—腐蚀挂片及试验管段—电动调压阀—回流注水罐（电动球阀切换管线）。

该装置可模拟 CO_2 驱注采集输系统腐蚀工况，实现垂直管流与水平管流动态腐蚀模拟。可在地面模拟注采系统油、气、水流体流动状态；可研究地面、注采系统流体的各项参数（包括温度、压力、流速）对腐蚀结垢的影响；可以模拟研究不同药剂、材料和工艺条件下防腐效果评价，筛选出经济可行的材质及药剂体系，确定适合现场使用的防腐药剂类型和用量。

实现 CO_2 相态、腐蚀规律、材料优选评价、缓蚀剂应用效果评价、水泥环腐蚀评价、管柱气密封评价、CO_2 流量计计量等试验研究与评价。

图 5-5-2　CO_2 腐蚀模拟中试试验装置

2. 试验装置标准

试验装置温度、压力、流速控制精度高，设计温度 -25~80℃（地面）、80~140℃（井筒），完全可以达到研究所需的温度范围。

（1）温度控制程度高，设计温度 -25~80℃（地面）、80~140℃（井筒），完全可以达到研究所需的温度范围。

（2）流速可调，液态 CO_2 设计流量 0~1m³/h，污水设计流量 0~0.5m³/h，且在此条件下可以达到流速流态与实际过程一致。可调节流速和冲蚀角度,通过不同流速和冲蚀角度下的腐蚀试验,确定流速和冲蚀角度对腐蚀速率的影响,可实现气、液两相的高速冲刷流程,从而为工艺条件设计提供参考数据,保证流速流态的模拟与实际工况基本一致。

(3)压力可调,设计压力地面32MPa、井筒35MPa在此条件下可以达到CO_2驱注采过程中的地面及井下系统的实际压力一致。通过不同压力下的腐蚀试验,确定压力对腐蚀速率的影响,从而确定装置的易腐蚀部位,进行重点监测。

CO_2腐蚀模拟装置在室内研究与现场应用中起到了关键作用,试验评价中可以同时开展96个实验材质评价。根据试验台架上挂片位置的不同,可以模拟气相、液相、气液两相等不同位置CO_2腐蚀,研究不同环境下的腐蚀行为。腐蚀试验挂片台架和不同挂片位置如图5-5-3和图5-5-4所示。

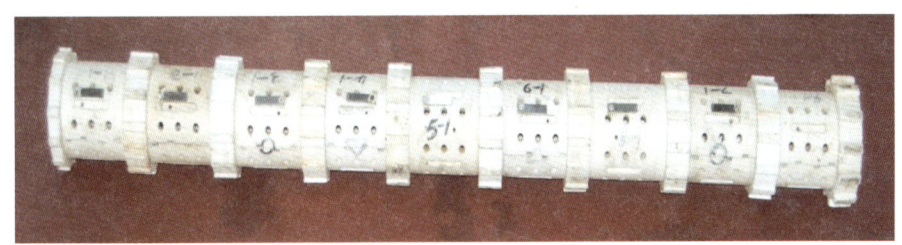

图 5-5-3 腐蚀试验挂片台架

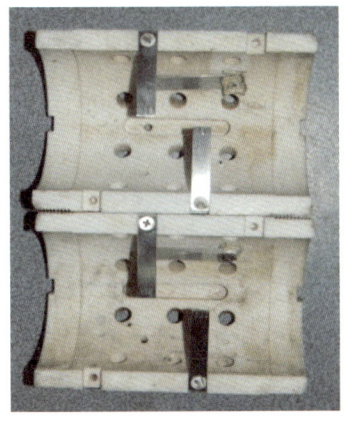 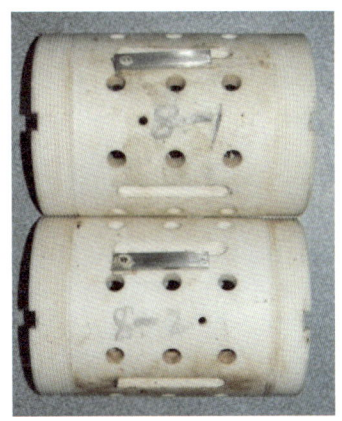

图 5-5-4 不同挂片位置

腐蚀模拟中试试验技术能够模拟CO_2驱、水驱注采、集输等不同系统矿场工矿,满足水平管线、垂直井筒条件下气液两相的湍流、层流、断塞流等多相流态下的腐蚀与防护技术研究,有效指导了软件预测数据与室内实验的优化设计。数据与软件分析、室内高温高压腐蚀通过分析对比表明(图5-5-5),腐蚀模拟中试试验评价结果与现场实际相吻合,有效缩短材料和药剂的评价时间,保障矿场试验安全平稳运行。

针对油田水温度、压力与流速流态的特征,研究不同环境下的腐蚀行为和防腐药剂性能评价,认识材料腐蚀规律,筛选研发药剂体系,确定了药剂最佳使用浓度,保障矿场使用药剂的质量与防护效果,为现场针对性药剂种类及用量确定提供参考依据。

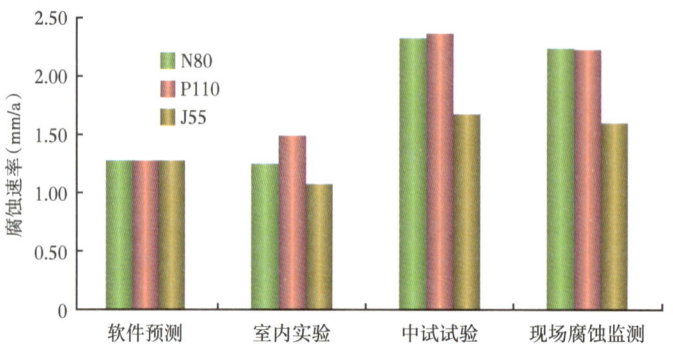

图 5-5-5　CO_2 腐蚀模拟中试试验分析数据对比

通过腐蚀模拟中试试验装置的应用，在 CO_2 驱系统腐蚀规律室内研究的基础上，开展现场模拟试验评价，综合分析金属材料及缓蚀剂的防腐性能，优选处理适合 CO_2 驱工程现场的管材和缓蚀剂，最终形成典型区块 CO_2 驱注采系统和地面系统的高效防腐技术。

三、应用实例

1. 矿场用缓蚀剂浓度确定

缓蚀剂合理使用浓度确定，可提高缓蚀剂的防腐效果和经济有效性。由于腐蚀是不可逆的，缓蚀剂体系确定后，在新药剂进入工业规模应用前，必须开展系统的缓蚀剂的室内实验、中试试验、矿场应用效果评价等程序，验证缓蚀剂体系应用效果，只有综合性能达到使用要求的缓蚀剂才可进入工业应用[9]。

（1）矿场腐蚀状况评价。

①材料腐蚀试验评价：试片前处理、金相结构分析、称重、安装；

②检查腐蚀挂片试验台架，并将其放到卧式高压腐蚀试验罐内，封口检查是否密封卧式反应釜如图 5-5-6 所示；

③设定试验条件：温度、压力、CO_2 浓度、水样和现场水流量；

④试验满 7 天后，停止注气，等温度降到常温后，打开卧式高压腐蚀试验罐，取出腐蚀挂片试验台架，将腐蚀挂片取下，处理后称量挂片重量，计算腐蚀速率。

图 5-5-6　中试试验卧式釜

(2)缓蚀剂防腐试验。

缓蚀剂试验原理基本与材质试验相同,只是在试验过程中利用缓蚀剂加注橇加注不同浓度和不同种类的缓蚀剂。为确定缓蚀剂有效浓度,模拟试验区注采井工况,对不同缓蚀剂的浓度进行室内效果评价。

①试片处理、金相结构分析、称重、安装;
②检查腐蚀挂片试验台架,并将其放到卧式高压腐蚀试验罐内,封口检查是否密封。
③设定试验条件:温度、压力、CO_2浓度、现场水流量和缓蚀剂加量。
④试验满7天后,停止注气,等温度降到常温后,打开卧式高压腐蚀试验罐,取出腐蚀挂片试验台架,将腐蚀挂片取下,处理后称量挂片重量,计算腐蚀速率。

缓蚀剂优选结果见表5-5-1,加缓蚀剂后各种材质的腐蚀速率明显降低,当缓蚀剂浓度在50mg/时,加缓蚀剂后P110、N80、J55等各种材质的腐蚀速率明显降低,腐蚀均控制速率在0.076mm/a以下。

表5-5-1 缓蚀剂浓度优选

腐蚀环境	实验条件	腐蚀速率(横向、纵向等数据平均值)(mm/a)		
		N80	J55	P110
空白	8MPa,80℃	2.079	2.1329	2.1957
缓蚀剂200mg/L	8MPa,80℃	0.0328	0.0334	0.0370
缓蚀剂150mg/L	8MPa,80℃	0.0452	0.0464	0.0473
缓蚀剂100mg/L	8MPa,70℃	0.0551	0.0557	0.0565
缓蚀剂50mg/L	8MPa,80℃	0.0732	0.0745	0.0751
缓蚀剂30mg/L	8MPa,80℃	0.0852	0.0859	0.0874

2.矿场用缓蚀剂加药周期确定

缓蚀剂从井下是否顺利返排出来以及返排浓度如何是影响缓试剂防腐性能的关键因素之一,因此,现场试验时跟踪缓蚀剂的残余浓度非常重要,残余浓度的定量分析方法可以反映缓蚀剂返排的浓度变化规律,为现场推荐经济有效的加药量及周期。

选用的缓蚀剂中主要成分为咪唑啉体系,咪唑啉环是共轭体系,在紫外光谱区域具有强吸收性,紫外光谱法能够实现特征官能团的检测。根据药剂主要成分,利用紫外分光光度法检测出防腐药剂在返排过程中的残余防腐药剂浓度,确定井内返出流体中防腐药剂的残余浓度。对间歇加药井按照加药周期7天连续取样,进行残余浓度检测,防腐剂浓度随时间变化如图5-5-7所示,在加药第4天后采出液中药剂的残余浓度低于有效浓度50mg/L。由于采油井的介质属于油气水三相混合系统,所处环境复杂,考虑矿场应用环境中,原油对缓蚀剂具有吸附性,同时油管、套管、抽油杆等表面处于非清洁状态,对药剂性能要求更高,矿场设计加药浓度应维持在80~150mg/L之间。

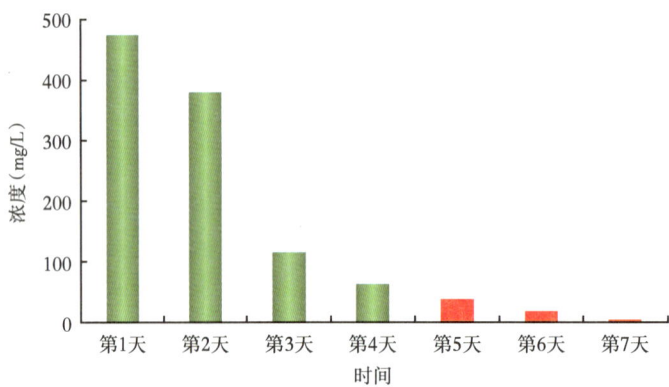

图 5-5-7　矿场井口采出液中防腐药剂浓度随时间变化图

根据矿场残余浓度检测结果,开展了中试试验模拟周期评价试验,模拟矿场油井周期加药后残余浓度变化情况(第一天油井产出残余浓度较高,逐渐降为空白)设计模拟了周期加药实验,不同时间腐蚀速率对比图如图 5-5-8 所示。第一天加药浓度 1000mg/L,第二天至第四天逐渐降为空白,与空白试验相比,加药四天后腐蚀速率小于 0.076mm/a,现场加药方案设计周期为 4 天[10]。

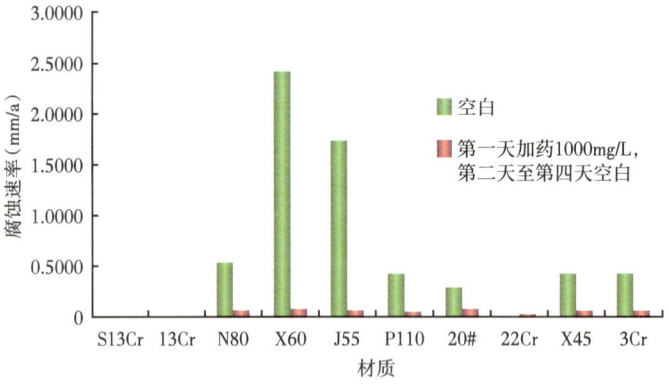

图 5-5-8　不同时间腐蚀速率评价

参 考 文 献

[1] 国家市场监督管理总局，国家标准化管理委员会. 油气藏流体物性分析方法：GB/T 26981—2020[S]. 北京：中国标准出版社，2020.

[2] 国家能源局. 注入气—地层流体相态物性测试方法第一部分：注气膨胀实验：SY/T 7675.1—2023[S]. 北京：石油工业出版社，2023.

[3] 许宁，王彦玲，张传保，等. 二氧化碳混相驱最小混相压力实验方法研究进展[C]. 2023 油气田勘探与开发国际会议论文集Ⅲ，2023：12.

[4] Zhang K, Gu Y. Two different technical criteria for determining the minimum miscibility pressures (MMPs) from the slim-tube and coreflood tests[J]. Fuel, 2015(161): 146-156.

[5] Liu Y, Jiang L, Song Y, et al. Estimation of minimum miscibility pressure (MMP) of CO_2 and liquid n-alkane systems using an improved MRI technique[J]. Magnetic Resonance Imaging, 2016, 34(2): 97-104.

[6] Tirado D F, Jose Tenorio M, Cabanasa, et al. Prediction of the best cosolvents to solubilise fatty acids in supercritical CO_2 using the Hansen solubility theory[J]. Chemical Engineering Science, 2018(190): 14-20.

[7] Nguyen P, Mohaddes D, Riordon J, et al. Fast Fluorescence-Based Microfluidic Method for Measuring Minimum Miscibility Pressure of CO_2 in Crude Oils[J]. Analytical Chemistry, 2015, 87(6): 3160-3164.

[8] Sharbatiana, Abedinia, Qi Z, et al. Full Characterization of CO_2–Oil Properties On-Chip: Solubility, Diffusivity, Extraction Pressure, Miscibility, and Contact Angle[J]. Analytical Chemistry, 2018, 90(4): 2461-2467.

[9] Czarnotar, Janigad, Stopaj, et al. Determination of minimum miscibility pressure for CO_2 and oil system using acoustically monitored separator[J]. Journal of CO_2 Utilization, 2017(17): 32-36.

[10] 高慧梅，何应付，周锡生. 注二氧化碳提高原油采收率技术研究进展[J]. 特种油气藏，2009，16(1)：6-12，106.

[11] 范灵颐，黎保廷. 页岩油藏注CO_2提高采收率开发研究现状及展望[J]. 石油化工应用，2022，41(2)：1-7.

[12] 王珍. CO_2驱油过程中的相对渗透率研究[D]. 东营：中国石油大学（华东），2010.

[13] 李立健，孙雷，李华彦，等. 复杂小断块油藏不同开发方式室内评价研究[J]. 复杂油气藏，2015，8(2)：65-68.

[14] 苏伟，侯吉瑞，李海波，等. 缝洞型碳酸盐岩油藏注氮气泡沫可行性及影响因素[J]. 石油学报，2017，38(4)：436-443.

[15] 何应付，周锡生，李敏，等. 特低渗透油藏注CO_2驱油注入方式研究[J]. 石油天然气学报，2010，32(6)：131-134，531.

[16] 刘景亮. 玻璃板填砂模型大孔道形成过程模拟实验[J]. 油气地质与采收率，2008(5)：95-97，117.

[17] 杨甫，贺丹，马东民，等. 低阶煤储层微观孔隙结构多尺度联合表征[J]. 岩性油气藏，2020，32(3)：14-23.

[18] 吕伟峰，冷振鹏，张祖波，等. 应用CT扫描技术研究低渗透岩心水驱油机理[J]. 油气地质与采收率，2013，20(2)：87-90，117.

[19] 刘向君，熊健，梁利喜，等. 基于微CT技术的致密砂岩孔隙结构特征及其对流体流动的影响[J]. 地球物理学进展，2017，32(3)：1019-1028.

[20] 王刚，沈俊男，褚翔宇，等. 基于CT三维重建的高阶煤孔裂隙结构综合表征和分析[J]. 煤炭学报，2017，42(8)：2074-2080.

[21] 白斌，朱如凯，吴松涛，等. 利用多尺度CT成像表征致密砂岩微观孔喉结构[J]. 石油勘探与开发，2013，40(3)：329-333.

[22] 杜猛, 吕伟峰, 杨正明, 等. 页岩油注空气提高采收率在线物理模拟方法[J]. 石油勘探与开发, 2023, 50(4): 795–807.

[23] 许琳, 常秋生, 杨成克, 等. 吉木萨尔凹陷二叠系芦草沟组页岩油储层特征及含油性[J]. 石油与天然气地质, 2019, 40(3): 535–549.

[24] 金之钧, 朱如凯, 梁新平, 等. 当前陆相页岩油勘探开发值得关注的几个问题[J]. 石油勘探与开发, 2021, 48(6): 1276–1287.

[25] Wei B, Zhang X, Wu R, et al. Pore-scale monitoring of CO_2 and N_2 flooding processes in a tight formation under reservoir conditions using nuclear magnetic resonance (NMR): A case study[J]. Fuel, 2019.

[26] Zhang T, Tang M, Ma Y, et al. Experimental study on CO_2/Water flooding mechanism and oil recovery in ultralow-Permeability sandstone with online LF-NMR[J]. Energy, 2022.

[27] Cao A, Li Z, Zheng L, et al. Nuclear magnetic resonance study of CO_2 flooding in tight oil reservoirs: Effects of matrix permeability and fracture[J]. Geoenergy Science and Engineering, 2023.

[28] Lang D, Lun Z, Lyu C, et al. Nuclear magnetic resonance experimental study of CO_2 injection to enhance shale oil recovery[J]. Petroleum Exploration and Development, 2021.

[29] Cai M, Su Y, Hao Y, et al. Monitoring oil displacement and CO_2 trapping in low-permeability media using NMR: A comparison of miscible and immiscible flooding[J]. Fuel, 2021(305): 121606.

[30] Zhao Y, Zhang Y, Lei X, et al. CO_2 flooding enhanced oil recovery evaluated using magnetic resonance imaging technique[J]. Energy, 2020.

[31] 车新跃. 油藏条件下CO_2驱岩心内流体动态分布检测技术研究[D]. 青岛: 中国石油大学(华东), 2020.

[32] 华陈权, 车新跃, 邢兰昌, 等. 油藏物理模拟声场测试实验平台的开发[J]. 实验室研究与探索, 2018, 37(3): 83–87.

[33] 解韶峰, 李爱莲. CPLD在高精度超声波微位移及流量传感器测量系统中的应用[J]. 电子质量, 2004(11): 72–74.

[34] 金旸钧, 陈乃安, 盛溢, 等. 地质封存条件下CO_2在模拟盐水层溶液中的溶解度研究[J]. 油气藏评价与开发, 2019, 9(3): 77–81, 88.

[35] 王军良, 李桂璇, 周义明, 等. 二氧化碳在油气田地质封存中溶解物性的研究进展[J]. 油田化学, 2018, 35(3): 550–561.

[36] 刘志坚, 史建公, 张毅. 二氧化碳储存技术研究进展[J]. 中外能源, 2017, 22(3): 1–9.

[37] 蔡博峰, 李琦, 张贤. 中国二氧化碳捕集利用与封存(CCUS)年度报告(2021)——中国CCUS路径研究[R], 2021.

[38] 侯大力, 罗平亚, 王长权, 等. 高温高压下CO_2在水中溶解度实验及理论模型[J]. 吉林大学学报(地球科学版), 2015, 45(2): 564–572.

[39] 何海康. 考虑CO_2气体溶解的水基钻井液流动规律研究[D]. 青岛: 中国石油大学(华东), 2019.

[40] 吴夏梦. [BMP][Tf₂N]离子液体基础物性及CO_2溶解度的实验研究[D]. 包头: 内蒙古科技大学, 2020.

[41] 冀胜合. CO_2+原油+水相平衡研究[D]. 北京: 中国石油大学(北京), 2019.

[42] 李川彦. 高温高压条件下二氧化碳在烃类中溶解度的研究[D]. 天津: 天津大学, 2019.

[43] Marieni C, Matter JM, Teagle DAH. Experimental study on mafic rock dissolution rates within CO_2-seawater-rock systems[J]. Geochim Cosmochim Acta. 2020(272): 259–275.

[44] Wolff-Boenisch D, Galeczka IM. Flow-through reactor experiments on basalt-(sea)water-CO_2 reactions at 90°C and neutral pH. What happens to the basalt pore space under post-injection conditions?[J]. Int J Greenh Gas Control. 2018(68): 176–190.

[45] 何小鹤. 孔隙表征技术及其在储层孔隙结构研究中的应用[J]. 江汉石油职工大学学报, 2016, 29(2): 4–7.

[46] 马文国，王影，海明月，等．压汞法研究岩心孔隙结构特征[J]．实验技术与管理，2013，30（1）：66-69．

[47] 代全齐，罗群，张晨，等．基于核磁共振新参数的致密油砂岩储层孔隙结构特征——以鄂尔多斯盆地延长组7段为例[J]．石油学报，2016，37（7）：887-896．

[48] 刘堂宴，王绍民，傅容珊，等．核磁共振谱的岩石孔喉结构分析[J]．石油地球物理勘探，2003，38（3）：328-333．

[49] Bakhshian S, Hosseini S A, Lake L W. CO_2-Brine Relative Permeability and Capillary Pressure of Tuscaloosa Sandstone: Effect of Aniosotropy[J]. Advances in Water Resources, 2020.

[50] Krevor S C, Pini R, Zuo L, et al. Relative Permeability and Trapping of CO_2 and Water in Sandstone Rocks at Reservoir Conditions[J]. Water Resources Research, 2012.

[51] Bennion D B, Bachu S. Drainage and Imbibition Relative Permeability Relationships for Supercritical CO_2/Brine and H_2S/Brine Systems in Intergranular Sandstone, Carbonate, Shale, and Anhydrite Rocks[J]. SPE REE, 2008.

[52] Archer J S, Wong S W. Use of a Reservoir Simulator to Interpret Laboratory Waterflood Data[J]. SPE-3551-MS, 1971.

[53] Sigmund P M, McCaffery F G. An Improved Unsteady-State Procedure for Determining the Relative-Permeability Characteristics of Heterogeneous Porous Media[J]. SPE-6720-PA, 1979.

[54] Chowdhury F A, Yamada H, Higashii T, et al. CO_2 Capture by Tertiary Amine Absorbents: A Performance CoMParison Study[J]. Industrial & Engineering Chemistry Research, 2013, 52（24）: 8323-8331.

[55] Borisenko L I, Yu L. Properties of polyuria greases on asynthetic base[J]. Chem Tech Fuel Oil, 2004, 40（6）: 415-417.

[56] Mikkelsen M, Jorgensen M, KrebsFC. The teraton challenge: A review of fixation and transformation of carbon dioxide[J]. Energy Environ Sci, 2010, 3（1）: 43-81.

[57] Darensbourg DJ. Making plastics from carbon dioxide: Salen metal complexes as catalysts for the production of polycarbonates from epoxides and CO_2[J]. Chem Rev, 2007, 107（6）: 2388-2410.

[58] Sakakura T, Kohno K. The synthesis of organic carbonates from carbon dioxide[J]. Chem Commun, 2009, 4（11）: 1312-1330.

[59] Yamazaki N, Higashi F, lguchi T. Polyureas and polythioureas from carbon dioxide and disulfide with diamines under mild conditions[J]. J Polym Sei PolymLett Edit, 1974, 12（9）: 517-521.

[60] 马立华．两种新型石油管道防腐技术实验[J]．油气田地面工程，2015，（5）：16-17．

[61] 李强，王鹏，张华，等．高温高压环境下油田CO_2腐蚀实验方法研究[J]．腐蚀科学与防护技术，2015，27（2）：123-128．

[62] 陈明，刘伟，赵磊，等．电化学阻抗谱在油田腐蚀评价中的应用[J]．石油化工腐蚀与防护，2018，35（4）：45-49．

[63] 周涛，吴敏，杨静，等．动态高压釜模拟油田腐蚀实验研究[J]．材料工程，2020，48（6）：89-94．

[64] 张伟，胡静，刘洋，等．多因素耦合作用下油田管道腐蚀实验设计[J]．石油与天然气化工，2017，46（5）：102-107．

[65] 苏峋志．油气田生产中二氧化碳腐蚀机理与防腐技术探讨[J]．试采技术，2005，26（2）：52-54．

[66] 王芳，李建国，陈刚等．缓蚀剂性能评价的实验室方法对比分析[J]．油田化学，2012，29（1）：67-71．

[67] 张林霞．袁宗明，王勇．抑制CO_2腐蚀的缓蚀剂室内筛选[J]．石油化工腐蚀与防护，2006，23（6）：3-6．

[68] 黎洪珍，林敏，李娅，等．缓蚀剂加注存在问题分析及应对措施探讨[J]．石油与天然气化工，2009，（3）：238-240．

[69] 马锋．CO_2驱采油井缓蚀剂加药制度优化[J]．化工管理，2015，（5）：61．